硫铁矿区土壤污染特征与风险管控

余 江 主编

吴 怡 任春坪 徐 恒 副主编

 化学工业出版社

·北京·

内容简介

　　《硫铁矿区土壤污染特征与风险管控》围绕国家金属矿山污染生态修复的重大需求，聚焦极易引起土壤酸化、重金属污染的硫铁矿资源开发利用过程中的生态环境问题，在系统介绍硫铁矿资源形成特点、分类、分布，以及硫铁矿区环境污染来源、特征、生态风险和矿区重金属污染防控相关政策法规的基础上，重点阐述硫铁矿区重金属迁移转化行为，详细梳理硫铁矿区土壤污染风险评估技术并构建相关模型，创新性提出硫铁矿区土壤污染风险管控模式。基于对矿区重金属污染治理与修复技术的总结，从污染源头管控、污染过程阻断、影响区治理与修复等方面详细阐述各种技术的先进性与实用性，并提出基质强化修复、生态皮肤无土复绿等自主研发创新技术。此外，还列举了相关工程应用案例，为有效解决硫铁矿区重金属污染问题提供有力支撑。

　　本书既有较扎实的理论知识，又具有较强的实用性，可作为科研机构、环保企业矿山修复、环境科学、环境工程等相关专业技术人员、研究人员，生态环境、矿产资源、土地资源等管理部门人员的参考书；也可作为高等院校资源环境、环境科学、环境工程、土壤学、矿产资源管理、土地资源管理等专业的研究生和本科生的教材和参考书使用。

图书在版编目（CIP）数据

　　硫铁矿区土壤污染特征与风险管控/余江主编；吴怡，任春坪，徐恒副主编. —北京：化学工业出版社，2023.9
　　ISBN 978-7-122-43641-2

　　Ⅰ.①硫… Ⅱ.①余… ②吴… ③任… ④徐… Ⅲ.①硫矿床-矿区-土壤污染-研究②铁矿床-矿区-风险管理-研究 Ⅳ.①X53②TD7

　　中国国家版本馆 CIP 数据核字（2023）第 104745 号

责任编辑：满悦芝	文字编辑：范伟鑫　杨振美
责任校对：边　涛	装帧设计：张　辉

出版发行：化学工业出版社（北京市东城区青年湖南街 13 号　邮政编码 100011）
印　　装：北京天宇星印刷厂
787mm×1092mm　1/16　印张 14½　字数 358 千字　2023 年 7 月北京第 1 版第 1 次印刷

购书咨询：010-64518888　　　　　　　　售后服务：010-64518899
网　　址：http://www.cip.com.cn
凡购买本书，如有缺损质量问题，本社销售中心负责调换。

定　　价：88.00 元

世界硫铁矿矿产资源十分丰富，探明储量分布广泛，相对集中于少数国家和地区。全球硫铁矿资源主要分布在美国、俄罗斯、加拿大、沙特阿拉伯、波兰、印度和中国。据美国地质调查局的估计，中国、加拿大、沙特阿拉伯、俄罗斯和美国的储量在1亿吨以上，这五个国家的硫铁矿资源接近全球总储量的57%。我国硫铁矿资源丰富，相对集中于四川、安徽、贵州、云南、内蒙古、广东、山东等省（自治区），七省（自治区）查明资源量占到全国的80%以上。硫铁矿矿床以单一硫铁矿矿床为主，从大区来看，西南地区矿床最多，为212个，占硫铁矿矿床总数的33.18%。

硫铁矿属于特殊的矿产资源，硫铁矿开采和利用过程中会引起大量的环境污染问题，其中最严重的是重金属污染。硫铁矿中有毒有害的重金属主要来源于采矿和选矿废水的排放、矿山粉尘以及尾矿的堆存，通过雨水冲刷、降尘、扩散等方式进入水、大气和土壤环境中，并进一步迁移扩散，给矿区和周边敏感区域带来生态风险。其中，硫铁矿区周边土壤既是 Cu、Cd、Zn、Pb、Cr、As、Ni、Mn、Tl 等的汇，也是这些重金属的源，对硫铁矿区周边水体和沉积物及水生生物产生较大的环境影响，同时还会对农产品产量和安全以及人居安全造成一定的风险。因此，系统梳理硫铁矿区重金属污染物的源-汇关系、污染物迁移与转化过程、污染机制和关键控制因子，进一步评估硫铁矿区尾矿渣堆场的环境风险显得尤为重要，更是为后续区域治理提供相关依据和支持。目前虽然环境风险评价方法较多，但是尚未有针对硫铁矿尾矿渣堆场进行风险评估的完整评价体系。硫铁矿区土壤污染风险特点决定了此类矿区风险管控是一项系统性的工程，构建硫铁矿区概念模型，可对矿区环境背景、污染物已发生或潜在暴露情况、污染物迁移归趋行为进行综合描述，准确识别硫铁矿区"污染源-暴露途径-受体"之间的关系，并通过三维立体的形式直观地反映硫铁矿区复杂的污染情况，无疑将对硫铁矿区土壤污染风险评估与管控起到举足轻重的作用。

近年来，国内外学者围绕有色金属矿区的重金属污染治理开展了大量的研究工作，矿区的含重金属废水，主要处理方法有沉淀法、电化学法、吸附法、生物法、人工湿地法等。矿区土壤重金属污染修复技术主要包括物理修复技术、化学修复技术和生物修复技术。硫铁矿属于非有色金属矿，其成矿区土壤酸化严重，导致重金属极易迁移扩散，严重威胁到区域耕地生产安全和农业生态安全。为此，从构建酸性矿区的全过程土壤风险管控模式出发，梳理适合不同酸化特征土壤的重金属防控技术和产品，集成多向阻控综合防治重金属污染技术等无疑将为硫铁矿区污染乃至所有金属矿区的治理与修复提供一种全新思路与方案。

鉴于此，本书围绕国家金属矿山污染生态修复的重大需求，聚焦极易引起土壤酸化、重金属污染的硫铁矿资源开发利用过程中的生态环境问题，在系统介绍特殊类矿产——硫铁矿资源的形成特点、分类、分布，以及硫铁矿区环境污染来源、特征、生态风险和矿区重金属污染防控的相关前沿政策法规的基础上，重点阐述硫铁矿区重金属迁移转化行为，系统梳理硫铁矿区土壤污染风险评估技术并构建相关模型；基于对矿区重金属污染治理与修复技术的总结，以及各类重大科技项目的原创性研发成果集成，创新性提出硫铁矿区土壤污染风险管控模式，并首次从污染源头管控、污染过程阻断、影响区治理与修复等角度，详细阐述各种技术的先进性与实用性，并创新性地提出生态皮肤无土复绿技术。此外，着重列举了相关工程应用案例，为有效解决硫铁矿区及其他金属矿区重金属污染问题提供有力支撑。

本书由四川大学的余江教授任主编，四川省生态环境科学研究院的吴怡研究员、四川省环境政策研究与规划院任春坪、四川大学的徐恒教授任副主编，同时成都工业学院的刘建泉、四川大学的邓思维、余杰、江吟莹、吴玥蓉、周雪玲、李思佳、孙晓霜、杨韬、丁森旭、常凯威、金元宵、王泽、朱韦韦等参与编写，另外参与本书编写及材料整理的还有黄郅、皇甫卓曦、邵啸等。特别感谢"高山河谷金属采选场地及周边土壤防治技术研发与模式构建（重点研发计划项目，2018YFC1802605）""川滇地区散露矿渣堆污染扩散生态阻隔关键技术研究与集成示范（区域创新合作重大专项，2022YFQ0081）"对本书的资助。

由于编者学识水平所限，书中不足和欠妥之处在所难免，敬请广大读者批评指正。

余 江

2023 年 4 月于成都

◆ 目 录 ◆

第 8 章　硫铁矿区影响区治理与修复　143

第 9 章　硫铁矿区重金属污染修复与风险管控方案设计案例分析　172

参考文献　203

第 **1** 章 绪 论

1.1 硫铁矿矿产资源形成特点及分类

1.1.1 硫铁矿资源概况

硫铁矿（pyrites），是指富集成工业矿床的硫化铁矿物，别名黄铁矿（pyrite）、白铁矿（marcasite），分子式为 FeS_2，分子量为 120。硫铁矿是一种重要的化学矿物原料，如图 1-1 所示。

图 1-1 硫铁矿矿石

硫铁矿常见的晶体为六方体、八面体和五角十二面体，其中六方晶体的晶面上有细条纹。矿石多为浅黄铜色，少数呈金黄色，并伴有明亮的金属光泽，相对密度 4.95～5.20，硬度 6.0～6.5。硫铁矿中 70%～90% 为二硫化铁，其余为脉石（主要由二氧化硅、碳酸盐和矾土组成）和微量元素（铜、铅、锌、砷、镉、汞、金、银、铋、钴、钼、镍、钯、钌、锑、硒、锡、碲和铊）。硫铁矿广泛应用于农业、化工、国防起爆等领域，可用于生产硫酸、化肥、水泥、涂料和陶瓷等。

硫铁矿矿床主要在内生作用下形成，还有一部分由煤硫沉积形成。地球深处尚未凝固的岩浆中含有大量的硫，当岩浆侵入地壳时，由于压力减小，岩浆内所含的硫分离出来，与各种金属化合生成不同的硫化矿物。我国不同类型硫铁矿的成矿系列与大地构造演化的关系见表 1-1。

硫铁矿矿床成矿时期多，延续时间长，空间分布广。我国硫铁矿随地质时代发展的成矿特征如下。

表 1-1　我国硫铁矿成矿系列与大地构造演化的关系

地质时代	构造及超大陆旋回		成矿系列	矿床类型
中生代	燕山旋回	现代陆洋体制逐步形成	与白垩系陆相火山岩有关的火山沉积铁（硫）成矿系列	向山式陆相火山岩型硫铁矿
	印支旋回		与燕山期中-酸性、碱性岩浆活动有关的 Cu、Fe、Au、Pb、Zn、S、Mo、明矾石矿床成矿系列	铜陵式岩浆热液型硫铁矿、银家沟式岩浆热液脉型硫铁矿
晚古生代	华力西旋回	潘吉亚大陆	华北陆块区石炭-二叠纪与陆表海相沉积作用有关的煤、耐火黏土、硫铁矿、铁矿矿成矿系列	阳泉式沉积型硫铁矿
			上扬子中东部与晚二叠世沉积作用有关的 Fe、铝土矿、硫铁矿、煤、黏土矿成矿系列	叙永式沉积型硫铁矿、城步式沉积型硫铁矿
			华南东部晚泥盆至早石炭世产于海相碳酸盐岩和碎屑岩中的 Mn、石膏、煤、黄铁矿、耐火黏土矿床成矿系列	英德式沉积型硫铁矿
			与华力西期海相火山-沉积及侵入岩浆作用有关的 Pb、Zn、Au、Cu、Fe、S、P、萤石、重晶石矿床成矿系列	放牛沟式海相火山岩型硫铁矿
早古生代	加里东旋回	潘吉亚大陆	北祁连东段早古生代与岛弧火山岩建造有关的 Cu、Pb、Zn、Au、Ag、Fe、Mn 矿床成矿系列	白银厂式海相火山岩型硫铁矿
中-新元古代	兴凯旋回	冈瓦纳大陆	扬子地台南部裂陷槽中与火山-热水沉积作用有关的 Fe、Cu、Pb、Zn、P、硫铁矿矿床成矿系列	英德式沉积型硫铁矿、云浮式沉积变质型硫铁矿
	晋宁旋回		燕辽裂谷中元古沉积型 Fe、Mn、Pb、Zn、石灰岩、硫铁矿成矿系列	高板河式沉积型硫铁矿
	—	罗迪尼亚大陆	与中元古代海相基性-中酸性火山喷流-沉积作用有关的 Au、Fe、Pb、Zn、Cu、硫铁矿矿床成矿系列	狼山式沉积变质型硫铁矿
古元古代	中条旋回	古元古代大陆	古元古代裂谷区与古元古代火山-沉积-侵入岩浆作用有关的 Fe、Cu、Pb、Zn、Ni、Ag、B、S、石墨矿床成矿系列	云盘式沉积变质型硫铁矿
新太古代	五台旋回	新太古代大陆	太古宙绿岩带中与受变质海相火山热液活动有关的块状硫化物型 Cu、Zn、Au 矿床成矿系列	云盘式沉积变质型硫铁矿
	阜平旋回			

（1）太古代　太古代的硫铁矿主要是由沉积作用与海相火山热液活动共同形成的，如云盘式沉积变质型硫铁矿。

（2）元古代　元古代的南华纪赋有我国重要的云浮式硫铁矿。云浮式硫铁矿是沉积变质型硫铁矿，成矿作用以沉积作用为主，后期变质改造作用为辅。此类代表性矿包括云浮大降坪特大型硫铁矿。内蒙古的东升庙多金属沉积变质型硫铁矿，其多赋于浅变质砂岩中，碳酸盐化程度低，主要是色尔腾群和狼山群。元古代多沉积变质型硫铁矿，这类硫铁矿品位通常较高，储量大，适于大规模开采。

(3) 古生代（寒武纪、奥陶纪、志留纪、泥盆纪、石炭纪、二叠纪） 古生代的硫铁矿多以沉积作用形成为主。寒武系产有沉积型硫铁矿，是中国海相火山岩型铜-硫铁矿的主要含矿层位之一，如江浙西南地区的荷塘组黄铁矿床与著名的甘肃白银矿床。泥盆纪-石炭纪之间的硫铁矿多为碳酸盐岩的沉积改造型，多位于广东、湖南地区，如英德式沉积改造型硫铁矿，产于泥盆系的碳酸盐岩地层中，受向斜或同生断裂构造控制。而产于石炭纪和二叠纪的硫铁矿，以煤系沉积型为主，四川、贵州、湖北地区的煤系沉积型硫铁矿资源较为丰富，多产于二叠系龙潭组底部和乐平统底部。

(4) 中生代（三叠纪、侏罗纪、白垩纪） 中生代的硫铁矿多是陆相火山岩型和岩浆热液型矿床，成矿作用与酸性、中性的岩浆活动以及陆相火山岩的火山沉积铁有关。这一类硫铁矿品位较低，大部分为中小型矿，并常与 Au、Ag 伴生，多位于安徽，以及广东等东部沿海地区。

1.1.2 硫铁矿矿产资源类型

1.1.2.1 煤系沉积型

煤系沉积型硫铁矿与沉积环境密切相关。在早期成岩阶段，由于水体环境为氧化环境，不利于硫铁矿的生成。随时间推移，上覆沉积物逐渐增厚，隔绝了海水中氧气的补给，沉积物中有机质被厌氧细菌所分解，生成 CO_2、H_2S 和 NH_3，成岩介质逐渐从氧化环境变为还原环境。同时，生成的 H_2S 与沼泥中的 Fe 反应生成单硫铁，如泥炭沼煤层等在硫化氢的条件下生成硫铁矿雏形，硫铁矿雏形（含水—硫化铁凝胶）沉淀下来以后继续被上覆新沉积物逐渐淹没，进入深埋阶段。然后硫铁矿在高温高压的成岩作用条件下结晶脱水形成了硫铁矿，但如果在低温条件下则形成硫铁矿的异构体——白铁矿。而现存于硫铁矿床中的聚晶、连晶及各种集合体，则是由成岩-后生阶段矿物重结晶作用形成的。

1.1.2.2 沉积变质型

沉积变质型矿床是由于区域构造的影响，在高温高压及岩浆活动的联合作用下，沉积岩或沉积原生矿石发生强烈的变质改造，使有用组分富集所形成的一种区域变质矿床。沉积变质矿床属于变质矿床的重要类型，大部分变质矿床均属此类。

1.1.2.3 沉积改造型

沉积改造型矿床明显受地层层位和岩性控制，赋矿地层为碳酸盐岩，矿床常由多个形态复杂的矿体组成，矿石品位较丰富，具有沉积后热液交代改造的特点。单一硫铁矿矿床和多金属硫铁矿矿床均有产出，规模一般为中小型，主要分布在粤北、湘南等地。矿床产于中、上泥盆统碳酸盐岩的地层中，代表矿床有广东英德红岩硫铁矿、梨树下硫铁矿等。

1.1.2.4 火山岩型

(1) 陆相火山岩型硫铁矿 该类矿床属玢岩铁矿成矿系列的晚期强烈蚀变矿化（黄铁矿化）的产物。在晚侏罗世-早白垩世的陆相火山岩内，常与铁矿、明矾石和石膏等矿产共生。

每个矿床都是由多个复杂透镜状矿体构成的，其中少数矿体规模大，占矿床总储量的70％～80％或以上。矿石以浸染状构造为主，含硫品位中-贫。矿床主要分布在苏皖的宁芜、庐枞地区，浙东南、闽南、胶东、粤东也偶有分布，矿床规模以大中型为主，具有较重要的工业意义。成矿与燕山期火山作用有关，共伴生有铁、石膏、明矾石等矿产，主要矿床有安徽向山、马山、何家小岭、大包庄、新桥等。

（2）海相火山岩型硫铁矿　该类矿床是指产在海相火山岩内的有大量硫铁矿共生的硫化物矿床，通常称为块状黄铁矿矿床、黄铁矿型铜矿床或海相火山岩矿床。国内外对这类矿床的研究较为深入，并且细分为许多类型。我国这类硫铁矿矿床可进一步分为三个类型，即产在喷发中心附近熔岩内的矿床、产于火山岩层间的矿床和产于喷发岩与正常沉积岩之间的矿床。各类型矿床都是由多个矿体组成的，少则几十个，多则二百余个。小矿体矿石储量仅数百吨，大矿体数千万吨。矿床在火山岩内产出的部位不同，矿体的形状也有所不同。总体来说，矿体以透镜状、似层状为主，多顺层产出。矿床规模大，以中型为主，含硫品位中-富，伴生有铜、铅、锌、稀有金属元素及贵金属。产出层位主要是古生界和前古生界，如甘肃白银地区的下寒武统白银组、辽南元古界宽甸群里尔峪组、河北南部太古界的阜平群、陕西南部新元古界碧口群等。该类型矿床是我国硫铁矿、铜矿床的重要组成部分，具有很重要的工业意义。从世界范围来看，这也是硫、铜、铅、锌、稀有分散元素和贵金属的重要矿床类型。

1.1.2.5　岩浆热液型

岩浆热液型矿床可产于各时代沉积岩、岩浆岩、变质岩中，以中低温热液交代矿床为主，成矿与火成岩关系密切，矿体形态多受裂隙控制，成复杂脉状。矿床规模一般以中小型为主，矿石品位以中富矿为主。单一硫铁矿矿床较少，一般与铜、铝、锌、钨、锡、金、银等共伴生。热液充填交代硫铁矿床与夕卡岩硫铁矿矿床类似，分布范围较广，但以东南沿海地区居多。主要矿床有浙江龙游牛角湾，辽宁张家沟，江苏云台山、岔路口，广东官田、大宝山，山东唐家沟，广西弄华，等等。

1.1.2.6　夕卡岩型

夕卡岩型矿床包括产在岩体内外接触带的高温热液交代矿床，夕卡岩为矿体直接围岩。这种类型的单一硫铁矿矿床较少，与铁、铜、钼、铅、锌等矿产共伴生的矿床数量较多。矿床规模以中小型为主，矿石以中等贫矿为主，磁黄铁矿含量常常较高。此类矿床分布范围广，我国大部分硫、多金属成矿带均有该矿床产出，主要分布区为铜陵、豫西、鄂东南、粤西。代表性矿床有湖南七宝山、河南银家沟、湖北巷子口、江西青塘、广西大厂铜坑、广东黑石岗等。

1.1.3　我国硫铁矿矿产资源特点

1.1.3.1　重要的硫资源

硫铁矿的化学式为FeS_2，其中$S:Fe \approx 2$，理论值铁占46.55％，硫占53.45％。但不同类型的硫铁矿中的S、Fe含量会与理论组分有差异，因此可以将硫铁矿分为$S:Fe>2$的多硫型和$S:Fe<2$的硫亏型。硫铁矿是我国重要的硫资源，占硫矿资源总量的80％。20世纪90年代之前，我国硫铁矿制酸在硫酸生产中的占比一直在85％以上，基本可以保证长

期、稳定供应，对硫酸工业的稳定和安全具有重要意义。

1.1.3.2 伴生或共生多金属和贵金属元素

硫铁矿常在"有价"金属（铜、铅、锌）精矿中存在，并且还可能含有大量有价金属元素，如夕卡岩型、热液型、火山岩型矿床都伴生有铜、铅、锌、钼、金、银、钴、镓、硒、碲、镉、锗、铊等有色金属、贵金属及稀有分散元素；沉积型矿床伴生或共生有铁、锰、煤、铝土矿和黏土矿等矿产，有利于综合开发和回收利用。但硫铁矿除了含有高回收利用价值的元素外，还可能含有砷和汞，这些元素含量过高会影响硫酸的生产。

1.1.3.3 分布广泛且中低品位为主

从硫铁矿的质量来看，S 含量＞35％的富硫铁矿仅占总量的 5％，绝大多数集中在广东，占 95.2％；其余硫铁矿资源大部分分布于四川、安徽、内蒙古等地，但是贫矿多、富矿少。

1.1.3.4 矿石可选性好

目前硫铁矿的选矿方法以浮选法为主，重选法为辅。根据沉积变质型、煤系沉积型和热液充填交代型矿床的硫铁矿矿石选矿试验结果来看，把硫铁矿选至含硫大于或等于 35％的硫精矿，技术上是可行的，经济效益好，同时还可以综合回收铜、金、银等有用元素。

1.1.3.5 开采条件差

我国绝大多数硫铁矿矿床需要进行地下开采，适合地下开采的矿石储量约占硫铁矿总储量的 65％，而开采条件较好、适合露天开采的矿石储量仅占硫铁矿总储量的 35％左右。目前，仅有广东云浮大降坪、广东英德红岩、安徽马山等少数矿区的浅部资源可露天开采。伴生硫铁矿资源适合露天开采和地下开采的各占一半左右。

1.2 硫铁矿矿产资源分布

1.2.1 世界硫铁矿矿产资源分布

世界硫铁矿矿产资源十分丰富，探明储量分布广泛，相对集中于少数国家和地区。全球共 80 多个国家有硫铁矿资源，主要分布在美国、俄罗斯、加拿大、沙特阿拉伯、波兰、印度和中国，据美国地质调查局的估计，中国、加拿大、沙特阿拉伯、俄罗斯和美国的储量均在 1 亿吨以上，这五个国家的硫铁矿资源接近全球总储量的 57％。

全球硫铁矿产资源储量空间分布极不均匀，主要表现在地区间和国家间绝对拥有量存在巨大差异，世界上硫铁矿资源的分布和开采主要在发达国家，而消费量最多的也是发达国家。

1.2.2 我国硫铁矿矿产资源分布

自然资源部发布的《2020 年全国矿产资源储量统计表》显示，我国矿产资源保障力度在逐步加大，消费结构也在不断优化，同时绿色发展与产业持续发展实现了良性互动。

我国硫铁矿产资源丰富,分布广泛,且以单一硫铁矿矿床为主。全国硫铁矿矿床数量排在前10位的地区分别是贵州、安徽、四川、湖北、广东、福建、湖南、河南、云南、江苏(图1-2)。

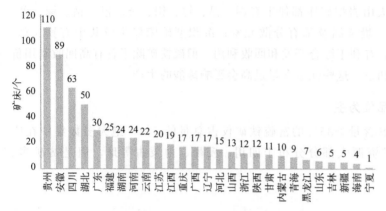

图1-2 全国各省(区、市)硫铁矿矿床分布图

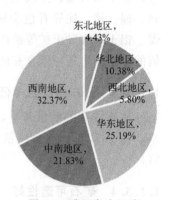

图1-3 我国各大区硫铁矿矿床分布比例图

从大区来看,西南地区矿床最多,为212个,占硫铁矿矿床总数的32.37%;其次为华东地区,有165个,占矿床总数的25.19%;第三为中南地区,有143个,占矿床总数的21.83%;第四为华北地区,有68个,占矿床总数的10.38%;第五为西北地区,有38个,占矿床总数的5.80%;东北地区最少,仅29个,占总数的4.43%(图1-3)。

全国28个省、自治区和直辖市均有硫铁矿分布。截至2021年底,全国共有硫铁矿矿产356处,查明矿石资源保有储量53.82亿吨,其中总储量9.23亿吨,基础储量19.03亿吨,资源量34.79亿吨。我国硫铁矿保有储量相对集中于西南、华东和中南三大区,三大区储量约占硫铁矿总储量的80%。我国各省(区、市)硫铁矿资源分布情况见图1-4。

全国主要硫铁矿资源分省(自治区)统计见表1-2。

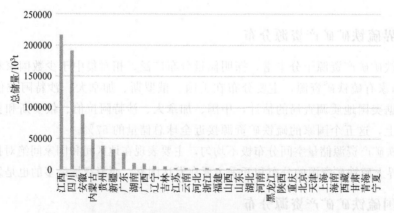

图1-4 我国硫铁矿资源分布情况

(数据来源:《2020年全国矿产资源储量统计表》)

表 1-2　全国主要硫铁矿资源分省（自治区）统计

地区	矿区数/个	总储量/kt	基础储量/kt	资源量/kt	查明资源储量/kt
全国	711	1318707.3	1903599.3	3479397.6	5382000.9
河北	16	2959.4	10893.1	24161.3	35054.4
山西	14	1944.3	10581.1	88097.4	98678.5
内蒙古	14	48758.7	113947.9	320376.0	434323.9
安徽	102	89007.8	148487.8	676896.1	825383.9
江西	19	216573.8	139960.5	81548.9	221509.4
广东	32	27030.6	160132.9	233749.7	393882.6
四川	68	191104.0	379569.2	573113.9	952683.1
贵州	120	38308.4	57219.0	797532.2	854751.2
新疆	24	32716.4	48788.6	419816.5	468605.1

　　从表 1-2 中可以看出，硫铁矿资源占我国硫矿产资源的绝大部分，我国硫铁矿主要集中于江西、安徽、四川、内蒙古、贵州、新疆、广东等 7 个省（自治区）。

　　从各大区查明硫铁矿资源量来看，东北地区 6823.14 万吨，占 1.20%；西北地区 10133.92 万吨占 1.79%；中南地区 79632.54 万吨，占 14.02%；华北地区 100913 万吨，占 17.77%；华东地区 120877 万吨，占 21.28%；西南地区 249584.9 万吨，占 43.94%（图 1-5）。

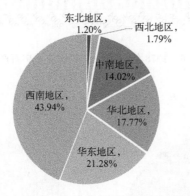

图 1-5　各大区硫铁矿查明资源量分布比例图

1.3　硫铁矿矿产资源开发利用概况

　　硫铁矿主要用于制造硫酸，部分用于化工原料以生产硫及各种含硫化合物。制造硫酸产生的烧渣，品位较高的烧渣常被用作炼铁原料，而铁含量低、残硫量高的烧渣可以用作水泥添加剂。

　　19 世纪 30 年代，英、德等国率先用硫铁矿制取硫酸。20 世纪 50 年代初，联邦德国和美国开发了硫铁矿沸腾焙烧技术，1956 年中国也成功开发出硫铁矿沸腾焙烧技术。之后随着能源工业的发展，美国从含硫天然气和含硫原油中回收硫的产量逐年增加，硫铁矿的占比也随之逐渐减小。到 20 世纪 80 年代,从油气中回收硫的产量已居各种形式硫产量之首。进入 21 世纪,美国硫铁矿硫的生产已完全停止。而欧洲的芬兰、德国、挪威和西班牙等国家还在使用硫铁矿作为硫源。芬兰的硫酸厂因具有原料优势将继续存在下去;挪威在 1993 年停止硫铁矿开采,从芬兰进口硫铁矿生产硫酸,用于出口;西班牙目前的产硫酸装置还在运行,估计将来会从硫铁矿制酸转化为硫制酸。

自 1978 年改革开放以来,我国硫铁矿生产经历了两个增长期和两个回落期,详见图 1-6。1978 年硫铁矿产量不足 690 万吨(35% 硫标矿),加强对硫铁矿的普查找矿后,硫铁矿产量开始大幅增长,到 1997 年达到 2583 万吨,是 1978 年硫铁矿矿石产量的 3 倍多。但 1997 年以后,由于环保监管需要、进口硫冲击、长距离运输困难等原因,产量迅速减少,至 2003 年产量下滑到仅 871 万吨,其后为满足工农业对硫酸的需求,产量再次增长,至 2014 年硫铁矿产量达到 1738 万吨。但 2001 年以后,随着产业结构调整和技术发展,我国各种形式的硫产量(冶炼烟气回收硫、油气回收硫等)迅速提高,加上进口硫及硫酸等因素的冲击,硫铁矿在硫资源中的地位大幅下降,见图 1-7。

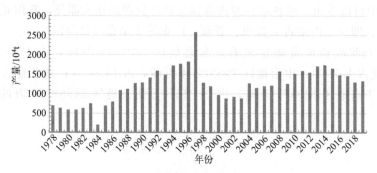

图 1-6　1978 年—2019 年我国硫铁矿石产量

(数据来源:国家统计局)

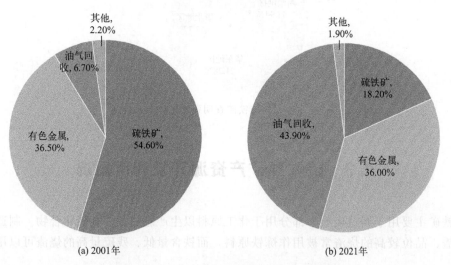

(a) 2001 年　　　　　　　(b) 2021 年

图 1-7　2001 年和 2021 年国内硫酸产能结构

在国内约 95% 的硫用于生产硫酸,5% 为直接应用或用于深加工产品。20 世纪 90 年代之前,我国硫铁矿制酸在硫酸生产中的占比一直在 85% 以上,而到了 2000 年,硫铁矿制酸占比下滑到不足 50%。从 2021 年中国硫酸产能结构来看,硫铁矿制酸产能约为 2329 万吨,硫铁矿制酸占比进一步下滑到仅占硫酸总产量的 18.2% 左右。以化肥行业为主导，磷肥行业消耗硫酸约 70%，磷肥用硫酸的主导产品是高浓度磷复肥、复混肥和普钙。

硫铁矿制酸后烧渣的化学成分以赤铁矿（主要成分为 Fe_2O_3）、磁铁矿（Fe_3O_4）、二氧化硅（SiO_2）为主，还含有氧化铝（Al_2O_3）、氧化镁（MgO）、氧化钙（CaO）、磷（P）和硫（S）等，具有较好的资源潜力和综合利用价值。发达国家较早关注到在开发利用矿产资源时要重视废弃资源的环境效应和综合利用。德国、意大利、日本等铁矿资源比较匮乏的国家，不仅以硫铁矿作为重要的制酸原料，还将烧渣作为一种重要的炼铁原料。高含铁量的烧渣可当作"精矿"炼铁（图 1-8），硫铁矿烧渣中弱磁性铁占很大比例，磁选法处理烧渣是目前应用最多和研究最广的方法，对各种类型的硫铁矿烧渣都具有极好的适应性。20 世纪 70 年代，对硫铁矿固废的综合利用率，日本达到了 75%～80%，美国高达 80%～85%，德国、西班牙几乎为 100%。

图 1-8　铁精粉

对于含铁量较低的硫铁矿烧渣，主要作为水泥的添加剂使用。含铁量在 30% 左右的烧渣可以替代铁粉作为水泥烧成的矿化剂。我国水泥行业每年消耗烧渣占烧渣产生总量的 20%～25%。

硫铁矿烧渣除含铁和硫外，还含有铜、铅、锌、金、银等元素，国外很早就开始从烧渣中回收有价金属。日本同和矿业公司尼崎厂采用高温氯化焙烧法处理烧渣，有价金属回收率分别为铜 95%、铅 80%、锌 95%、银 90% 及金 95%，年回收铜 1122 吨、锌 1172 吨、铅 428 吨、银 158.4 吨及金 6.4 吨。有价金属的主要回收方法有稀酸直接浸出法、硫酸化焙烧浸出法、氯化焙烧法、生物浸出法及选矿法等。

1.4　硫铁矿矿产资源开发利用中存在的主要问题及重金属污染评价

世界各国都将硫铁矿露天开采作为增加产量的主要途径，只要有条件，尽量实现集中开采，以提高劳动生产率，降低成本，我国也是如此。但是基于历史原因、对自然认识的局限性及相关法规有待完善，硫铁矿矿产资源开发和利用也带来了一系列矿山环境问题和生态破坏，严重影响了区域的生态环境质量。

1.4.1　硫铁矿山开采的环境特点

我国硫铁矿区主要分布在西南地区，西南地区的硫铁矿具有典型的环境特点，具体体现在以下几个方面。

① 矿山规模大，开采所需时间长，硫铁矿累积、遗留的环境问题严重。

② 矿区地形、地质条件十分复杂。矿床主要集中在龙潭组、吴家坪组,产于茅口组灰岩的岩溶顶部,明显受峨眉地幔柱活动和东吴构造运动的制约。

③ 矿区内地层受区域动力变质或区域热液变质作用影响。多数发生不同程度的变质作用,主要变质岩有千枚岩、板岩、变质砂岩等,矿化主要有绢云母化、石英岩化、大理岩化、黄铁矿化、赤铁矿化等。

④ 不同矿区的地下水补、径、排的水文地质条件千差万别。主要含水层为观雾山组、沙窝子和茅坝组,地下溶洞发育程度较弱。渗入地下部分的水量常在下部溪沟适宜的地方以下降泉的形式流出,受大气降水补给。

⑤ 矿化富集程度常受断层构造的控制。一般而言,硫铁矿易富集于构造复杂、岩层极度破碎、裂隙发育或裂隙构造相互交叉地段。

1.4.2 硫铁矿山开采的生态环境问题

矿产资源的开发利用一方面为国民经济提供了资源保障,另一方面也大大改变了矿区生态系统的物质循环和能量流动,极易造成严重的环境污染。目前,矿区的负面环境影响已被众多学者所关注。

硫铁矿开采活动带来的生态环境问题分为地质灾害、环境破坏和环境污染三类(表1-3)。地质灾害是在矿山开采过程中,由于矿山活动中岩土的力学平衡被打破而引起地形地貌完整性的变化。环境破坏是指在采矿过程中,对土壤进行开采、采掘和堆积时,对风景名胜区、自然景观和地形的破坏。环境污染是指采矿、选择、冶炼等采矿活动破坏植被和耕地,改变生物赖以生存的空气、水和土壤条件,造成生态系统破坏和生态失调。地质灾害和环境破坏问题范围有限且较为直观,容易引起注意,便于发现问题,找到问题的根源,能通过工程手段解决问题,预防、处理和修复相对容易。与其他生态环境问题相比,环境污染具有隐蔽性、滞后性、流域扩散性和蓄积性等特点。特别是矿山污染,大多为复杂污染,在盆地沉积物中积累,成为持久性污染物。

表 1-3 矿山生态环境问题的分类

种类	具体表现
地质灾害	崩塌、地面撕裂、滑坡、泥石流、水土流失、水平衡破坏等
环境破坏	土地被固体废物侵占,土地资源破坏,露天植被被剥除,地质遗迹被破坏,景观环境破坏,生态失衡,等等
环境污染	开采产生的废弃物对周围水体、土壤、大气造成污染,还会破坏生物多样性

一般来说,在硫铁矿开采过程中,地质灾害、环境破坏和环境污染这三大环境问题同时存在。

1.4.3 硫铁矿开采重金属污染评价

重金属是持久性污染物,一旦进入环境就将持久留存。由于重金属在对生物造成危害之前就已经发生积累,且一旦发生积累便很难消除,因此在过去的几十年中,人们对由不同途径释放的重金属造成的生态环境污染进行了广泛研究,并采用了不同方法对重金属污染进行评价。

1.4.3.1 国外重金属污染评价概况

国外环境保护工作起步较早，对污染土壤的风险评估做了大量工作，并取得了很大成就。世界卫生组织于1980年成立了国际化学品安全规划署（IPCS），总结了各国研究成果，为评价化学物质暴露造成的人体健康和环境危害提供了科学基础。在此基础上，一些国家分别建立了自己的风险评估体系。

美国将对污染场地开展的污染风险评估称为环境尽职调查审计（EDDA）或场地环境影响评价（SEA），澳大利亚称为污染土地审计（SCA），加拿大称为环境现场评估（ESA，主要是对未来土地利用风险进行评估）。最早将风险评价应用于污染土地研究的是北美国家。在美国超级基金项目里，风险评价是一项重要的政策手段，用于分析判断污染土地可能给当地居民健康带来危害的风险，以风险评价的结果为基础讨论修复技术的筛选以及污染土地修复的整治目标；荷兰、澳大利亚等国将环境风险评价和健康风险评价准则逐步应用在受污染土地评估、治理和修复的过程中；英国在受污染土壤的评估与管理中融入风险评价管理思想；澳大利亚风险评价草案中，主要针对土壤污染的范围制定了基于人体健康的调研值（health-based investigation levels，HILs）和基于生态的调研值（ecologically-based investigation levels，EILs）。HILs用于保护在污染区或附近居民的日常生活健康，主要考虑污染物的生物有效性、日承受摄入量和背景值等；EILs则用于防止污染物的潜在不利因素对生态系统的影响。瑞典环境保护局则指出污染点位的风险评价与污染物的基本性质、污染物浓度水平都有着密切的联系。此外，针对污染土地开发中面临的政策、技术障碍，加拿大国家环境与经济圆桌会议（NRTEE）推荐了22个消除这些障碍的最优政策措施，其中最重要的措施就是风险评估和风险管理。

1.4.3.2 我国重金属污染评价发展现状

我国生态风险评价技术是从20世纪80年代末90年代初发展起来的。生态风险评价的主要对象是环境介质、生物种群和生态系统，通过科学评估人类活动产生的生态效应，达到保护和科学管理生态系统的目的。

污染土壤风险评估在我国也取得了一定进展。总量法是最早采用的评价方法，以矿区污染土壤重金属元素含量高低为依据判断尾矿和矿渣对矿区生态环境的影响。

由于重金属含量不能决定其对环境的污染程度，因此在评价过程中还需掌握其存在的物理、化学形态，从而形成了化学形态法。目前，生物指示法正迅速发展，包括植物指示法、水生生物指示法、沉积物指示法和微生物指示法。通常是在矿区周围被污染的土壤中寻找一些植物作为生物指示剂，根据它们体内吸收的重金属的量判断土壤的污染程度。在评价重金属污染的过程中，除了通过植物、水生生物、沉积物和微生物等的重金属含量进行研究外，对环境介质中酶活性进行研究也是常用的研究手段，可以根据矿区污染土壤的酶活性来表征当地的重金属污染情况。评价土壤污染的方法多种多样，但矿区目前最常用的是通过重金属含量和形态的测定并结合环境标准比较来判断污染程度，该方法比较简单且实用。但是，上述方法获得的大量数据一般比较分散、凌乱，环境污染机理也十分复杂。因此，在进行重金属污染评价时还需应用数学方法对数据进行处理分析，以便更客观、全面地反映重金属污染状况。这些数学方法有单项指数法、综合指数法、内梅罗指数法、地累积指数法、潜在生态风险指数法、综合水质标识指数法（water quality index，WQI）、模糊数学法和灰色聚类法等。

1.5 硫铁矿山重金属污染治理发展趋势

1.5.1 硫铁矿山废水重金属污染治理发展趋势

硫铁矿山废水重金属污染治理可分为三个阶段。第一阶段是18世纪60年代到19世纪中期，随着工业革命的推进，纺织、采煤、冶金、机器制造和交通运输等行业高速发展，采矿和冶炼造成的矿坑排水和工业废水含有多种重金属离子；该阶段使用的治理方法多是一些传统处理工艺，例如中和法，以形成各种金属（Fe、Al、Cu、Zn、Pb、Cd、Ni、Mn等）的氢氧化物沉淀达到分离处理的目的，但此法对废水中的汞、铬、砷等变价元素并不适用。该阶段主要解决大量硫铁矿山废水排出造成的矿区及周边环境重金属污染的问题。

第二阶段从19世纪后期开始，因简单的中和法不能对所有的重金属离子达到理想处理效果，所以联合了离子交换、浮选分离、吸附法等物理方法处理废水中的重金属污染物。1902年C. L. Peck提出的浮选法，是利用细菌将亚铁氧化成高铁，再用碳酸钙调节pH值至4～4.5，使铁离子和大部分硫酸根离子沉淀，以十二烷基醋酸铵盐为捕收剂，对中和沉淀物（石膏和氢氧化铁）进行浮选分离，之后将留于溶液中的铜、锌等重金属元素继续中和，使之成为可溶性配合物或不溶性沉淀物附着于气泡上后进行收集。作为泡沫回收技术，它能有效地去除微量有害离子。这一阶段的硫铁矿山废水污染治理技术针对的是水质变化大的重金属废水，适用于一些重金属离子浓度低且需大量处理的废水。

第三阶段是继1987年联合国提出可持续发展概念后，硫铁矿山废水污染治理技术开始从单纯的达标排放向有价金属和水资源回收方向发展。硫铁矿山的开采企业常用的治理方法几乎都是中和沉淀，然后达标排放。这样处理不仅浪费水中的有价金属资源，而且污水处理费用也很高，同时重金属都从水中转移到沉渣中，易造成二次污染。因此先从废水中回收有价金属资源，然后将处理后的水资源回用成为发展趋势。例如膜分离技术具有能回收有价金属、处理后满足生产工艺对水质的各项要求、对有价金属离子的截留率不低于85%的优点，被许多学者用来进行矿山废水处理和有价金属回收的研究。

1.5.2 硫铁矿山土壤重金属污染治理发展趋势

硫铁矿山土壤重金属的污染治理发展可分为三个阶段。第一阶段是物理、化学修复阶段，主要是通过物理、化学方式实现土壤中重金属的解吸或固定，从而减少重金属对环境的毒害。常用的物理修复法有热处理法、工程措施法、电动修复法，化学方法有淋洗法、玻璃化处理法、化学稳定法。但这两种技术在实际应用中，因工程量大、成本高、可能破坏土壤结构、导致生物活性下降和土壤肥力退化等缺点限制了其发展。

第二阶段，欧美国家率先使用生物技术修复重金属污染的土壤，其治理效果明显优于物理、化学修复技术。生物修复技术以其费用低、效果好、不会或很少造成二次污染的特点吸引了越来越多的科研人员从事相关研究与实践。其主要包括植物稳定、植物挥发、植物提取、微生物修复和土壤动物修复等方法。但生物修复速度慢且周期长，植物物种和微生物物种的筛选受多种因素的制约，使其在实际修复应用中存在一定困难。

第三阶段是原位固化/稳定化阶段。固化/稳定化技术与其他修复技术相比，具有处理时间短、适用范围较广等优势。1982—2005 年间，美国超级基金项目共对 977 个场地进行修复或拟修复，其中有 217 个场地修复使用固化/稳定化技术。但由于重金属仍滞留在土壤中，存在长期潜在环境风险，因此需要制定相应的技术导则并进行长期环境监管。

1.5.3 硫铁矿山固体废物重金属污染治理发展趋势

随着人口的增加和经济的发展，各行业对硫铁矿物原料的需求量不断增加，矿产资源消耗加剧，环保压力越来越大，人们不得不转向依靠科技进步来开展硫铁矿山固体废物的综合回收和利用，从工业的源头控制重金属污染，化害为利，变废为宝。因此，从开采的源头实现固体废物（特别是含有铅、汞、铬、砷、镉等有害元素）的资源化利用，从而改变长期以来矿山开采过程中矿山环境保护末端治理不彻底、治标不治本的现状，是硫铁矿山清洁生产亟待解决的首要技术问题。

应采用合理、有效的工艺对硫铁矿山固体废物进行加工利用或直接利用。其中包括：作为二次资源，对含有的有价元素进行综合回收；将其作为一种复合的矿物材料，用以生产建筑材料、土壤改良剂、微量元素肥料等。

1.6 硫铁矿区重金属污染防控的政策法规

1.6.1 国外重金属污染防治相关政策法规

从世界范围来看，土壤环境保护立法始于 20 世纪 70 年代。各国土壤环境保护的立法背景和法律设计有所不同，从立法条例上看，既有专项立法模式，也有分散立法模式。

日本是世界上土壤污染防治立法较早的国家。20 世纪 60 年代，"痛痛病"等公害事件诉讼的胜利推动了日本政府在环境治理方面的立法。为应对 1968 年发生的"痛痛病"事件所反映的农用地土壤污染问题，日本政府于 1970 年颁布了针对农用地保护的《农用地土壤污染防治法》，并分别于 1971 年、1978 年、1993 年、1999 年、2005 年和 2011 年进行了修订。

美国最主要的土壤污染防治立法是 1980 年颁布的《综合环境反应、赔偿与责任法》（又名《超级基金法》）。该法是受到拉夫运河填埋场污染事件的直接推动而出台的。该法实施后，《国家优先名录》中 67％的污染地块得到了治理修复，130 万英亩❶的土地恢复了生产功能，多数污染地块在修复后达到了商业交易的标准。《超级基金法》对于快速有效地解决美国污染地块的治理与修复问题起到了非常明显的作用，也为其他国家土壤污染防治提供了借鉴。

荷兰在 20 世纪 80 年代起就陆续制定了《暂行土壤保护法》《土壤修复导则》《土壤保护法》，基本形成了较为完备的土壤保护和修复法律体系。1986 年制定了《土壤保护法》。《暂行土壤保护法》由于是针对莱克尔克土壤污染事件而制定的暂行法律，在土壤修复体制上存在不能充分应对土壤污染的问题。1994 年 5 月，荷兰将 1986 年的《土壤保护法》和《暂行

---

❶ 1 英亩＝4046.856m²。

土壤保护法》两部法律合并为新的《土壤保护法》。由于土壤污染防治的需要,该法分别于1996 年、1997 年、1999 年、2000 年、2001 年、2005 年、2007 年、2013 年进行了修订。2013 年《土壤保护法》修订后的最大特点在于其整合了此前制定的各种零散的土壤保护法案、决议和判决等,形成了较为系统、全面的新的《土壤保护法》。

加拿大在 20 世纪 90 年代已构建较为完整的污染场地土壤环境管理体系,该管理体系主要基于大量详尽的指导文件,并建立起一整套环境管理流程,在实际管理工作中具有较强的操作性。加拿大对污染场地的定义为:场地上某物质的浓度超过背景水平,已经或有可能对人体健康或环境造成立即或长期的危害;或者场地上某种物质的浓度超过法规政策规定的水平。加拿大通过一系列法规规定了污染场地环境管理的具体流程,这些法规包括《环境质量指导值》《污染场地管理指导文件》《生态风险评价框架导则》《污染场地健康风险评估方法》等。

从各国土壤环境保护立法的模式来看,专项立法已经成为世界土壤污染防治立法的潮流。从立法的过程看,由于认识和经济水平等多方面限制,各国土壤环境保护立法不追求一步到位,而是循序渐进,采用逐步修订相关政策法规的方式不断强化土壤污染控制,使法律始终与时代同步,在土壤环境保护法的修订过程中,完善土壤污染控制的具体环节,同时培育与立法进程相适应的土壤污染修复产业。

1.6.2　我国硫铁矿区重金属污染防控相关政策法规

近年来,我国矿区重金属污染问题开始逐渐显露,重金属重特大污染事件呈高发态势,对生态环境和群众健康构成了严重威胁。党中央、国务院对此高度重视,对加强重金属污染防治工作做出了一系列重要部署,相继出台了《中华人民共和国矿产资源法》《固体废物污染环境防治法》《全国矿产资源规划》等法律法规政策(表 1-4)。

表 1-4　我国重金属污染防控相关政策法规

序号	政策法规名称	发布年份	重金属污染防控相关内容或意义
1	《中华人民共和国宪法》	1982 年	禁止任何组织或者个人用任何手段侵占或者破坏自然资源
2	《中华人民共和国水污染防治法》	1984 年	矿山开采区、尾矿库、危险废物处置场等的运营、管理单位,应当采取防渗漏等措施,并建设地下水水质监测井进行监测,防止地下水污染
3	《中华人民共和国矿产资源法》	1986 年	开采矿产资源,必须遵守有关环境保护的法律规定,防止污染环境
4	《中华人民共和国环境保护法》	1989 年	开发利用自然资源,必须采取措施保护生态环境
5	《中华人民共和国水土保持法》	1991 年	矿业活动中排弃的矸石、尾矿、废渣等应当综合利用;不能综合利用,确需废弃的,应当堆放在水土保持方案确定的专门存放地,并采取措施保证不产生新的危害
6	《中华人民共和国固体废物污染环境防治法》	1995 年	固体废物污染环境防治坚持减量化、资源化和无害化的原则
7	《全国矿产资源规划》	2001 年	全国首轮矿产资源规划出台,从此,我国矿产资源管理开始了有规划的历史

序号	政策法规名称	发布年份	重金属污染防控相关内容或意义
8	《中国 21 世纪初可持续发展行动纲要》	2003 年	提出加强矿山生态环境恢复治理和保护
9	《国家环境保护"十一五"规划》	2007 年	将"重点防治土壤污染"列入重点领域,对土壤修复提出更加明确的要求及任务
10	《场地环境调查技术规范》(征求意见稿)、《污染场地环境监测技术导则》(征求意见稿)、《污染场地土壤修复技术导则》(征求意见稿)	2009—2010 年	作为工具性标准为污染场地的调查、检测、风险评估和修复提供技术支撑,加强场地土壤环境调查评估和治理修复等活动的监督管理
11	《关于加强重金属污染防治工作的指导意见》	2009 年	明确了重金属污染防治的目标任务、工作重点以及相关政策措施
12	《国家环境保护"十二五"规划》	2011 年	推进重点地区污染场地和土壤修复,使重金属污染得到有效控制且污染防治成效明显
13	《关于加快完善环保科技标准体系的意见》	2012 年	加快实施土壤污染修复与治理、重金属污染综合防控等环境科技重大专项
14	《近期土壤环境保护和综合治理工作安排》	2013 年	加大环境执法和污染治理力度,确保企业达标排放;严格环境准入,防止新建项目对土壤造成新的污染
15	《中华人民共和国环境保护法》	2014 年(修订)	加强对大气、水、土壤等的保护,建立和完善相应的调查、监测、评估和修复制度
16	《土壤污染防治行动计划》	2014 年(审议并原则通过)	选择 6 个重污染地区作为土壤保护和污染治理的示范区,推动我国土壤环保产业进一步发展,进入较大规模土壤修复实施阶段
17	《污染场地修复技术目录(第一批)》	2014 年	推进了土壤和地下水污染防治技术普及,引导了污染场地修复产业健康发展
18	《土壤污染防治行动计划》("土十条")	2016 年(正式发布)	明确了"谁污染,谁治理"的原则,加强了土壤污染防治,逐步改善土壤环境质量
19	《中华人民共和国水污染防治法》	2018 年(修订)	明确规定禁止将含有汞、镉、砷、铬、铅、氰化物、黄磷等的可溶性剧毒废渣向水体排放、倾倒或者直接埋入地下
20	《中华人民共和国土壤污染防治法》	2018 年	国家鼓励在建筑、通信、电力、交通、水利等领域的信息、网络、防雷、接地等建设工程中采用新技术、新材料,防止土壤污染;禁止在土壤中使用重金属含量超标的降阻产品
21	《建设用地土壤污染状况调查技术导则》(HJ 25.1—2019)、《建设用地土壤污染风险管控和修复监测技术导则》(HJ 25.2—2019)、《建设用地土壤污染风险评估技术导则》(HJ 25.3—2019)、《建设用地土壤修复技术导则》(HJ 25.4—2019)、《污染地块风险管控与土壤修复效果评估技术导则(试行)》(HJ 25.5—2018)	2018 年—2019 年	保障人体健康,保护生态环境,加强建设用地环境保护监督管理,规范建设用地土壤污染状况调查、土壤污染风险评估、风险管控、修复等相关工作

续表

序号	政策法规名称	发布年份	重金属污染防控相关内容或意义
22	《中华人民共和国固体废物污染环境防治法》	2020 年（修订）	规定矿山企业应当采取科学的开采方法和选矿工艺，减少尾矿、煤矸石、废石等矿业固体废物的产生量和贮存量，鼓励采取先进工艺对其进行综合利用
23	《关于进一步加强重金属污染防控的意见》	2022 年	提出进一步强化重金属污染物排放控制，有效防控涉重金属环境风险

目前，随着经济发展对矿产需求量的增加，部分矿区生态环境破坏越来越严重，为了生态可持续发展的目标，完善矿区环境修复法律是必要的。矿区修复治理应依照法律法规，遵循"谁开发，谁治理"的责任制。同时，目前我国矿区环境保护领域的相关立法还有待进一步完善和规范，值得我们去深入思考和研究。

第2章 硫铁矿区环境污染来源、特征以及重金属迁移转化行为

2.1 硫铁矿区环境污染来源

硫铁矿在开采、选矿、冶炼（采、选、冶）的过程中均会产生大量的废水、废气和固体废物（固废）。这些污染物一旦不经处理直接排入环境将极大影响人类的生存健康。因此，探究硫铁矿区的污染来源将有利于前端控制与末端治理。

2.1.1 废水排放

硫铁矿是我国重要的金属矿山之一，在采、选、冶过程中会产生大量的废水。矿山开采过程中主要产生采矿废水及选矿废水。目前矿山开采的方式主要分为露天开采与地下开采，产生的废水含有较多的悬浮物、硝基化合物及重金属。露天开采的硫铁矿矿坑直接与大气接触，在降水的条件下易形成酸性矿坑水。同时，硫铁矿石内含有重金属杂质元素，重金属元素经过雨水冲刷后进入废水从而导致废水重金属含量超标，严重危害人类的生命健康。地下矿坑在开采时由于水泵将地下水抽降到一定的水位，使空气中的氧进入矿坑，也易形成酸性矿坑水。在矿山废弃后，地下水位上升与地表水共同填满矿坑并向外溢，污染周围水体，危害水生生物，并破坏土壤层颗粒，使其板结硬化，严重危害人类的身体健康。

一般的选矿过程主要包括破碎、磨矿、分选等环节，在各环节均需投入大量的水资源。选矿废水的主要污染物为悬浮物、有毒有机物、油类及重金属。选矿废水主要包括生产过程排放的含尾矿废水，还包括一定量的地面冲洗水、冷却水等，其主要来源为：①选矿过程中排出的含尾矿废水及过滤时产生的溢流水；②原矿破碎、磨矿、分选等过程中的设备、地面冲洗水；③破碎、磨矿设备冷却水；④选矿系统发生故障时产生的废水；⑤采用化学选矿时，含难生物降解有机化合物的选矿药剂废水。部分有毒的有机物和耗氧有机物进入水体后，将引起有机物含量超标，水体中大量微生物快速繁殖，水中溶解氧含量降低，同时大量的油类污染物在排放至水面时形成一层油性隔膜，使大气中的氧气很难再进入水体，进一步降低了水中的溶解氧含量，影响了水中动植物的正常生长，甚至造成水体黑臭。

尾矿堆存也会造成水体严重污染。残留于尾矿中的氯化物、氰化物、硫化物、松油、絮凝剂、表面活性剂等有毒有害药剂，随着堆弃时间的增加、雨水的冲刷及微生物的作用会缓慢释放，对生态环境造成严重的危害。在尾矿长期堆存时，这些药剂会受空气、水分、阳光作用和自身相互作用，产生有害气体或酸性水，加剧尾矿中重金属的流失，流入耕地后，破坏农作物生长或使农作物受污染；流入水系则又会使地面水体和地下水源受到污染，毒害水

17

生生物；流入或排入溪沟、河流和湖泊，不仅毒害水生生物，还会造成其他灾害，有时甚至涉及相当长的河流沿线污染。

矿井涌水、废石场淋溶废水中包含大量的酸性矿山废水（acid mine drainage，AMD），它是由矿石中所含的硫化矿物经过氧化、分解，最终溶解在水源中形成的。由于硫铁矿的主要成分 FeS_2 具有还原性，在空气、水和细菌的作用下，会生成硫酸等酸性物质，致使废水呈酸性；同时，排土场、尾矿库等废物堆放场地堆存的废弃物不仅占用大量土地，还可能受环境影响形成扬尘，且易受到水、氧气和微生物 ［如氧化亚铁硫杆菌（*Thiobacillus ferro-oxidans*）］作用而被氧化，形成酸性物质，从而导致酸性废水的产生。

酸性矿山废水具有低 pH、高重金属浓度的特点，对周围环境有很大的污染隐患。酸性矿山废水若不经治理、处置，可能会通过地表径流和地下渗透等方式，对矿区生态环境产生较大的负面影响。酸性矿山废水的来源复杂广泛，其酸性成因也十分复杂。硫铁矿的化学氧化过程主要包括以下三个步骤：①硫铁矿被自然界中的 O_2 氧化，矿物晶格中的铁析出变为 Fe^{2+}；②Fe^{2+} 进一步被氧化生成 Fe^{3+}；③Fe^{3+} 形成，成为硫铁矿氧化过程中的主要氧化剂，促进硫铁矿的氧化反应，增强矿井水的酸性。其机理如下。

（1）FeS_2 的氧化机理

① 硫铁矿在 O_2 和 H_2O 存在的环境中，氧化生成硫酸和亚铁离子。

$$2FeS_2 + 7O_2 + 2H_2O \longrightarrow 4H^+ + 2Fe^{2+} + 4SO_4^{2-}$$

② 在酸性条件下，Fe^{2+} 被氧化，生成 Fe^{3+}。

$$4Fe^{2+} + O_2 + 4H^+ \longrightarrow 4Fe^{3+} + 2H_2O$$

③ Fe^{3+} 水解生成 $Fe(OH)_3$，进一步增强矿井水的酸性。

$$Fe^{3+} + 3H_2O \longrightarrow Fe(OH)_3 \downarrow + 3H^+$$

④ Fe^{3+} 促进 FeS_2 的氧化反应。

$$FeS_2 + 14Fe^{3+} + 8H_2O \longrightarrow 15Fe^{2+} + 2SO_4^{2-} + 16H^+$$

（2）微生物的氧化机理　硫铁矿氧化菌在有氧的情况下，可以通过氧化硫铁矿、Fe^{2+}、硫元素等来获取能量，并通过固定碳或其他有机物生长。常见的硫铁矿氧化菌主要包括硫杆菌、氧化铁硫杆菌、氧化亚铁硫杆菌等，它们不仅能直接氧化矿物，也能间接提高催化硫铁矿的氧化速率，在常温下能使硫铁矿的氧化速率提高几十倍。目前氧化亚铁硫杆菌被认为是酸性环境中浸矿的主导菌种。例如在酸性条件下，氧化亚铁硫杆菌能氧化许多硫化矿物（MS）而产生可溶性盐（MSO_4），用通式表示为：

$$MS + 2O_2 \xrightarrow{\text{细菌}} MSO_4$$

氧化亚铁硫杆菌的催化氧化作用主要表现在进一步将 Fe^{2+} 氧化为 Fe^{3+}：

$$2FeSO_4 + H_2SO_4 + \frac{1}{2}O_2 \xrightarrow{\text{细菌}} Fe_2(SO_4)_3 + H_2O$$

这样就形成了一个氧化体系，其具体的直接作用和间接作用模式如图 2-1 所示。

其他情况下，在采空区出水和巷道墙壁渗水中存在饱和或超饱和形式的 CO_2 气体，随着水的流动，CO_2 将不断逸出，溶液 pH 升高，导致一些金属离子（如 Al^{3+}、Fe^{3+} 等）发生水解，形成相当大的酸度。同时，氧化形成的硫酸和硫酸高铁溶液可将铜、铅等金属转化为硫酸盐，硫酸盐从矿物中析出并生成单质硫，单质硫在细菌的作用下也会使 AMD 酸性进一步增强。

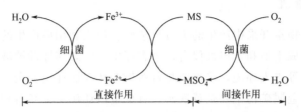

图 2-1　硫化矿物微生物氧化直接作用和间接作用模式图

2.1.2　废气排放

硫铁矿区的大气污染物主要包括矿山粉尘和废气。露天采场生产因大量使用大型移动式机械设备和爆破装备，使矿内空气产生一系列尘毒污染，如爆破和采用柴油机为动力的设备等产生了大量粉尘、有害有毒气体（H_2S、SO_2、CO、NO_2 等）和放射性气溶胶。露天开采强度大、机械化程度高、易受地面气象条件影响，开采过程产生的气体常导致突发情况，甚至可能使局部污染扩散至整个矿区，造成严重大气污染。选矿生产过程中产生的大量粉尘和有毒物质也是引起矿区大气污染的重要因素。在自然及运输车辆产生的风流作用下，粉尘将直接被扬起，使大气中粉尘浓度急剧升高，严重污染矿区空气。

此外，尾矿经风化作用后，受大风等环境因素影响也会产生粉尘。粉尘含量较高不仅会诱发尘肺病，而且粉尘中携带的重金属物质会经过干湿沉降进入土壤或水体，给环境带来严重危害。

矿区炼硫是矿区大气污染的主要来源。国内硫需用量的 70% 左右来源于土法炼硫。土法炼硫是一种非常落后的生产方式，工艺陈旧、毫无防护措施，硫的回收率仅为 30%～40%，导致大量的 SO_2 和 H_2S 被排放到空气中。以我国西南地区某县为例，该区域 20 世纪 90 年代县有 31 家硫冶炼厂 1300 座炼硫炉关停至今，除部分渣堆被矿山压覆或土地复垦外，仍有大量废渣压占土地（表 2-1）。土法炼硫会产生大量 SO_2，每生产 2 万吨硫，会向大气中排放 25996 吨 SO_2。SO_2 在大气中发生反应形成酸雨，会使矿区周围土壤大面积酸化，植被逐渐枯死，严重地区粮食颗粒无收。经国家空气质量Ⅲ级标准评价，该区域排放到大气中的 SO_2、H_2S 等污染物超标 5～10 倍。

表 2-1　某县硫冶炼部分废渣堆放与占地面积情况

序号	堆存量/10^4t	废渣占地面积/亩[①]
1	190	350
2	50	300
3	30	500
4	50	150
5	250	330
6	80	90
合计	650	1720

① 1 亩 $= 666.67 m^2$。

2.1.3 固体废物排放

硫铁矿的固体废物指开采中产生的废石及选矿、加工利用后产生的尾矿或废渣。大量的硫铁矿固废堆存会造成土地和农田被侵占，生态环境及生态多样性被破坏，多种有害物质如放射性物质、重金属等进入环境，严重威胁自然生态和人居环境安全，构成严重公害。硫铁矿矿石组分较简单，金属矿物主要是黄铁矿，有少量白铁矿、金红石和锐钛矿；非金属矿物主要是高岭石，另有少量珍珠陶土、石英、重晶石等。黄铁矿占 20%～40%，高岭石占 55%～75%，其他矿物占 5% 左右，其中又以锐钛矿、金红石为主，占 3% 左右。

硫铁矿固废主要来自矿山开采后的尾矿，主要以固体废物的形式存在。在矿山的各种生产活动包括硫铁矿的开采、运输、加工及辅助设施的开挖、使用、维修过程中基本上都会产生大量的固废，并且固废矿物的组成与原矿大体相同。硫铁矿尾矿中硫和铁两种元素的含量比较高，其脉石矿物的成分以二氧化硅为主。其他成分还包括硫、铁、氧化钙以及氧化铝等。这些成分在一定程度上证明硫铁矿尾矿中可能含有黄铁矿、石膏以及一些钙碱性矿物，而这些物质因在现阶段的硫铁矿产业中拥有一定用途而使硫铁矿尾矿具备一定的回收利用价值。

含硫废石在地表环境中容易发生氧化还原反应，在降雨、径流等液相介质的作用下，其中的有害元素作为风化产物进入环境，成为重要的污染源。固废堆中所含的 As、Cd、Cu、Pb、Zn 等金属甚至比周围正常岩石高出成百上千倍。以云浮硫铁矿为例，云浮硫铁矿年产原矿 300 万吨，生产硫精矿 140 万吨每年，产生固体废物尾矿 160 万吨每年，尾矿浆经尾矿输送系统泵送至离选矿厂约 9 千米的大坑尾尾矿库。随着矿山开采的不断深入，硫铁矿资源日益贫化，为稳定硫精矿年产量，每年开采的原矿量和产生的尾矿量将会进一步增加。目前，尾矿库剩余有效库容约 1100 万立方米。经检测，尾矿库主要成分含量如表 2-2 所示。

表 2-2 云浮硫铁矿尾矿多成分分析结果

序号	成分	含量(质量分数)/%
1	Fe	7.51
2	S	7.41
3	Mn	0.72
4	Zn	0.27
5	Pb	0.036
6	Cu	0.013
7	As	<0.005
8	Ti	<0.005
9	SiO_2	45.39
10	CaO	6.58
11	K_2O	2.42
12	MgO	0.98
13	C	2.69
14	P	0.029

由表 2-2 可知，云浮硫铁矿尾矿中有用矿物的主要成分是 S 和 Fe，脉石矿物的主要成分为 SiO_2，CaO 次之；与之对应的有用矿物以黄铁矿为主，脉石矿物以石英、方解石为主，含有少量的生石膏。尾矿成分丰富，具有很高的经济价值。

2.2　硫铁矿区环境污染特征

硫铁矿属于特殊的矿产资源，在开采及冶炼过程中会对当时当地的地质环境造成非常严重的破坏与影响。就地堆存形成的堆场会覆盖大片的植被，造成大量动植物减少，影响生物多样性；有毒有害重金属硫化物矿山经过长期的雨水冲刷，会形成含硫酸盐和重金属的酸性矿山废水，这些有毒有害成分会向矿区地表水及地下水迁移，严重破坏矿区周围的土地资源以及水环境，造成地表水、地下水以及土壤的严重污染，其中，重金属污染物主要有 As、Pb、Zn、Fe、Cu、Ni、Cr、Cd、Hg、Mn 和 Tl 等。就地堆存的矿石及废弃物在长时间日照和风吹影响下，极易形成飘尘，对区域大气环境造成污染。这些环境污染带来了严重的生态环境威胁，严重危害人类健康。

2.2.1　地表水污染特征

水体是人类赖以生存的主要自然资源之一，又是人类生态环境的重要组成部分，也是生物地球化学循环的物质储库，对环境具有一定的敏感性。由于人类活动的影响，进入水体环境中的污染物越来越多，这些污染物给环境和人体健康带来了许多威胁。

硫铁矿区内地表水污染一般是由废弃的矿井、开采冶炼过程中产生的选矿废水和各种萃取液的排放以及大面积的冶炼废弃物堆放产生的浸出液所导致的。大部分矿山采矿废水排放量巨大，而废水处理量及回水利用量仅占排放量的很小一部分，余下部分的矿坑水未经处理就被直接排放到自然环境中，该矿井水一般呈酸性且包含大量的有毒重金属物质、类金属物质、悬浮物、硫化物等，对自然环境造成较大影响。产生的这些废水被排放到附近的河流、溪沟、水库、湖泊或洼地，使周围地表水主要呈现出高酸性、高重金属含量、高悬浮物含量等特点，导致地表水污染十分严重。

(1) 酸污染　伊比利亚黄铁矿带的酸性矿井排水可能是世界上与硫化矿床开采有关的地表水污染最严重的案例之一。该硫铁矿带的中部和东部向廷托河（Tinto River）和奥迭尔河（Odiel River）排水，这两条河接收了矿区的大部分酸性废水。因此，在流入大西洋之前，廷托河和奥迭尔河的主要河道金属含量和硫酸盐含量非常丰富，酸度也很高。其中在硫化物矿区产生的显著酸性矿山废水对地表水污染的持续时间可能非常长，而这种极长的寿命与残留的硫铁矿和其他硫化物的数量以及这些硫化物溶解产生的酸有关。在矿渣存在的地方，流水大多呈土黄色甚至棕红色，pH 显示为强酸性，流经之处都是明显的黄色，如图 2-2 所示，给周围的环境和附近居民的正常生活造成了很大的影响。

(2) 重金属污染　在众多污染物中，重金属污染最显著，且各种重金属元素浓度随着远离污染源而逐渐降低，污染源处浓度最高。大多数重金属在水体中不能被微生物降解，而只能发生各种形态的转化分散和富集（即迁移），其在水体中的污染特点如下：①除被悬浮物带走外，重金属会因吸附沉淀作用而富集于排污口附近的底泥中，成为长期的次生污染源；

图 2-2 某硫铁矿酸性矿山废水造成的污染

②水中各种无机配位体（氯离子、硫酸根离子、氢氧根离子等）和有机配位体（腐殖质等）会与其生成各种配合物或螯合物，导致重金属的溶解度增大而使已经进入底泥的重金属可能又重新释放出来；③重金属的价态不同，其活性与毒性不同，其形态又随 pH 值和氧化还原条件的变化而发生转化。

本图彩图

地表水体受到 AMD 影响的程度以及稀释或中和作用的强度，都会影响重金属的含量和表现形式。AMD 影响强烈且未经过稀释或沉淀过程的地表水体，重金属和硫酸盐含量将非常高；而经历稀释或中和过程时，水体将会发生重金属沉淀反应。如 Fe 在水体中一般以 Fe^{2+} 的形式存在，当与未受污染的水混合或与周围岩石相互作用后，pH 值增大，则会生成 Fe^{3+} 的沉淀，如果稀释/中和过程很强且 pH 接近中性，大部分 Fe 和有毒金属都会以氢氧化物、硫化物或羟基硫酸盐矿物的形式沉淀下来，在河口水域、沉积物和生物中都可检测到高浓度的金属，如 As、Cd、Pb 等。

（3）悬浮物污染　悬浮物是一种由无机碎屑、有机碎屑、生物碎屑、浮游动植物、细菌和其他能被 $0.22\mu m$ 或 $0.45\mu m$ 滤膜截留的颗粒物组成的混合体，其含量也是衡量水污染程度的指标之一。悬浮物含量超标，会使水体变浑浊，影响水体的外观，降低水的透明度。悬浮物的存在，不仅影响水生生态系统中重金属的活化和迁移，还影响重金属在水体、沉积物和食物链之间的相互转化。水体中含有的大量悬浮物、沉积物对水体重金属含量分布有重要影响。一般来说，在水-悬浮物-沉积物体系中，所有元素在水体中的含量远低于悬浮物和沉积物，在沉积物和悬浮物中的含量则会因元素性质及影响因素而有所不同。

2.2.2　地下水污染特征

地表以下地层复杂，地下水流动极其缓慢，因此，地下水污染具有过程缓慢、不易发现和难以治理的特点。地下水一旦受到污染，即使彻底消除其污染源，也需要至少十几年甚至几十年才能使水质复原。地下水污染途径多种多样，大致可分为以下几种类型。

(1) 间歇入渗型　大气降水或其他灌溉水使污染物随水通过非饱水带，周期性地渗入含水层，主要污染潜水。淋溶固体废物堆引起的污染即属此类。

硫铁矿区地下水的污染源一般具有多源性，污染物除从矿区开采、冶炼过程中产生的大量废渣堆、污染土壤中随降雨淋溶冲刷向下迁移渗入地下水导致地下水污染外，富含重金属污染物的大气沉降也是造成地下水污染的途径之一。

(2) 连续入渗型　污染物随水不断地渗入含水层，主要也是污染潜水。废水聚集地段（如废水渠、废水池、废水渗井等）和受污染的地表水体连续渗漏造成的地下水污染即属此类。

原生地质环境、硫铁矿开采过程产生的大量矿井水、酸性矿山废水、生活及生产污水等多种因素的共同作用也是导致硫铁矿区地下水污染的主要原因。开采期间，矿井水会受到不同程度的污染，如果发生事故或者跑气、冒水、滴液、漏液，矿井水会垂直下渗，对地下水造成污染。另外，大多数硫铁矿开采区会成为该地区地下水的交汇点，同时采矿活动将地下多个含水层串联在一起，采矿活动进行过程中，多种水体相互流通可保证地下水的平稳流通。当矿石开采完毕，矿井关闭，矿井排水结束，使地下水的稳定性被破坏，矿区地下水的动力场变得更为复杂，地下不同含水层、地表水以及采矿空间将构成复杂的交替模式和补水排水模式，会使矿井水化学环境发生变化；同时地下水位将会快速回升，淹没废弃的矿坑、巷道和采空区等，使废弃矿井成为潜在的污染源，并在相当长的一段时间内通过多种途径对区域地下水造成污染。除矿井回水外，开采沉陷后的地表下沉量往往要大于地下水位的埋深，致使下沉后的地表面位于地下水位以下，当地下水渗出时就形成地表积水坑，再加上地表降雨的汇入和矿井水的进入，会使积水坑水量增加，常年积水。如果地下水直接出露于地表，以积水坑等形式存在，地下水的污染便不可避免。这种形式造成的地下水污染会出现很严重的水资源浪费和水环境影响问题，尤其要引起矿区环境管理和污染治理单位的重视。

西南某典型废弃硫铁矿区矿井涌水和地下水具有相似特征，主要表现为低 pH、高 SO_4^{2-}、高溶解固体总量（TDS）和高硬度。陕西省汉中市腰庄硫铁矿区产生的酸性水是因采矿活动人为沟通了碳酸盐岩地下水经由矿坑与黄铁矿产生化学反应形成的，且酸性污染水排泄量约占地下水径流量的 70%。这表明废水的排放、产生酸性废水的水源及水量与地下水联系紧密，地下水极易受到污染。

(3) 越流型　污染物通过越流的方式从已经受污染的含水层（或天然咸水层）转移到未受污染的含水层（或天然淡水层）。污染物或者是通过整个层间，或者是通过地层尖灭的天窗，又或者是通过破损的井管污染潜水和承压水。地下水的开采改变了越流方向，使已受污染的潜水进入未受污染的承压水即属此类。

(4) 径流型　污染物通过地下径流进入含水层，污染潜水或承压水。污染物通过地下喀斯特孔道进入含水层即属此类。

地下水污染的特征因子以重金属、硫酸盐、矿化度和 pH 为主，不同区域的地下水主控特征因子存在差异。其中地下水中的重金属元素以多种形式存在，主要为离子交换态、金属盐结合态、有机物结合态和残渣态等。结合态、交换态重金属元素的毒性最大，残渣态重金属元素的毒性最小。由于硫铁矿区污染水体中都会含有一定量的硫酸盐，因此在还原性条件下，重金属可能多以硫化物沉淀的形式存在。另外因为地下水位的流动使得污染物顺水迁移，会导致污染物横向污染范围扩大，所以不管是地表水还是地下水，下游污染物浓度都有所增大，而上游都略有降低。而地下水更新周期长，大多污染物会长期存在于地下水体中，难以去除，特别是重金属污染，往往包含多种共生的重金属元素，形成多重金属元素复合污染，降解难度更大。

2.2.3 土壤污染特征

硫铁矿区土壤因受到开采过程中多方面污染，表现出有限的物理化学性质，主要表现在土壤酸化和重金属污染上。

（1）土壤酸化 土壤酸化途径之一是大多数硫铁矿在过去主要通过土法炼硫的方式冶炼硫，土法炼硫过程中会产生大量含硫烟气排入空气之中，经过与大气层的化学作用，生成酸雨降落到地面上，使得矿区内的土壤大范围出现酸化现象。另一条酸化途径则是矿石中还原态硫通过矿山排水、矿渣堆积或尾砂库的泄漏等进入土壤，与空气接触发生氧化产生大量的 H^+，导致土壤急剧酸化。关于矿业活动导致下游土壤酸化的报道也是屡见不鲜，如西班牙南部的阿兹纳尔库拉尔（Aznalcóllar）矿区下游 45km 处土壤仍受矿渣的影响，pH 最低达 2.5；德国卢萨蒂亚（Lusatia）矿区，截至 1998 年，近 45000hm^2 的矿渣进入周边土壤，导致土壤 pH 降至 2.5 以下。矿区酸化土壤中常因含有较高浓度的硫酸盐而导致土壤盐分升高，同时土壤酸化会造成矿区土壤中的养分大量流失，土壤肥力大幅度下降，从而导致矿区附近植物大量死亡、农田产量大幅降低。另外，矿业污染土壤中重金属浓度较高，土壤酸化会使重金属向生物毒性较大的形态转化。通常情况下，土壤 pH 越低，重金属活性越强，越容易在土壤中迁移，并被农作物吸收。因此，酸化土壤修复十分重要。

（2）重金属污染 硫铁矿开采、冶炼易造成周边地区土壤严重的重金属污染，重金属经食物链富集和传递最终影响人类健康。特别是在尾矿地区，尾矿酸化氧化过程中溶解的重金属元素被雨水淋溶后，会在下垫土中大量积累，从而加剧土壤重金属污染。重金属中特别是 Cd、Pb、Cr、As 等具有显著的生物毒性，大量的有毒金属进入土壤后，在物质循环和能量交换过程中分解，很难从土壤中迁移出去。重金属污染具有长期累积效应和交互作用，尽管土壤对重金属污染有缓冲作用，但可迁移性差、不能降解等特点，使重金属逐渐对土壤的理化性质、生产能力产生明显的不良影响，进而影响土壤生态结构和功能的稳定性，从而严重影响周边动植物的生存。以伊比利亚黄铁矿为例，由于采矿以及加工过程中产生的污染，矿区土壤中营养物质含量降低，重金属污染严重，对植物群落的生长表现出很强的抑制性，使一些植物在这种区域特有环境中已经发展出胁迫适应机制，可以在重金属浓度升高的极端酸性基质中生存。

硫铁矿区附近土壤中不同重金属的空间分布特征以及土壤截留过程中的垂直分布特征均存在较大差异。离污染源即堆场、冶炼厂等区域越近，重金属含量越高。冶炼厂外排的烟尘、粉尘和雨水淋溶冲刷渣堆是土壤重金属污染的主要成因。在公路沿线等交通位置，土壤重金属浓度也会相对较高。大多数重金属在土壤截留过程中会表现出不同特点。对于表层土壤，土壤中重金属含量与离污染源的距离和土壤对重金属的吸附-解吸特性有关，如 Pb 易被土壤吸附，迁移速度和范围要比 As、Cd 等重金属小，所以 Pb 的污染范围会相对较小且集中；

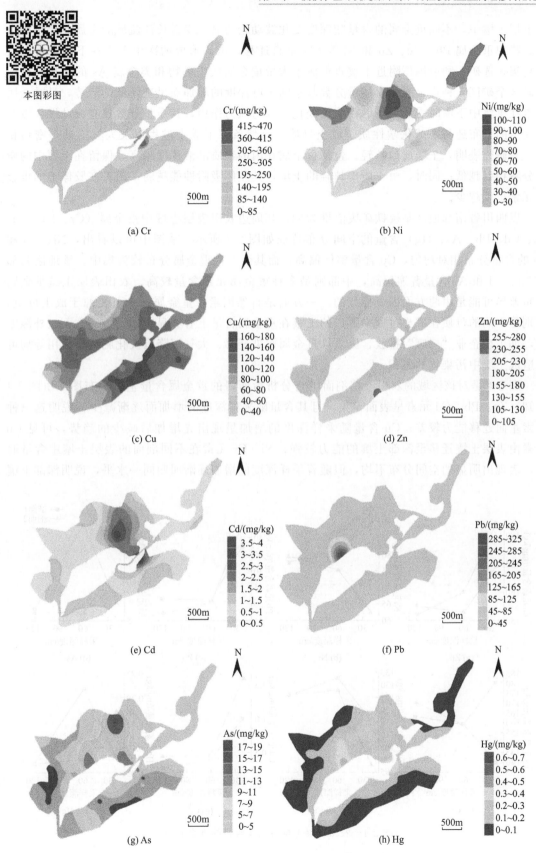

图 2-3 农田表层土壤各金属含量的空间分布

在下层土壤中，不同重金属的含量随深度变化波动较明显。安徽长江流域的金属硫化物矿山废弃物中重金属 Pb、Cu、Zn 和 Ni 等大量垂直迁移，由此形成的次生矿物在下层土壤中大量富集，选矿厂和冶炼厂附近土壤也形成了大量重金属次生矿物和类金属 As 的富集；神木煤矿 3 个矿区 5 种重金属元素质量分数基本随土壤深度的增加而呈现降低的趋势，且重金属元素在土壤中下渗时受到雨量的季节性变化影响与风力作用，其质量分数具有波动性。重金属元素的分布还与地球化学性质、成土母质、自然条件下成土过程以及人类活动等密切相关。有研究表明，土壤质地越轻，包括重金属在内的物质淋溶程度越高，保留在土壤中的质量分数相对越低；同时，由于质地越轻的土壤，其胶体吸附性能越弱，附着在胶体上的重金属元素也就越少。

以四川省南部地区某硫铁矿废渣堆为例，其周边农田表层土壤中重金属（Cr、Ni、Cu、Zn、Cd、Pb、As、Hg）含量的空间分布特征如图 2-3 所示。从图中可以看出，Ni、Cu 和 Zn 的含量分布相对均匀，Cu 含量整体偏高，而其余 5 种重金属分布较为集中。该地区北部的 Ni、Cd 和 As 含量普遍偏高，中部则是多种重金属元素含量较高。农田表层土壤重金属分布差异可能是由两方面因素导致的。一方面是自然因素，重金属污染可能源于成土母质，特别是不同的母质在成土过程中形成的土壤在重金属含量上有明显差异；另一方面是外源因素，如工矿企业"三废"排放、废渣堆重金属污染迁移、大气沉降以及化肥过量施用等均可能造成土壤中污染物的累积。

图 2-4 是对该区域的农田土壤剖面进行分析后所得的重金属含量垂直分布图。由图 2-4 可知，Zn、Pb、Cd 元素呈表面聚集，且其含量随采样深度的增加而逐渐减少，说明这三种元素垂向迁移能力较差；Cu 含量随采样深度的增加呈现出先增加后减少的趋势，可见 Cu 元素由表层土壤迁移至深部土壤的能力较强；Ni、Cr 元素在不同剖面的表层土壤中含量迥异，表现出明显的空间分布不均，但随着采样深度的增加逐渐回归同一水平，说明深部土壤

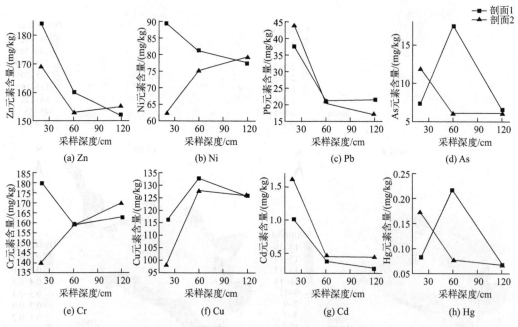

图 2-4　农田表层土壤各金属含量的垂直分布

受表层土壤影响较弱；Hg、As 元素含量均在剖面 2 随采样深度的增加而逐渐减少，在剖面 1 则呈现先增加后减少的趋势，可见这两种元素具有一定的垂向迁移能力。

在一定的地球化学条件下，赋存于土壤深部的重金属极有可能迁移至地下水体，造成地下水的污染。因此，需要进一步调查和探究重金属在地下水中的分布和污染状况。

2.2.4　大气沉降特征

在矿山生产过程中，矿石卸矿、破碎、筛分、皮带转运等工艺环节会排出粉尘，废石堆场的氧化风蚀作用也会产生粉尘污染，矿区运输矿石或精矿的公路由于汽车沿途散落粉矿并被车轮扬起以及大型尾矿库的尾砂堆积产生的扬尘污染也十分严重。

大气沉降是指人类活动排放的粉尘和地表风力带起的地表颗粒自然沉降到地面，或随着雨、雪、雾或雹等降水间接沉降到地面上的现象，大气沉降分为干沉降和湿沉降。

在硫铁矿区，重金属是大气沉降污染物的重要成分之一。其主要来自硫铁矿开采及冶炼过程中产生的气体和粉尘等，以 Pb、Zn、Cd、Cr 等重金属元素为主，并主要以气溶胶的形态进入大气，经过自然沉降和降水进入土壤和水体，并可通过呼吸系统直接影响人类健康。同时重金属具有高毒性和不可降解性，在沉降后会持久累积，对土壤、植物和水体等造成二次污染，并通过食物链危害人体健康。有研究表明，重金属等污染物通过大气沉降，进入周围的农田土壤和植物中，严重破坏农田生态系统，影响农作物的生长与生产。中国农业科学院调查研究发现，农田中的重金属 As、Hg、Pb 和 Ni 58%～85% 来自大气沉降，源自大气沉降的重金属 Cd 和 Cr 分别约为 35% 和 43%。Nicholson 等通过对英格兰和威尔士土壤中重金属的来源进行调查后发现，38%～48% 的 Zn 和 Cu 来自大气沉降，Ni、Pb 和 As 约为 55%～77%，Cd 和 Hg 分别为 53% 和 85%。由此可见，大气沉降是土壤重金属污染的重要来源之一。

目前关于矿区大气沉降特点的研究相对较少，特别是在国内，关于大气沉降的研究大多集中在城市区域空气污染领域。影响大气沉降量和沉降速率的因素主要有排放源、与排放源的距离、季节变化及当地的气象条件（盛行风向、风频率等）等，大气沉降中重金属沉降量时空变化较为显著，重金属大气沉降是当今科研工作者研究热点之一。

2.2.5　固体废物堆场特征

堆场的固体废物包含硫渣、煤矸石及硫铁矿尾矿等。硫铁矿尾矿具有尾矿粒度小而均匀、有机质和黏土含量少、易氧化的硫化矿物含量高、有毒有害元素溶出率高等特点。硫铁矿开采过程中产生的大量固体废物形成的废渣堆场是一个大型的复合型污染源，重金属在土壤中的含量和形态分布特征受其在固体废物中浸出和迁移的影响，由于堆体所处位置较高，通常呈辐射状、漏斗状向周边土壤扩散，土壤中重金属含量随着与固体废物堆放位置距离的增大逐渐降低。硫铁矿开采过程中产生的大量固体废物从堆场设计、堆场组分和利用价值角度分析具有不同特点。

① 从堆场设计角度看，硫铁矿冶炼废弃物无秩序的堆弃或尾矿库不合理的设计，会给地貌形态带来一定的影响，如沟谷被填放后形成斜坡，如图 2-5 所示，降雨后坡面会出现四处溢流的情况，导致非常严重的水土流失。部分坡面出现坍塌，有时还会引发泥石流。同时冶炼废弃物的堆放造成了斜坡结构变化，使过去相对比较稳定的堆积斜坡及基岩斜坡变成非常松动的人工堆积点，这是导致矿区地质灾害频发的关键因素之一。另外，矿业生产中，尾

图 2-5　硫铁矿固体废物堆存

矿库多建于河边、山谷等地势低洼处，存在较高的安全隐患，尤其是汛期或者遭遇洪水时，尾矿库的坍塌会对下游河流及农田土壤造成污染，严重威胁当地的生态环境。

②从堆场组分角度看，对整个矿区而言，废渣堆存区是污染十分严重的区域，而矿物组成是决定污染物释放情况的主要因素。废渣中的原生矿物组成主要由矿床地质特征、矿石类型、成矿环境决定，也与矿物加工过程的工艺和添加剂有关。尽管都是硫铁矿渣，但不同地区的硫铁矿渣中硫化物种类和组成都不太相同，其中非金属矿物的种类和组成也各异，不同成分参与反应的活性也不同。比如矿渣中含量较多的石英和大多数硅酸盐矿物等原生矿物在风化过程中大多表现为惰性，不参与反应。具有和酸反应能力的矿物，特别是碳酸盐矿物与硫化物氧化产生的酸发生中和反应则会促使硫化物氧化产生离子水解沉淀，所以，碳酸盐类矿物的种类和含量会对矿渣中硫化物氧化进程、酸性水的排放和重金属的释放起到重要的控制作用。有学者专门对比了富硫化物富碳酸盐尾矿与低硫化物无碳酸盐尾矿的酸性排水特征和地球化学特征。研究发现，在富硫化物富碳酸盐尾矿氧化过程中，孔隙水 pH 仅为 7～8.3，尾矿中硫化物被氧化程度较低，次生矿物产生量也较少，并且几乎无重金属和酸性废水产生；而在低硫化物无碳酸盐尾矿对应研究中发现，该情况下尾矿孔隙水 pH 达到 2.15，硫化物被氧化程度较高，浸出溶液中含有较高浓度的重金属离子，同时产生大量的次生矿物，导致酸性废水的产生和严重的重金属污染。即当矿渣堆组分的产酸能力远大于酸中和能力时，具有该性质的废石堆在空气、水和微生物作用下经风化、淋洗作用必然会导致酸性矿山废水的产生以及重金属元素的释放、迁移和富集。

③从利用价值角度看，硫铁矿固体废物体所含主要元素为铁、硅、铝、硫，其中硫和铁两种元素的含量比较高，其脉石矿物的主要成分为二氧化硅，表面附着大量黄钾铁矾 $[KFe_3(SO_4)_2(OH)_6]$ 等沉淀物；其他成分主要包括铁、铝等的金属氧化物，硫酸盐、硅酸盐、砷酸盐、碳酸盐等盐类，说明这些固体废物中可能含有黄铁矿、石膏以及一些钙碱性矿物，使其具有一定的回收和利用价值。但目前这些固体废物的利用率总体偏低，固体废物资源化技术需要进一步提升。

2.3 硫铁矿区重金属迁移转化行为

硫铁矿在开采、冶炼过程中会对周围的环境造成严重的重金属污染问题，进入环境中的重金属会通过不同途径、以不同形态进行迁移转化，从而造成不同的环境问题，重金属在环境中的迁移转化途径如图 2-6 所示。

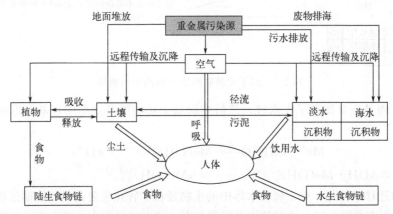

图 2-6 重金属在环境中的迁移转化途径

2.3.1 重金属在地表水中的迁移转化

地表水中的重金属污染物主要来自 AMD，在废水排入河流运移的过程中，会发生复杂的迁移转化行为。重金属在水体中的迁移转化途径可以概括为三种类型。

（1）机械迁移和转化　重金属的机械迁移和转化是指重金属污染物被水流或气流机械搬运而引起的空间位置的移动和存在形态的转化。其主要形式是溶解的重金属被包含于矿物颗粒或有机胶体内，会共沉淀或吸附在次生矿物的表面，或在其他表面，如有机悬浮物、无机悬浮物或黏土矿物，有助于采矿废水中污染物的衰减。另外也有随空气运动的，如元素汞可转化为汞蒸气扩散。

（2）物理化学迁移和转化　在输送的过程中，重金属进入水体主要通过沉淀溶解、氧化还原、络合、螯合、吸附解吸、水解等一系列反应发生迁移转化，参与和干扰各种环境化学过程和物质循环，最终以一种或多种形态长期存留在环境中。

水体中胶体（如黏土矿物、悬浮沉积物等）的吸附作用对水环境中重金属的转化过程及生物生态效应有重要影响，是使重金属从水中转入固相的主要途径。胶体的存在会促进污染物的迁移，且因为胶体的粒径和所带电荷的影响，胶体吸附污染物后，对污染物的迁移速率和迁移距离影响很大，特别是明显地影响低溶解度污染物在地下水中的迁移。胶体吸附主要有两种形式。一种是离子交换吸附机制（图 2-7），即黏土矿物的微粒通过层状结构边缘的羟基氢和—OM 基中 M^+ 以及层状结构之间的 M^+，与水中的重金属离子（Me^{2+}）交换而将其吸附，可用下式表示：

$$\equiv AOH（或 M）+ Me^{2+} \Longrightarrow \equiv AOMe^+ + H^+（或 M^+）$$

式中　$\equiv$——微粒表面；

A——微粒表面的铁、铝、硅或锰；

Me^{2+}——重金属离子。

重金属离子的价态越高，水合离子半径越小，浓度越大，就越有利于其和黏土矿物微粒进行离子交换而被吸附。

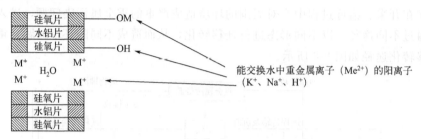

图 2-7 离子交换吸附重金属离子示意图

另一种机理是重金属离子先水解，然后夺取黏土矿物微粒表面的羟基，形成羟基配合物而被吸附。

$$Me^{2+} + nH_2O \Longrightarrow Me(OH)_n^{(2-n)+} + nH^+$$
$$\equiv AOH + Me(OH)_n^{(2-n)+} \Longrightarrow \equiv AMe(OH)_{n+1}^{(2-n)+}$$

（3）生物迁移和转化　重金属在水体中的生物迁移和转化主要是指植物通过根系从底泥中吸收某些化学形态的重金属，并在其体内积累起来，或者通过水中的微生物进行吸收转化。

影响重金属在水中迁移转化的因素很多，主要包括 pH、矿物中和、溶解氧、季节和气候、存在形式等。

① 矿场污染水体中重金属在迁移转化时的重要衰减过程包括 pH 缓冲与酸中和、矿物-水界面吸附、矿物沉淀和稀释/分散等。如污染物中常见的重金属 As 属于亲硫元素，因此被羟基硫酸铁盐吸附/共沉淀是其在远离矿区水域中的重要削减过程；在重金属污染物随水流移动的过程中，当河流的水流增加时，虽然运输负荷会增加，但由于浓度较低的地表径流的稀释，通常会观察到溶解物质浓度降低的现象；同时，在水体的迁移转化过程中，特别是在矿石、容矿岩能够与酸性排水反应的情况下，重金属浓度可能会随着时间和距离的推移而降低。针对硫铁矿废水特点，当酸性水与碱性河水或其他物质混合中和时，随着 pH 的升高，水中大部分重金属污染物会倾向于以化合物沉淀的形式存在。在受采矿影响的场所，对金属衰减过程产生作用的主要因素是来自碳酸盐矿物的酸中和。

② 水体中的溶解氧即氧化还原条件也是影响污染物迁移转化的因素之一。重金属在高水体电位（pE）水环境中时，将从低价态氧化成高价态或较高价态，而在低 pE 水环境中将会被还原成低价态。如亲硫元素 As 容易形成硫化物进入底泥中，在水域的表层，低价 As 经常被氧化为高价 As；而在水域深层，因缺氧，砷酸盐常被硫化氢还原为 H_2AsO_3 与 AsS_2^-，最后转化为难溶的硫化物沉淀。在底泥中，由于微生物的甲基化作用，砷再度溶解进入水中，并参与生物循环。

③ 重金属在水中的迁移转化还受季节和气候变化、存在形式等因素的影响。Manuel Olías 等人对位于伊比利亚黄铁矿带（西班牙西南部）的廷托河的污染物变化进行了调查，发现不同重金属在不同时期表现出不同的浓度变化过程，如图 2-8 所示。10 月份的第一场降雨导致大多数污染物浓度显著增加，硫酸盐（从 2.4g/L 到 12.2g/L）、Fe（从 162mg/L 到 1529mg/L）和 As（从 21.6mg/L 到 411μg/L）的增加尤其显著，这可能是由于河岸二次

可溶性硫酸盐的重新溶解。Pb 和 Ba 的浓度在 3 月和 4 月的洪水高峰期显著增加，这可能与重晶石、角石或其他含铅矿物的溶解有关，洪水期间硫酸盐含量低会提高 Ba 和 Pb 的浓度。另外，某些金属元素的颗粒迁移率可能比溶解迁移率高，如当 Cr、Pb、Fe、As 等以颗粒物形态存在时，产生了更明显的迁移效果。

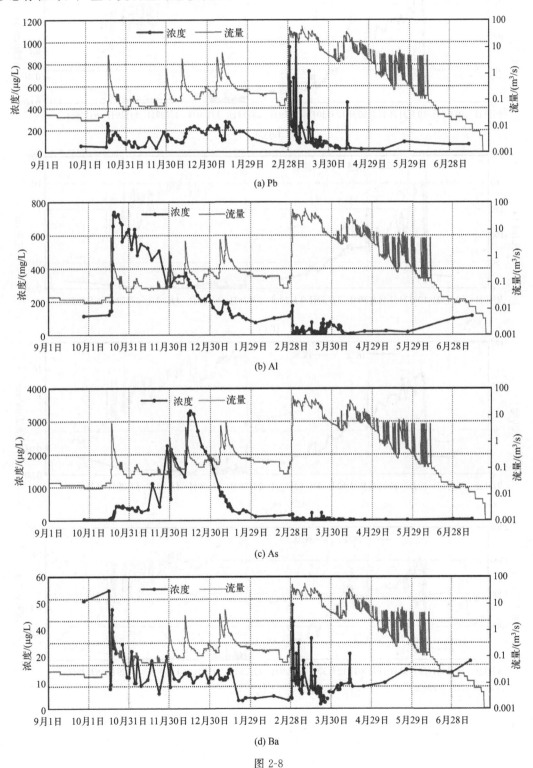

(a) Pb

(b) Al

(c) As

(d) Ba

图 2-8

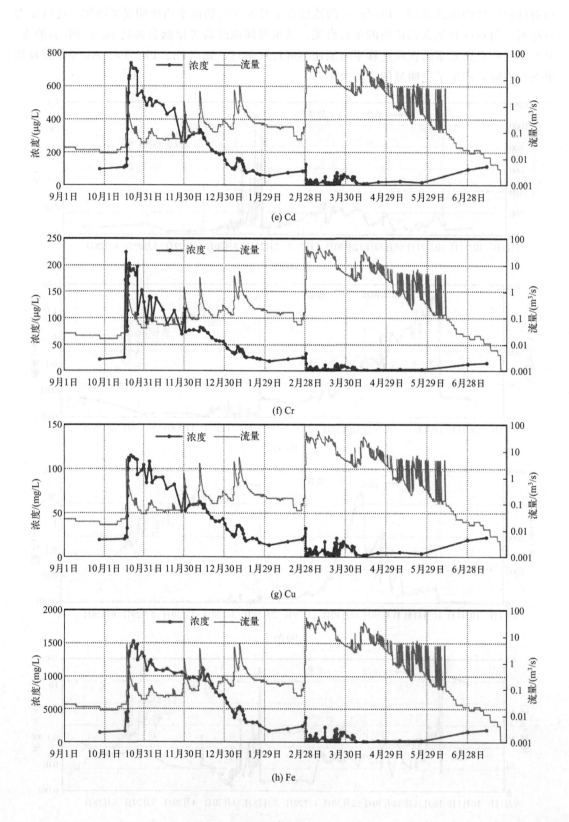

(e) Cd

(f) Cr

(g) Cu

(h) Fe

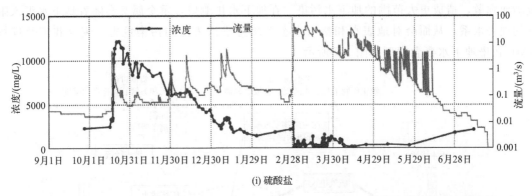

(i) 硫酸盐

图 2-8　2017—2018 年溶解的 Pb、Al、As、Ba、Cd、Cr、Cu、Fe 以及硫酸盐的浓度变化

结合上述迁移途径及影响因素分析，污染物中常见重金属 Cd，在环境中极易形成各种配合物或螯合物。各种无机配体与 Cd^{2+} 组成配合物的稳定性顺序大致为 $HS^- > CN^- > P_3O_{10}^{5-} > P_2O_7^{4-} > CO_3^{2-} > OH^- > PO_4^{3-} > NH_3 > SO_4^{2-} > I^- > Br^- > Cl^- > F^-$，有机配体与 Cd^{2+} 形成螯合物的稳定性顺序大致为巯基乙胺＞乙二胺＞氨基乙酸＞乙二酸，含氧配体与其形成配合物的稳定性顺序为氨三乙酸盐＞水杨酸盐＞柠檬酸盐＞邻苯二甲酸盐＞草酸盐＞酐酸盐。Cd 在环境中的存在形态和转化规律很大程度上受上述稳定性顺序的制约。Cd 污染的特点之一为总是保持在＋2 价，在水体中，随着水体环境氧化还原性和 pH 的变化，受影响的只是与 Cd(Ⅱ) 相结合的基团：在氧化性淡水水体中，Cd 主要以 Cd^{2+} 形式存在，在海水中主要以 $CdCl_x^{2-x}$ 形态存在，当 pH＞9 时，$CdCO_3$ 是其主要存在形式；而在厌氧性水体环境中，其大多都转化为难溶的 CdS。因此在水环境中，Cd 的浓度分布呈现随水的深度增加而降低的规律。含氧的表水层含有较高浓度的可溶性离子 $CdCl^+$；在缺氧的底层水域中，Cd 的含量明显减少，因为厌氧微生物利用 SO_4^{2-} 作为硫源，将其还原成－2 价的硫，－2 价的硫继而与镉作用生成难溶的硫化镉沉淀。

$$2\{CH_2O\} + SO_4^{2-} + H^+ \Longrightarrow 2CO_2 + HS^- + 2H_2O$$
$$CdCl^+ + HS^- \Longrightarrow CdS(s) + H^+ + Cl^-$$

水体底泥对镉同样存在较强的吸附作用，浓缩系数可达 500～50000，所以水体中的镉大部分沉积在底泥中。但镉的这种吸附作用不如汞，镉化合物的溶解度比相应的汞化合物大，因而镉在水中的迁移比汞容易，在沿岸浅水区域，镉的滞留时间一般为 3 周左右，而汞可长达 17 周。冬天，强劲的风力把河口和海湾的水充分搅混，含氧的海湾水把河口底泥中的镉解吸出来，溶解的镉随河流进入海洋。

2.3.2　重金属在地下水中的迁移转化

当矿石开采产生的地表污染物进入地下含水层时，需经过下包气带和地表土层，且下包气带和地表土层不仅能传输和保存污染物，还可在一定程度上减弱和缓解污染现象，可将下包气带和地表土层视为污染物的天然过滤网。一些污染物经过下包气带和地表土层后可能由于过滤吸附和沉淀而被截留在土壤里，或被分解为无毒害物质和被植物吸收到体内，从而含量降低。但污染物在下包气带和地表土层转移时，不仅发生分解，还可由一种污染物转化为另一种污染物，可能使地下水污染现象加重。因此，与地表水体的污染不同，地下水重金属污染还具有毒性范围更大、持续时间更长等特点。重金属元素渗入地下水后，会随地下水的流动而弥散，造成更大范围的地下水污染。在地下水排泄口，重金属又会随着地下水汇入附近的地表水系，从而会对地表水和整个生态系统造成持久性的污染危害。废弃巷道及堆场AMD污染地下水概念模型如图2-9所示。

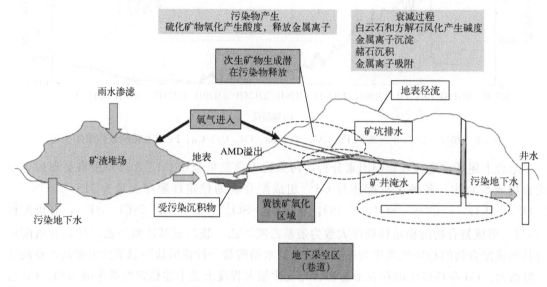

图 2-9　废弃巷道及堆场 AMD 污染地下水概念模型

在喀斯特区域，喀斯特地下水污染物的主要迁移途径（即喀斯特地下水主要污染机制）可归纳为三种类型。

（1）落水洞或喀斯特洞管灌入污染机制　裸露喀斯特山区，污染物随大气降水或地表水通过喀斯特落水洞、漏斗等通道迅速灌入暗河，造成地下水污染，这种污染通道规模大，水流集中、快速，基本不能起到吸附、过滤及溶解沉淀污染物的作用，造成的污染速度快、影响广、危害大。

（2）溶隙、溶孔含水介质渗透污染机制　基岩裸露-浅覆盖区，覆盖层薄，结构松散，渗透性较好。下伏基岩导水、储水空间为树枝状或网脉状的溶蚀溶隙、溶孔，污染物主要随降雨通过溶孔、溶隙以面状入渗方式进入含水层，弥散式污染地下水，污染程度和强度随导水通道的大小、密集程度及距离长短而发生变化。这种污染水流面广且较缓，含水介质对污染物有一定的吸附、沉淀和溶解作用，但减缓污染物扩散、迁移的能力弱，造成污染的速度较慢，影响和危害与落水洞或喀斯特洞管灌入污染相比较小。

（3）浅覆盖型喀斯特含水层越流渗漏污染机制　该机制的特点为上覆松散孔隙含水层和下伏喀斯特含水层构成的双层水文地质结构系统。污染物随大气降水或地表水进入上覆孔隙含水层后，通过不同组分和水理性质分层之间的界面，以越流渗漏的方式进入下伏喀斯特含水层中，从而造成喀斯特地下水污染。这种污染方式，越流速度缓慢，呈渐进性发展，又因覆盖层吸附和降解作用较强，污染强度较低，速度较慢。

矿石开采重金属污染物在地下水系统中的迁移、转化机理是各种复杂反应综合作用的结果，包括机械弥散和分子扩散等水动力弥散，机械过滤，以及与氧化-还原电位（E_h）、pH、生物化学作用等有关的物理化学吸附、溶解沉淀作用。

（1）水动力弥散与重金属的迁移转化　当重金属随地下水在多孔介质中运移时，机械弥散和分子扩散是不可分割的。当地下水流速较快时，机械弥散占主导地位；当流速很慢时，分子扩散作用更显著。

（2）E_h 和 pH 与重金属的迁移转化　地下水中最重要的氧化剂是溶解氧、Fe^{3+}、$Mn(IV)$ 和 S^{6+}，最重要的还原剂是 H_2S、Fe^{2+} 和 Mn^{2+}。该体系的氧化-还原电位与其酸碱性有一定的关系，它们共同决定了重金属的迁移与转化能力。含水层中黄铁矿的氧化还原作用会影响其所含重金属的释放、硫酸盐浓度的变化等。当地下水位降低时，含水层充气，刺激黄铁矿发生氧化，会降低 pH 值，也会导致 As 等重金属释放迁移。其中 Ni 在黄铁矿氧化过程中会积累在锰氧化物上，当地下水位再次上升时，部分氧化的黄铁矿被重新淹没，由于氧气供应不足，在黄铁矿氧化过程中释放出的 Fe^{2+} 氧化变得不完全，活化后的 Fe^{2+} 可以还原锰氧化物，从而向地下水释放大量的 Ni^{2+}。

As 在地下水中则主要以砷酸盐或亚砷酸盐的形式存在。在微酸介质（pH 5～7）中，地下水中的砷主要以带负电荷的 AsO_2^-、$H_2AsO_4^-$、$HAsO_4^{2-}$ 等形式存在，容易被表面带正电荷的物质（如胶体、黏土矿物和氢氧化铁）吸附而发生共沉淀。特别是在微酸性及氧化性环境中，砷可以臭葱石（$FeAsO_4 \cdot 2H_2O$）的形态沉淀下来，从而使砷在地下水中的迁移速度放缓，导致地下水中砷含量降低。在还原性环境中，胶体和黏土矿物带更多的负电荷，氢氧化铁被还原，从而降低对砷酸盐和亚砷酸盐的吸附，吸附在它们上面的砷化合物也随之进入地下水中，从而促进 As 的迁移。在较高 E_h 及较低 pH 值条件下，氢氧化铁对砷酸盐的吸附会超过其对亚砷酸盐的吸附，但随着 pH 值的增大，砷酸盐从氢氧化铁表面解吸出来，而亚砷酸盐则继续被吸附，所以释放到水体中的砷酸盐多于亚砷酸盐。

（3）生物化学作用与重金属的迁移转化　微生物的活动及有机物的存在，不仅影响硫酸根、硝酸根及硫化氢的存在，还影响地下水的 E_h 和 pH，从而影响重金属的迁移转化。由于有机物的沉淀、积累以及分子氧难以向下扩散到达沉积物的孔隙水中，因此在表层与底层之间存在很大的氧化还原梯度。在密闭很严的深层地下水中，硫酸盐经脱硫细菌作用还原成 H_2S，因此地下水硫酸根含量较低。在这种环境中 H_2S 会促使砷以硫化砷等形式沉淀析出（pH 值偏低）；或是先生成亚硫酸盐，再与重金属结合形成难溶的化合物，从而制约地下水中砷等重金属的迁移转化。

2.3.3　重金属在大气中的迁移转化

随着矿山开采规模的扩大，矿区环境污染尤其是大气污染状况日趋严重，重金属污染也是大气污染的重要方面。大气颗粒物是大气污染物中成分复杂、性质多样、危害较大的一种。大气中的重金属污染通常指以松散束缚的形式附着在降尘颗粒表面的重金属，主要借助风力作用进行迁移、通过干湿沉降作用进入土壤和水体，造成土壤和水体的二次污染，并且通过食物链的传递与富集作用危害人类健康的现象。颗粒态汞（Hg^P）则通过排放进入大气环境，随后在很短的时间内经过大气的干湿沉降过程进入土壤和水体等生态系统。在这个过程中，大气细颗粒物（$PM_{2.5}$ 和 PM_{10}）会吸附大气环境中的汞、铅等有害重金属，进而对人体健康和自然环境产生危害。

大气颗粒物中的重金属污染物具有不可降解性，不同化学形态的金属元素具有不同的生物可利用性，重金属的长期存在可能对环境构成极大的潜在威胁。重金属污染物进入大气，成为大气气溶胶系统中的重要组分，本身可以发生一系列连续的化学转化作用，同时还能够催化氧化众多物质。例如，大气中的 Fe^{3+} 和 Mn^{2+} 催化氧化酸性气体 SO_2，使大气中的强酸性物质浓度增大。一些重金属还能催化大气中有机物的光化学反应，产生次生大气污染物，同时影响大气污染物的转化过程。大气颗粒物中的 Fe、Cu、Pb、Zn、As、Mn 等重金属会因颗粒物大小、气候条件以及在不同化学条件下的不同存在形态等因素产生明显的迁移变化。

从颗粒物大小来讲：一般情况下，直径大于 $2\mu m$ 的颗粒由于重力作用易落至排放源附近，污染当地土壤、水体及建筑物，小颗粒物则可以传输较远的距离。因此，大气总颗粒物中同时含有本地污染源和外地污染源的特征。

从存在形态来讲：弱酸提取态重金属与颗粒物的结合能力最弱，对生态环境造成的危害较大；以可还原态存在的重金属主要会以与 Fe、Mn 结合或凝聚物形式存在于大气颗粒物中，在一般环境条件下相对稳定；以可氧化态存在的重金属一般与有机质活性基团结合成配合物，或与硫结合形成硫化物沉淀，以该形态存在的重金属较稳定，但环境为强氧化性条件时，有机质基团降解，重金属有机物复合物溶解会导致重金属离子溶出；以残渣态存在的重金属则以非常稳定的状态存在于大气颗粒物硅酸盐或矿物晶格中，基本不被生物所利用。各重金属各形态具体的分布情况则由重金属性质和其他条件决定。

以金属铊（Tl）为例，我国是世界上含铊矿物数量前五的国家之一。云浮硫铁矿是我国最大的硫铁矿床，矿石储量大、品位高，居世界前列。云浮硫铁矿中的含铊矿石经过煅烧后，部分铊以 TlF、TlCl 的形式随尾气迁移，还有部分以可还原态的形式存留至炉灰和炉底渣中。在制酸工段，部分铊直接以气溶胶的形式进入大气，按照年产量 55000 吨酸计算，每年至少向大气中排放 15～20 吨铊。大量含 Tl 烟气进入大气后，具备随大气环流进行长距离迁移的能力，并可以在不同的气象条件下，伴随着大雨大雪进行沉降或迁移。同时，其还可以溶于地表水体，吸附于土壤中，通过生长于水体和土壤中的植物进入食物链从而被人体吸收，进而对人体产生危害。

2.3.4 重金属在土壤中的迁移转化

金属矿山的采、选、冶都会向土壤排放大量的重金属元素，在很多硫铁矿区的周边土壤中，Fe、Mn、Zn、Cu、Cd、As、Ni、Cr、Hg 等重金属含量都远超管控标准。进入土壤中的重金属难以被土壤微生物降解，在土壤中不断富集后可能转化为毒性更强的化合物，并通过在植物体内富集转化进入食物链危害人类的健康。重金属在土壤中的污染过程具有隐蔽性、长期性和不可逆性。

重金属在土壤中的形态及迁移转化规律将直接影响其生物毒性。土壤中的重金属与不同成分结合后会形成不同的化学形态，主要分为可交换态、水溶态、碳酸盐结合态、铁锰氧化物结合态、有机物结合态、残渣态六种，其化学形态与土壤类型、土壤性质和外源物质的来源密切相关。土壤的微观组成主要有颗粒、胶结物、孔隙三部分。土体中胶结物是土壤颗粒的主要连接载体，一般由难溶盐和矿物颗粒组成，其三相关系如图 2-10 所示。图 2-10 中，各参数的含义如下：m 为土壤质量；m_s 为土壤固相质量；m_j 为土壤固体可溶相质量；m_k 为土壤固体不可溶相质量；m_w 为土壤液体和气体的质量；V 为土壤体积；V_s 为土壤固相体积；V_j 为土壤固体可溶相体积；V_k 为土壤固体不可溶相体积；V_w 为土壤液体和气体的体积。由土壤的三相关系可知，当重金属侵蚀土的不可溶相质量变小时，土壤的微观结构就会发生变异导致土壤孔隙增大，加速水的蒸发，导致土壤板结。

重金属在土壤中的迁移方式归纳起来有三种：机械迁移、物理-化学迁移和生物迁移，而在土壤中的转化过程主要包括物理转化、化学转化和生物转化。物理转化方面，除了 Hg

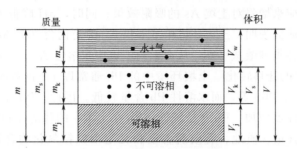

图 2-10　土壤三相关系假想图

可以通过蒸发作用由液态转化为气态外，其余重金属主要是通过吸附-解吸进行形态的改变。重金属污染物在土壤中的化学转化主要通过沉淀-溶解、氧化-还原、配合反应过程实现，同时土壤中的 As、Pb、Hg 可以在微生物的作用下发生甲基化而产生形态变化。重金属在土壤中的迁移主要受到对流、弥散、吸附作用的控制，土壤密实程度的增加也将降低土壤孔隙比，从而使重金属的迁移能力降低。根据研究，土壤中的化学环境对重金属迁移的影响也十分显著，主要表现为以下三个方面。①pH 的影响：pH 过低将提高土壤中重金属的迁移能力，降低其螯合能力；pH 过高将导致沉淀，使更多重金属以固态形式存在。②可溶性盐离子的影响：可溶性盐离子会影响土壤胶体性质，还会形成吸附竞争，影响土壤对重金属离子的吸附能力。③有机质含量的影响：可交换态和有机物结合态重金属含量与有机质含量呈正相关，碳酸盐结合态含量与有机质含量呈负相关。此外，E_h 值、土壤酶活性均会对重金属在土壤中的转化产生影响。

在硫铁矿周围的土壤环境中，重金属的迁移转化过程与自身的种类有极大关系。其中几种比较典型的重金属包括 As、Pb、Cd、Cr、Hg。

（1）As 在土壤中的迁移转化　采矿、选矿和冶炼过程是向土壤环境中释放 As 的主要途径，As 作为 Pb、Zn、Cu 和 Au 矿的伴生成分，常常会随着采矿过程的进行造成矿区污染。采矿废石、尾矿在地表氧化、淋溶过程中释放出大量的 As，垂直向下迁移至深部形成次生矿物，造成重金属大量富集。同时，露天尾矿经过风化也会被排放至大气，这些灰尘经过大气干湿沉降都会进入土壤，造成生态危害。As 的迁移使其在不同地球循环阶段和不同环境中重新分散和积累，在地表环境的物理化学作用和人类地球化学活动的影响下，As 将在一定范围内重新组合分配。As 从硫铁矿石析出进入土壤后，在土壤中发生两种转化作用：①As 的难溶化合物变成易溶化合物，As 发生迁移和转化；②As 的易溶性化合物转变为难溶化合物，As 沉淀累积到土壤中。从吸附作用来说，无机胶体的交换吸附容量远小于有机胶体，但土壤环境中无机胶体的含量远大于有机胶体，故带负电荷的砷酸根和亚砷酸根可被土壤无机胶体吸附。

As 的形态影响其在土壤中的迁移及对生物的毒性。As 主要分为无机 As 和有机 As 两类。在土壤中，As 以无机 As 为主，以含氧阴离子形态存在（$HAsO_4^{2-}$、H_2AsO^{4-}、$H_2AsO_3^-$、$HAsO_3^{2-}$），通常无机 As 比有机 As 的毒性小，As(Ⅲ) 比 As(Ⅴ) 的毒性大，更易迁移。在硫铁矿周围的酸性土壤中，As 主要以无机砷酸盐（AsO_4^{3-}）存在，且 As(Ⅴ)的迁移能力较中性土和碱性土更强。As 的浓度、伴随离子、土壤 E_h、土壤 pH 也会对 As的迁移产生影响。通常来说，As 的浓度越高，进入植物体的能力越差；在硫铁矿区的背景下，进入土壤中的铁、锰、铝等无定形氧化物越多，土壤吸附 As 的能力就越强，钙、镁可以通过沉淀、桥联效应来增强对土壤 As 的吸附效果；同时，pH 降低或 E_h 升高会使 As 的溶解度显著降低。有研究表明，土壤环境中 pH 和 E_h 的变化会改变 As 本身价态，影响 As 化合物吸附能力以及各类砷酸盐平衡，从而影响土壤中水溶性 As 的含量。

（2）Pb 在土壤中的迁移转化　土壤环境中的 Pb 通常以＋2 价难溶性化合物形式存在，如 $Pb(OH)_2$、$PbCO_3$、PbS 等，而水溶性 Pb 含量较低。因此，Pb 在土壤剖面中很少往下迁移，且随土壤剖面深度增加，Pb 含量降低。Pb 在土壤中的移动性和有效性主要取决于土壤 pH、E_h、有机质含量、质地、有效磷含量和无定形铁锰氧化物含量，这主要与土壤对 Pb 的强烈吸附有关。酸性土壤中的阴离子（如 CO_3^{2-}、S^{2-} 等）可以与＋2 价 Pb 形成溶解度很小的正盐、复式盐与碱式盐。土壤有机质对 Pb 有一定的配合作用。土壤中的黏土矿物可以吸附 Pb，使其难以被植物吸收，影响其迁移转化过程。在酸性土壤中可溶性 Pb 含量一般较高，因为酸性土壤中的 H^+ 可将 Pb 从不溶的 Pb 化合物中溶解出来，这种情况在土壤中存在稳定的 $PbCO_3$ 时尤为明显。特别是在矿山土壤的强酸环境中，土壤中的 Pb 溶解度、移动性和生物有效性更高。

（3）Cd 在土壤中的迁移转化　不同形态的污染物具有不同的环境行为和生物效应。Cd 有两种常见价态：0 价和＋2 价。Cd 只能以二价简单离子或简单配位离子的形式存在于土壤溶液中，如 Cd^{2+}、$CdOH^+$、$Cd(OH)_3^-$、$CdCl^+$ 等，以 $Cd(OH)_2$、$CdCO_3$、CdS 等难溶态存在于土壤中。Cd^{2+} 与有机配体形成配合物的能力很弱，故土壤中有机结合态 Cd 较少。植物对土壤 Cd 的吸收并不取决于土壤中 Cd 的总量，而与土壤中 Cd 的有效性和存在形态有很大关系。研究表明，在硫铁矿酸性土壤中 Cd 以铁锰氧化物结合态和可交换态为主，其余形态相对较少。土壤溶液的离子强度会影响其对 Cd 的吸附能力，随着土壤溶液离子强度的增大，土壤 Cd 的吸附量减少。此外，竞争离子的存在也会影响其吸附效果，如 Zn、Ca 等的阳离子与 Cd 竞争土壤中的有效吸附位并占据高能吸附位，导致 Cd 的吸附位减少，影响植物对 Cd 的吸收。同时，土壤基团也会影响土壤 Cd 的吸附，如有机质中的—SH 和—NH_2 及腐殖酸等会与土壤 Cd 形成稳定的配合物和螯合物而降低 Cd 的毒性，而且有机物的巨大比表面积也会使其对 Cd 离子的吸附能力远超其他矿质胶体，导致 Cd 的迁移性降低。此外，土壤 E_h 值对土壤吸附 Cd 也会有一定的影响，随着土壤 E_h 值的升高，土壤对 Cd 的吸附效果明显下降。

（4）Cr 在土壤中的迁移转化　Cr 的环境化学过程包括氧化还原、沉淀溶解、吸附解吸反应等，在实际的矿山环境中这几个过程相互联系、彼此影响。Cr(Ⅲ) 进入土壤中主要发生以下化学过程：①Cr(Ⅲ) 的沉淀作用，即 Cr(Ⅲ) 与氢氧根发生反应；②土壤胶体、有机质的吸附络合，使 Cr 维持微弱的可交换性和可溶性；③Cr(Ⅲ) 被金属氧化剂氧化为 Cr(Ⅳ)，其中氧化性氧化锰起着重要作用，土壤中氧化性氧化锰的含量越高，对 Cr(Ⅲ) 的氧化性越强。Cr(Ⅳ) 进入土壤主要是通过土壤胶体的吸附作用，同时部分矿区土壤中的还原性物质如 Fe^{2+} 还可以将其还原成更稳定的 Cr(Ⅲ) 形态，而后形成难溶的氢氧化铬沉淀。研究表明，硫铁矿组成中的 Fe^{2+}、S^{2-} 均能有效还原 Cr(Ⅳ)，且温度越高、与污染源的距离越近，硫铁矿对其的作用效率提升越显著。此外，土壤成分中的重金属离子也可以与其反应生成难溶物沉淀，如 $PbCrO_4$。Cr 在土壤中的迁移过程主要与其存在形态与淋溶情况相关，在淋溶条件强的情况下，Cr(Ⅳ) 可能向更深土层迁移，并污染地下水。土壤中的铁铝氧化物是土壤吸附阴离子的重要载体，Fe—OH、Al—OH 是吸附阴离子的重要位点，该位点数影响阴离子的吸附量。硫铁矿周围的土壤中含有大量游离的铁、铝，吸附了大量的

Cr(Ⅳ)，从而影响了 Cr 的迁移过程。

（5）Hg 在土壤中的迁移转化　原生的硫铁矿矿床在开采利用过程中，废弃的硫化矿物在长期的自然氧化、雨水淋溶下会导致大量的 Hg 进入环境，造成污染。Hg 在土壤中主要以 0、+1、+2 价存在，其形态主要包括金属 Hg、无机结合态 Hg 和有机结合态 Hg。土壤中的金属 Hg 含量不多，但可以随着周围温度的升高而挥发进入大气圈。土壤中 Hg 的无机化合态主要为 $HgCl_2$、$HgHPO_4$、$HgCO_3$ 等，其中 $HgCl_2$ 具有较高的溶解度，可以被植物根系及叶片利用，进入生物圈。硫铁矿区周围土壤呈酸性，以安徽某硫铁矿尾矿农田为例，该区域土壤 pH 在 3.37～4.60，均值为 4.03，土壤呈强酸性、酸性。pH 较低的环境更有利于含汞化合物的溶解，且更利于提高 Hg 的甲基化效率，因此硫铁矿区周围土壤中 Hg 的生物有效性较高。同时，在土壤中氧气充足时，HgS 可以被氧化为可溶性硫酸盐并通过生物作用形成甲基汞被植物吸收。硫铁矿周围土壤中 Se 的存在也可以影响其甲基化进程，具体表现为低浓度的 Se 促进甲基化，高浓度的 Se 表现出抑制效果。此外，当微生物对甲基汞的累积量达到毒性耐受点时，会发生反甲基化作用，此反应在好氧和厌氧条件下均可以发生。同时在紫外线作用下，甲基汞发生光化学反应生成 Hg。

同时土壤中的 Hg^+ 和 Hg^{2+} 也可以互相转化：

$$2Hg^+ \longrightarrow Hg^{2+} + Hg^0$$

由此实现了土壤中无机 Hg、有机 Hg 和金属 Hg 的转化。

此外，无机配位体（如 OH^- 和 Cl^-）对 Hg 的络合作用可提高含 Hg 化合物的溶解度，促进 Hg 在土壤中的迁移。

2.3.5　重金属在植物中的迁移转化

重金属在土壤-植物系统中迁移转化要经历该系统中多个界面反应，其中主要包括土壤-植物根系界面过程。在土壤-植物根系界面，植物根系通过分泌有机酸、质子和酶等改变土壤中重金属的化学形态，同时根系还通过主动和被动运输富集重金属离子，该界面是控制重金属进入食物链的重要屏障。除植物本身以外，土壤重金属的含量和赋存形态也严重影响其吸收效率。一般来说，水溶态和简单络合离子易被吸收，交换态和络合态次之，难溶态则难以被植物富集。植物吸收重金属的量一直处于动态变化中，土壤 pH、E_h、有机质含量、土壤矿物组成均会对重金属的迁移转化产生影响。

重金属在土壤-植物根系界面迁移转化还与根系效应密切相关。在硫铁矿污染区域的土壤中，重金属对植物生长产生胁迫，从而影响其生理状态并改变其根系分泌物；植物根系作用也会影响根际土壤 pH、E_h 及土壤矿物组成，此外植物的根系分泌物也参与了重金属的迁移转化过程。

（1）根际土壤的 pH　植物根系对土壤 pH 的影响主要与以下几个方面有关：①植物种类与外界有毒元素胁迫；②有机阴离子的释放；③阴、阳离子吸收不平衡；④氧化还原作用；⑤根分泌与呼吸作用。在硫铁矿区污染环境中，重金属胁迫对根际土壤 pH 有至关重要的影响。高浓度的 Cu^{2+}、Zn^{2+} 等重金属离子能够改变植物根系的细胞通透性，从而影响质子分泌。

就 Cu^{2+} 和 Zn^{2+} 两种金属离子驱动的氧自由基胁迫而言，这些微量金属离子虽然对于细胞发挥正常功能必不可少，如细胞黏附、配体结合、离子运输和膜的兴奋性等，但若浓度过高则对细胞有害。因为此时它们会与蛋白质、离子通道、生物膜等参与细胞代谢过程的生物配体上正常的金属结合位点发生竞争，进而引发一系列酶促或非酶促级联反应，导致细胞正常代谢的阻断甚至毒害细胞，其中一个不可避免的结果就是活性氧的大量产生。另外，离子本身的离子强度、电离势和电场、磁场等能量效应都会在很大程度上影响细胞的生理学特性。

研究表明 Cd 对根系细胞膜电位和根系 H^+ 有抑制作用，其能影响根系质子泵，从而抑制阴、阳离子透过质膜的次级转运过程，通过影响根系对阴、阳离子的吸收平衡来影响根系代谢，从而影响根际土壤 pH。土壤中重金属含量和植物种类对 pH 也有一定的影响。以 Cu 为例，土壤中 Cu^{2+} 的增加，占据了 H^+ 的吸附位点，从而会导致 H^+ 的释放，使土壤酸性越来越强。此外，植物种类不同，对重金属的敏感程度也不同，如海州香薷和三叶草，三叶草是铜的高敏感植物，而海州香薷则对铜耐受，在硫铁矿区附近土壤中，三叶草对根际土壤 pH 的影响显著低于海州香薷。一般而言，根际土壤 pH 降低可导致碳酸盐和氢氧化物结合态重金属的溶解释放以及吸附于土壤表面的重金属解吸。因此根际土壤 pH 降低，将有利于土壤中重金属的活化，增强其迁移性，在一定范围内，更有利于重金属从土壤进入植物。

（2）根际土壤的 E_h　对于大多数植物而言，由于根系呼吸作用和根际微生物的好氧呼吸作用，根际土壤的氧气分压降低，二氧化碳的分压上升，使得根际土壤的 E_h 值一般低于非根际土壤。植物根系分泌物中的有机酸、酚酸等还原性物质也会降低根际土壤 E_h 值，使硫铁矿区土壤中的锰氧化物被还原，从而导致锰结合态重金属释放，提高其生物可结合性，增强其从土壤向植物迁移的能力。此外，在还原性条件下，重金属（Cd、Zn、Pb 等）的固定能力增强，这些重金属会与还原性条件下的 S^{2-} 形成难溶性的硫化物，使重金属的迁移性及生物毒性降低。

（3）土壤矿物质　矿物质是土壤的重要组成部分，也是重金属的重要吸附载体，不同矿物质对于重金属的吸附能力差异显著。在重金属污染防治中，常用膨润土、合成沸石等硅酸盐吸附剂钝化土壤重金属，但关于根际土壤矿物质对重金属的吸附作用的研究则较少。根际土壤中矿物丰度明显不同于非根际土壤，特别是无定形矿物和膨胀性页硅酸盐矿物丰度在根际土壤中发生了显著变化，导致根际与非根际土壤的重金属吸附量有所不同。有学者研究了 Cu 在四种土壤种稻后根际土-非根际土的吸附解吸特性，结果表明，根际土 Cu 的吸附量大于非根际土，吸附的 Cu 可分为易解吸态和难解吸态，根际土易解吸态 Cu 的含量小于非根际土，难解吸态 Cu 的含量则相反。

根际土壤中矿物可通过根系作用影响重金属的吸附能力。有研究采用黑麦草处理无定形铁矿物和针铁矿，探究两者在处理前后对 Cu 的吸附作用的变化，结果表明无定形铁矿物受根系作用后吸附重金属 Cu 的能力增强，而针铁矿则相反，其原因可能是无定形铁矿物经根系作用后出现的水合铁氧化物更易吸附重金属。此外，针铁矿的晶格结构可能影响重金属的吸附，晶格结构越好，吸附性能越弱，可能是由于针铁矿受根系作用后比表面积减小导致其对重金属的吸附能力降低。无定形铁矿物与针铁矿相比，未经处理的氧化铁对 Cu 的吸附能力比针铁矿更强，经根系作用后，无定形氧化物表面水合铁氧化物使 Cu 吸附性能增强，因此一定强度的晶格结构可能有助于重金属离子的吸附。

（4）根系分泌物　广义的根系分泌物包括四种类型：①渗出物，即细胞主动扩散出来的一类分子量相对较低的化合物；②分泌物，即细胞在代谢过程中被动释放出来的物质；③黏胶质，包括根冠细胞、未形成次生壁的表皮细胞和根毛分泌的黏胶状物质；④裂解物质，即成熟根段表皮细胞的分解产物、脱落的根冠细胞、根毛和细胞碎片等。

　　植物根系分泌物中的羧基、羟基、酚羟基等官能团可螯合和溶解土壤重金属,植物在根系分泌螯合物分子,通过这些分子螯合和溶解与土壤相结合的重金属,如根际土壤的有机酸,可以通过络合作用影响土壤中的金属形态及在植物体内的运输。根系分泌物向土壤的释放是保持根系活性的关键因素,也是根际环境物质循环的重要过程。

　　根系分泌物的种类、数量可能与重金属的生物有效性有着较为密切的关系,一些学者甚至提出超富集植物从根系分泌特殊有机物,从而促进土壤重金属的溶解和根系吸收。同时,高分子不溶性根系分泌物可以通过络合或螯合作用降低重金属的毒性,有关实验表明,玉米根系分泌的黏胶物质包裹在根系上,成为重金属向根系迁移的过滤器。

2.3.6　重金属输移通量计算

　　通量是物理学用语,指单位时间内通过一定面积输送的动量、热量和物质数量等。通过计算重金属的输移通量,可分析重金属在环境中的迁移转化规律。根据重金属污染物在水、土、气中不同的运移途径以及不同的来源,有不同的通量计算方法,结合相应的计算方法用于硫铁矿区污染物通量计算,以此分析矿区污染物迁移转化情况。

2.3.6.1　水体重金属通量计算

　　(1) 早期常用的重金属通量估算模型

　　① Office 估算模型。

$$F = RC - AK_X \tag{2-1}$$

式中　F——通量;

　　　A——河流断面面积;

　　　R——河流流量;

　　　C——某污染物浓度;

　　　K_X——X 方向浓度梯度。

　　② 剩余增量法估算模型。利用水体中的剩余量(相对风化作用)推算污染物通量。

$$E_{X\mathrm{Me}} = T_{X\mathrm{Me}} - (\mathrm{Me/Al})_{\mathrm{TSM}} \times T_{\mathrm{Al}} \tag{2-2}$$

式中　$E_{X\mathrm{Me}}$——重金属通量,t;

　　　$T_{X\mathrm{Me}}$——水体中 Me 总含量,t;

　　　T_{Al}——水体中 Al 总含量,t;

(Me/Al)$_{\mathrm{TSM}}$——总悬浮颗粒中 Me 含量与 Al 含量的比值。

　　③ 潮时入海量估算法模型 1。"潮时入海量估算法模型 1"是某种污染物一个潮周期间(涨潮、落潮)浓度均值与净泄流量均值之积。在此基础上,再与全年潮时周期数相乘推算出污染物年排海量即入海通量。

　　④ 潮时入海量估算法模型 2。根据每个潮时的潮流量与同步监测的某种污染物浓度之积求得代数和,即为某种污染物的"潮时排海量",再与全年潮时周期数相乘推算出某污染物的年排海量即入海通量。具体计算式如下:

$$W_k = \int_{t_0}^{t_1} Q_i C_i \, \mathrm{d}t - \int_{t_2}^{t_3} Q_j C_j \, \mathrm{d}t \tag{2-3}$$

$$W = \sum_{k=1}^{710} W_k$$

式中　W_k——某一潮时某污染物入海量，t，其中，$k=1,2,3\cdots710\times[(365\times24)/24.68]$，

全年潮时数$=2\times[(365\times24)/24.68]\approx710$；

t_0——落潮开始的时间，h；

t_1——落潮憩流开始的时间，h；

t_2——涨潮开始的时间，h；

t_3——涨潮憩流开始的时间，h；

Q_i——落潮流量，m^3/s；

Q_j——涨潮流量，m^3/s；

C_i——落潮浓度，mg/L；

C_j——涨潮浓度，mg/L；

W——某污染物年排海量即入海通量，t/a。

（2）河道断面的物质通量估算　河道断面的物质通量计算需要结合物质浓度及河水径流量两个因素，而无观测资料的流域径流量则通过降雨-径流模拟来获得。可采用美国农业部水土保持局研发的SCS（soil conservation service，SCS）模型模拟流域的月径流量，并结合跨界断面处的水化学指标估算流域重金属通量。

SCS模型：

$$\begin{cases} R=\dfrac{(P-0.2S)^2}{(P+0.8S)},P>0.2S \\ R=0,P\leqslant0.2S \end{cases} \tag{2-4}$$

$$S=245\times\left(\dfrac{100}{CN}-1\right)$$

式中　R——径流深，mm；

P——降雨总量，mm；

S——流域当时的可能最大滞蓄量，mm；

CN——无量纲参数，是坡度、土地利用方式和土壤类型状况等因素的函数，可以间接反映流域的产流能力。

SCS模拟值的验证选用Nash模型效率系数（R^2）和多年平均相对误差（RE）：

$$R^2=\{1-\sum[Q(t)-QE(t)]^2\}/\sum[Q(t)-\overline{Q}]^2\times100\% \tag{2-5}$$

$$RE=\sum[Q(t)-QE(t)]/\sum Q(t)\times100\%$$

式中　$Q(t)$——验证模型的月径流量模拟值，m^3；

$QE(t)$——SCS模型的月径流量模拟值，m^3；

$\overline{Q}$——验证模型的月径流量平均值，m^3；

R^2值越接近100%、RE越接近0，说明模拟结果越相近。

流域各个出口处SCS模型模拟的径流量与物质浓度的乘积即为该断面处相应的物质通量，计算公式如下：

$$F_n^i=C_n^iQ_n \tag{2-6}$$

式中　F_n^i——流域出口处第i种化学物质通量，t；

n——子流域出口编号；

i——物质编号；

C_n^i——子流域n出口处第i种物质的浓度，mg/L；

Q_n——流域出口处流量，m^3。

（3）生态隔离带对污染物拦截效果估算　现在常用于计算生态隔离带对污染物拦截效果的模型是重金属通量计算的另一途径。佛罗里达大学的研究人员研发了一款面向拦截效果估算设计的计算机模型系统——VFSMOD-W，该模型主要包括两个部分：一是估算径流汇流区的流量和污染物负荷，二是估算隔离带对径流流量和污染物负荷的削减量。该模型主要包括四个模块：①入渗模块，主要功能为计算土壤中的水量平衡；②地表径流模块，能计算出入渗土壤表面的径流深度及径流速度；③污染物输移模块，模拟污染物沿隔离带纵向的迁移及削减过程；④颗粒物过滤模块，用于模拟颗粒物沿隔离带纵向的运移及沉积过程。

不同条件下，隔离带的截留效率通常由径流截留效率（runoff interception ratio，RIR）和颗粒物截留效率（sediment interception ratio，SIR）表示，分别按式（2-7）和式（2-8）计算。

$$RIR = V_1/V \times 100\%　　　　　　　　(2\text{-}7)$$

式中　RIR——径流截留效率；

　　　V_1——隔离带内径流截流量，m^3；

　　　V——流入隔离带内的总径流量，m^3。

$$SIR = m_1/m \times 100\%　　　　　　　　(2\text{-}8)$$

式中　SIR——颗粒物截留效率；

　　　m_1——隔离带内颗粒物截流量，kg；

　　　m——源区进入隔离带内的总颗粒物量，kg。

对于同一条件下，不同宽度隔离带的 SIR 和 RIR 采用式（2-9）进行拟合。

$$y = a(1 - e{-}bx)　　　　　　　　(2\text{-}9)$$

式中　y——SIR 或 RIR；

　　　x——隔离带宽度，m；

　　　a、b——拟合参数；

　　　e——自然常数。

2.3.6.2　土壤中重金属通量数据分析

（1）灌溉水输入通量估算　通过测试典型地块内灌溉水样品中重金属浓度以及估算年灌溉量，得出通过灌溉进入耕地土壤的重金属元素年输入量，元素 i 的灌溉输入通量（$Q_{I,i}$）[mg/(m^2·a)]计算公式如下：

$$Q_{I,i} = \sum_{j=1}^{n} C_{i,j} W_j　　　　　　　　(2\text{-}10)$$

式中　$Q_{I,i}$——元素 i 的灌溉输入通量，mg/(m^2·a)；

　　　$C_{i,j}$——元素 i 在作物 j 灌溉水中的浓度，$\mu g/L$；

　　　W_j——作物 j 的年灌溉水量，m^3/(m^2·a)；

　　　n——作物种类。

同时，可结合区域水网分布、地势情况、灌溉水监测数据和土壤监测数据，分析污染物在不同介质中的迁移过程。

（2）大气沉降通量估算　通过降尘重金属浓度与沉降量的乘积得出集尘面积内的重金属沉降量，进一步通过典型地块面积与集尘缸面积计算得出经大气干湿沉降进入该区域土壤的重金属元素沉降量，计算公式如下：

$$Q_i = C_i m / S \tag{2-11}$$

式中　Q_i——重金属元素 i 年沉降通量，mg/(m²·a)；

C_i——降尘中重金属元素 i 的测试浓度，mg/kg；

m——年降尘总质量，kg/a；

S——沉降缸面积，m²。

通过进一步分析不同距离大气沉降输入通量，以探究硫铁矿大气污染排放的传输规律。

（3）农业投入品输入通量估算　通过测试施用的肥料、调理剂样品重金属浓度以及每种肥料、调理剂的年施用量，得出随肥料、调理剂施用而进入耕地的重金属输入量。元素 i 的化肥输入通量（$Q_{F,i}$）[mg/(m²·a)]计算公式如下：

$$Q_{F,i} = \sum_{j=1}^{n} C_{i,j} q_j \tag{2-12}$$

式中　$Q_{F,i}$——元素 i 的化肥输入通量，mg/(m²·a)；

$C_{i,j}$——元素 i 在化肥 j 中的浓度，mg/kg；

q_j——化肥 j 的年施用量，kg/(m²·a)；

n——化肥品种数量。

数据可通过咨询当地农业部门或调研访谈获取，也可参照区域或所在省（区、市）统计年鉴等资料中的肥料用量及种植面积估算。

（4）作物移除输出通量估算　作物移除输出通量计算公式如下：

$$Q_{C,i} = \sum_{j}^{n} (C_{i,j} \times Y_j) + (S_{Ci,j} \times S_{Yj}) \tag{2-13}$$

式中　$Q_{C,i}$——重金属元素 i 的作物移除输出通量，g/(hm²·a)；

$C_{i,j}$——重金属元素 i 在作物 j 籽粒中的浓度，mg/kg；

Y_j——作物 j 籽粒的每年质量，kg/(hm²·a)；

$S_{Ci,j}$——重金属元素 i 在作物 j 秸秆中的浓度，mg/kg；

S_{Yj}——作物 j 秸秆的年产量，kg/(hm²·a)；

n——作物种类数量。

（5）地表径流输出通量　地表径流输出通量公式如下：

$$Q_{S,i} = C_i I_j (1-w) \tag{2-14}$$

式中　$Q_{S,i}$——重金属元素 i 的地表径流输出通量，mg/(hm²·a)；

C_i——地表径流样品中重金属元素 i 的浓度，mg/m³；

I_j——农作物 j 的单位面积灌溉定额，m³/(hm²·a)；

w——耗水率，%。

如缺失灌溉定额及耗水率数据，可利用区域多年平均径流量确定。

（6）地下渗滤输出通量　地下渗滤输出通量公式如下：

$$Q_{L,i} = (V_s / A_s) \times C_{i,j} \times (P_h / P) \tag{2-15}$$

式中　$Q_{L,i}$——重金属元素 i 的地下渗滤输出通量，μg/(m²·a)；

V_s——渗流样品的体积，L/a；

A_s——收集装置口的面积，m²；

$C_{i,j}$——重金属元素 i 在土壤渗流样品 j 中的浓度，μg/L；

P——采样期间的降雨量，mm；

P_h——全年降雨量，mm。

采样期间的降雨量和全年降雨量可用来外推渗流通量。

（7）各输入途径累积贡献率 分别计算污染区域各途径的输入通量 $[g/(hm^2 \cdot a)]$ 与总输入通量的比值，结果即为各污染来源对农用地土壤重金属的贡献率。

（8）累计通量及趋势预测 累计通量 Q_i 为各输入通量与输出通量的差值。当 $Q_i > 0$ 时，即土壤重金属元素输入量大于输出量，土壤中重金属含量呈累积状态；当 $Q_i = 0$ 时，即土壤重金属元素输入量等于输出量，土壤中重金属处于平衡状态；当 $Q_i < 0$ 时，即土壤重金属元素输入量小于输出量，土壤中重金属处于削减状态。

土壤累积趋势预测公式为：

$$C_{soil,i+n} = C_{soil,i} + Q_i / W_{soil} \tag{2-16}$$

第 $i+n$ 年土壤重金属元素含量 $C_{soil,i+n}$（mg/kg）根据第 i 年的重金属净累积通量 Q_i（g/hm²）和第 i 年的土壤重金属元素含量 $C_{soil,i}$（mg/kg）计算得出，其中 W_{soil}（t/hm²）表示耕层土壤质量。

第3章 硫铁矿区重金属污染的生态风险

我国是一个矿业大国，硫铁矿开采和利用过程中会产生环境污染问题，其中最严重的是重金属污染。硫铁矿中有毒有害的重金属主要来源于采矿和选矿废水的排放、矿山粉尘以及尾矿的堆存，这些重金属通过雨水冲刷、降尘、扩散等方式进入水、大气和土壤环境中，并进一步迁移扩散，给矿区和周边敏感区域带来生态风险。其中，硫铁矿区周边土壤既是 Cu、Cd、Zn、Pb、Cr、As、Ni、Mn、Tl 等重金属的汇，也是这些重金属的源，对硫铁矿区周边水体和沉积物及水生生物产生较大的环境影响，同时还会给农产品产量和安全以及人居安全带来一定的风险。

3.1 重金属污染对水生态的影响

3.1.1 重金属污染对地表水的影响

在采矿过程中，大量含金属硫化物的采矿废石及尾矿堆在风化和淋溶的作用下对土壤造成污染，并随着地表径流进入地表水体，在水和氧气的环境条件下易发生氧化并产生酸性矿山废水。酸性矿山废水具有较低的 pH 值，并含有大量可溶性 Fe、Mn、Mg、Ca 元素及重金属元素。由于废水中的 Fe^{3+} 会水解成氢氧化铁，废水还常常呈红褐色，如图 3-1 所示。

酸性矿山废水的特点主要为低 pH 和高重金属含量。酸性矿山废水的 pH 一般为 4.5～6.5，然而在硫铁矿区，酸性矿山废水的 pH 可低至 2.5～3.0，甚至达到 2.0。酸性废水在流经管道的过程中，会对排水管道设备造成严重腐蚀。酸性废水若直接排入河流，对船舶桥梁以及堤坝等也会产生一定的腐蚀作用。此外，硫铁矿中的硫化物在氧化作用下生成硫酸盐，会使水中硫酸盐含量升高，增大了水的矿化度和硬度。酸性矿山废水进入地表水体以后，会改变地表水的酸度和硬度，消灭或抑制细菌及其他微生物的生长，破坏水体缓冲体系和自净能力，导致正常水体变色、变浑浊。

同时，酸性矿山废水较低的 pH 使硫铁矿中含有的重金属大量溶解于其中。这些有毒元素对大多数水生植物和水生动物都具有毒害作用，会抑制水中藻类、鱼类和浮游生物的生长和发育，甚至可能导致水生生物的死亡。大量水生植物枯萎，水生动物死亡、腐败后，会消耗水体中的溶解氧，动植物残体漂浮在水面上也会影响水中植物的光合作用，进一步降低水中溶解氧含量，对水中存活的其他动物、植物和微生物构成巨大威胁。此

图 3-1　酸性矿山废水

外，这些有毒的重金属元素在进入水生植物或水生动物体内后，还可能通过食物链传播，危害人体健康。

本图彩图

3.1.2　重金属污染对水生动植物的影响

（1）对水生植物的影响　水生植物是指生理上依附于水环境，至少部分生殖周期发生在水中或水表面的植物类群，是不同分类群植物通过长期适应水环境而形成的趋同性适应类型，主要包括水生维管束植物和高等藻类，分为挺水植物、漂浮植物、浮叶植物和沉水植物四种类型。重金属对水生植物的毒理作用主要表现在生理生化过程（如破坏细胞膜结构，抑制呼吸作用、光合作用等）、生长发育过程以及对遗传物质的毒害。重金属对植物产生毒害效应的主要途径为：①打破原有离子间的平衡状态，使水生植物体内正常离子的吸收、运输、调节、渗透等功能发生障碍，造成植物新陈代谢紊乱；②重金属进入水生植物体后不仅可以与核酸、蛋白质、酶等大分子结合，还可取代与某些分子结合的特定金属，如与核酸、蛋白质、酶等结合的必需金属 Ca、Fe、Zn 等，造成其分子活性降低，功能丧失；③重金属还能对植物的生长发育、水分及营养元素的吸收代谢、光合作用、呼吸作用、体内的抗氧化酶活性、遗传物质、细胞的超微结构及细胞膜的通透性等造成一系列影响。

与此同时，长期在重金属污染水体中生长的植物，尽管会受到重金属各种毒害效应，但是随着植物本身对水体重金属污染的长期适应以及植物的演化，水生植物会在形态、生理等方面具有一定的可塑性，表现出对重金属形成特定的解毒机制或耐受机制。因此，利用对重金属有一定耐受能力的水生植物进行地表水重金属污染的修复，也成为一项越来越受重视的重金属污染修复技术。

（2）对水生动物的影响　以鱼类为例，重金属在鱼类体内的富集情况与其进入鱼体的途径密切相关，鱼类对重金属的吸收主要有以下途径。①经过鳃不断吸收水中的重金属，再经血液循环输送到体内各个部位。鳃作为鱼类的主要呼吸器官，是吸收不同形态重金属的主要途径。鳃上有大量毛细血管分布，最易接触和吸收有毒物质，如直接吸收溶解于水体中的重金属离子，再经血液循环运输到身体的各组织器官。②通过消化道进入鱼体。水体或食物中的重金属可在鱼类摄食时通过消化道进入鱼体，并在不同部位富集，即从食物相摄取重金属是许多水生动物体内重金属积累的主要来源。并且，不同食性的鱼类体内重金属富集量也有所不同。已有研究发现，肉食性鱼类体内重金属富集量要高于草食性、滤食性或浮游动物食性的鱼类。③体表与水体的渗透交换作用也是重金属进入鱼体的一种途径。鱼类具有利用皮下层吸收外源化学物质的功能，重金属可通过鱼类体表与水体间的渗透交换作用进入鱼体。

重金属被鱼类吸收后，其在鱼体内主要的积累器官是肝脏、肾脏和鱼鳃，在肌肉组织中的积累量相对较低。重金属易在鱼类内脏中积累，可能是因为肝脏和肾脏作为其主要的解毒和排泄器官，可快速大量合成束缚重金属的金属硫蛋白，减少重金属向其他组织器官的输送，从而使重金属在这些组织中蓄积。鱼鳃能大量蓄积重金属与其具有利于重金属离子穿过的特殊结构有关，是鱼体直接从水体中吸收重金属的主要部位。相比之下，鱼类肌肉合成金属硫蛋白的能力较弱，且对重金属的亲和性不及鱼鳃组织，因此肌肉中重金属的蓄积量较低。

关于重金属使鱼类中毒的分子机理，从大量关于鱼类的毒性试验结果推测，毒性是重金属与鱼体内生物大分子作用造成的。生物大分子中的活性位点一般有羧肽酶、碱性磷酸酶、碳酸酐酶、细胞色素 C、血红蛋白以及铁氧化还原蛋白等。重金属进入鱼体后，可以和生物大分子上的活性位点结合，也可以和其他非活性位点结合，在一定条件下对鱼类产生毒性。通常认为，重金属细胞毒性的生物化学机理主要为：重金属在细胞内物质氧化还原反应过程中产生活性氧，该过程中的代谢产物—OH 能通过自由基链式反应生成一系列脂质过氧化自由基与具有诱变作用的醛类，自由基的生成过多，体内氧化/抗氧化系统失衡，即可导致细胞损伤。

值得注意的是，重金属进入鱼类体内后，随着暴露时间的延长，会产生基因毒性，使鱼类遗传物质结构和功能发生变化，最终表现出癌变、畸变、突变等异常生命现象。活性自由基的生成是重金属对鱼类 DNA 分子造成损伤的主要机制。重金属胁迫条件下产生的大量活性自由基可使其 DNA 链发生断裂，若受损 DNA 结构不能及时获得修复，会影响基因表达功能，最终引发鱼类基因毒性。此外，重金属还可与 DNA 的活性位点和非活性位点直接发生缔合作用，形成共价结合物，使其结构发生改变或者受到损害，影响其正常复制。

不同重金属对鱼类的急性毒性作用不同，硫铁矿区受污染水体中几种常见重金属对鱼类毒性的强弱顺序一般为：$Cu^{2+} > Cd^{2+} > Zn^{2+} > Cr(Ⅵ) > Pb^{2+}$。重金属对不同生长发育阶段鱼类的毒性也不同。早期生活阶段的鱼类个体小，对重金属胁迫较敏感，耐受性弱，高剂量的重金属可通过卵膜或体表进入胚胎和仔鱼体内，影响其正常发育，造成鱼类胚胎孵化率降低和畸形率增加，甚至导致初孵仔鱼死亡。此外，重金属对鱼类的毒性还与水质状况（如水温、悬浮物含量、pH、硬度）有关。水温升高，重金属污染物的毒性增强；水体 pH 升高，重金属离子易形成碳酸盐沉淀，使其浓度降低，毒性减弱，反之则毒性增强；硬度越大，就有越多硬度离子和重金属离子竞争鱼鳃表面的配体，使重金属离子的毒性减弱，反之则毒性增强。

3.1.3　重金属污染对沉积物的影响

3.1.3.1　沉积物的概念

沉积物也是水体的重要组成部分。沉积物在地质学中指沉积在陆地或盆地中的松散矿物质颗粒或有机物，现代沉积物以矿物为主体。沉积物颗粒具有复杂的表面形貌，其表面起伏不平、细部特征丰富，存在凸起、凹地和鞍部等微结构以及各种尺度的孔隙。沉积物以矿物微粒特别是黏土矿物为核心骨架；有机物和金属水合氧化物结合在矿物微粒表面成为各微粒间的黏附架桥物质，把若干微粒组合成絮状聚集体，聚集体在水中的悬浮颗粒粒度一般在数十微米以下，经絮凝成为较粗颗粒就沉积到水底部。沉积物在自然水体中一直处于一种"运动"状态，所以沉积物的组分是随着水环境条件的改变而不断变化的。通常来讲，沉积物颗粒是多种成分的复合体，包含石英、长石、铁/铝氧化物和有机质等。

沉积物位于水圈、土壤-岩石圈和生物圈的交汇区。沉积物环境是指垫覆于地表水体底部的连续沉积层，是自然界中沉积物的形成、分布和转化所处空间的环境。沉积物在物质循环中发挥着重要作用（图 3-2）。

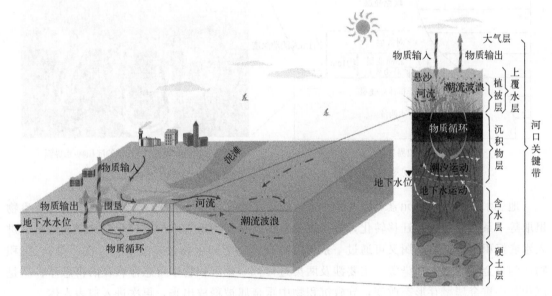

图 3-2　沉积物在河口关键带物质循环中的作用

3.1.3.2　沉积物中重金属的存在形态与迁移转化

尽管各种水体中的沉积物在组成上会因地理环境条件变化、沉积物的来源不同而存在差异，但从总体上看，根据沉积物中组分的形成类型和组分的化学与矿物特征，一般可把沉积物的组分分为四个部分：火成岩和变质岩风化残留矿物、低温和水成矿物、有机组分及流动相。

各类沉积物中的重金属污染物往往以不同的化学形态存在，其含量及形态分布与沉积物的矿物组成密切相关，组成的变化直接影响沉积物对化学元素的富集及元素的存在形态。火成岩和变质岩风化残留矿物对重金属污染物的影响和作用并不显著，主要以沉积物的残渣态出现，比较稳定，表面电荷少，化学活性差；低温和水成矿物是沉积物中比较重要的部分，不仅具有巨大的比表面积，而且表面还拥有大量活性官能团，对污染物有极强的界面反应能力。

重金属元素在沉积物和地表水中的迁移转化发生在沉积物-水界面。沉积物-水界面是沉积物相与上覆水相之间的边界层。在沉积物-水界面之上是化学性质相对均匀的水层,界面(或近表层沉积物)之下为物理结构相对稳定的沉积层,因此一般将沉积物-水界面定义为具有一定厚度与复杂结构的区层。对于沉积物-水界面边界层尺度的界定,在海洋中一般指厚度约为10cm的表层底泥与下层水体组成的多相体系;在浅水湖底,一般指扩散边界层(约1mm)和黏滞亚层(约1cm)等垂向尺度范围 [图 3-3(a)]。沉积物内孔隙占据$60\%\sim90\%$的体积,或几乎均由水体(间隙水或孔隙水)填充,这就使得沉积物与水之间并非简单以面的方式接触,而是两种介质在垂向尺度上相互渗透、相互包含。河流或湖泊沉积物-水界面以水层-沉积物相为基础,多种生物相参与,具有物理、化学和微生物学的复杂反应,对界面附近物质(如重金属)的形态和迁移产生一定的影响 [图 3-3(b)]。

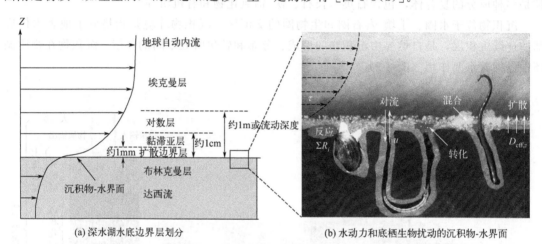

(a) 深水湖水底边界层划分

(b) 水动力和底栖生物扰动的沉积物-水界面

图 3-3 沉积物-水界面垂直结构和主要过程及影响示意图

地表水中的重金属元素可以在水中通过沉淀-溶解、吸附-解吸、氧化-还原、络合、生物摄取等一系列过程进行迁移转化,进入沉积物中。然而当地表水的物理化学性质改变时,进入水底沉积物中的重金属又可通过一系列的物理、化学和生物过程造成"二次污染"。沉积物作为重金属的二次污染源,主要涉及两类过程:一是沉积物中可悬浮颗粒的再悬浮;二是沉积物中重金属赋存形态改变,导致沉积物中重金属被释放出来,再次进入地表水体。

沉积物中可悬浮颗粒物粒径通常较小,具有较大的比表面积和很强的吸附能力。进入水体的重金属往往被可悬浮颗粒物吸附或结合而积累于沉积物中;但可悬浮颗粒物常在外力作用下再悬浮,使部分重金属得以释放再次进入水体。因此,沉积物是水体重金属汇的同时也是一个重要的源。水溶态重金属是生物可直接利用的重要形态,并在超量时引起生物毒害。沉积物可悬浮颗粒物对重金属的吸附或结合降低了水体水溶态重金属浓度,从而降低重金属对水生生态系统的不利影响;但外力作用下的可悬浮颗粒物再悬浮引起的重金属释放可瞬间提高水体水溶态重金属浓度,造成次生污染,并可能对水生生物产生急性毒害。

3.1.3.3 沉积物的再悬浮现象

各种自然活动(风浪、潮流、潮汐等)、人为干扰活动(清淤、挖掘采沙、船舶运输、拖网捕鱼等)以及底栖生物活动(掘穴、生物灌溉等)都能够引起沉积物的再悬浮现象。当干扰活动在沉积物表面产生的切应力能够抵消沉积物颗粒间的黏合力时，沉积物颗粒就会发生再悬浮。沉积物再悬浮的动力来源包括以下几个方面。

（1）自然因素 包括风浪波动和底层水流。大多数水体中表层沉积物的再悬浮是受风浪和底层水流的共同作用。风浪产生的波动能量向水下传递到达沉积物表面产生切应力，引起沉积物再悬浮；水体本身的流动，特别是当底层水流达到一定速度时，也能引起沉积物的再悬浮。然而，风浪在沉积物表面产生的切应力要比底层水流产生的切应力高出一个甚至多个数量级，并且底层水流仅引起表层沉积物的水平输运，因此，风浪波动是沉积物再悬浮的主导自然因素。

（2）生物扰动 主要是由水体底栖动物的爬行、摄食、排泄、掘穴等活动引起的沉积物在水平和垂直方向上小尺度的混合。研究表明，99%以上的小型底栖动物分布在近表层12cm 的沉积物中。底栖动物的爬行、建造土墩、掘穴等活动一方面能促使沉积物混合，改变沉积物孔隙度、渗透性，使沉积物疏松，在外力干扰下更易于被再悬浮；另一方面，掘穴等活动能引起“生物灌溉”（bio-irrigation），即将有氧上覆水引入深层还原态沉积物中，提高沉积物的氧化还原电位，促进可氧化结合态重金属的释放。此外，底栖动物的掘穴活动还可能促进水溶态重金属由深层沉积物向表层沉积物迁移，使重金属在沉积物-水界面的释放通量得到很大程度的提高。

（3）人为活动 清淤、船舶行驶、拖网捕鱼、挖掘采沙、水体底部管道铺设等人为活动导致强烈的水体沉积物再悬浮。

① 清淤是削减内源次生污染的重要措施。但清淤过程中，由于挖掘工具的搅动，细颗粒沉积物再悬浮并形成浊度云团，在清淤后的一段时间内能持续悬浮，而且不同清淤设备和方式对细颗粒沉积物再悬浮量的影响不一。

② 浅水水域船舶的行驶引起沉积物再悬浮的动力主要来自螺旋桨旋转产生的射流。螺旋桨直径、出口射流速度、与沉积物表面的距离以及水体本身流动方向和流速都会显著影响螺旋桨对沉积物再悬浮的作用强度和扰动范围。一般来说，螺旋桨入水深度越深、直径越大和出口流速越快，螺旋桨产生的射流对沉积物的扰动强度越大，且再悬浮区域也越大。当环境流速快且顺流时，沉积物再悬浮的起悬区域为狭长形；而当环境流速慢且逆流时，其起悬区域向横向发展。

③ 拖网捕鱼因捕获效率高，在全球海洋渔区被广泛采用。一般渔产丰富海域，沉积物每年会被拖网多次扫过。因捕鱼拖网要穿透表层沉积物至一定深度，往往在船后几百米水体出现一道厚度可达 3~6m、宽度为 70~200m 的高浓度悬浮云团。拖网锁链的重量、拖动速度、沉积物本身性质以及底部流速等影响拖网穿透沉积物的深度，一般为几厘米到 30 厘米不等。拖网捕鱼引起的沉积物再悬浮量与 9~10m/s 的水面风速扰动相当。在风暴对沉积物再悬浮影响较弱的深海海域，拖网捕鱼更是引起沉积物再悬浮的主要原因。

3.1.3.4 沉积物中重金属形态的影响因子

沉积物中重金属赋存形态改变的常见影响因子有 pH 值、氧化还原电位、粒度、总有机碳、酸性可挥发性硫化物等。

（1）pH 值 pH 值影响沉积物对重金属离子的吸附能力，pH 值变化会导致沉积物中重金属形态的重新分配。当 pH 值降低时，沉积物中重金属释放率增大，碳酸盐结合态转化为可交换态或水溶态，转折点的 pH 值为 4~5；当 pH 值升高时，可交换态、水溶态含量减少，有机物结合态含量则增加。关于 pH 值对重金属生物毒性与有效性的影响，Meador 认为重金属的生物毒性会随着 pH 值的降低而降低，但也有实验表明 pH 值的大小顺序正好与重金属的毒性和生物有效性的强弱顺序相反。

（2）氧化还原电位　沉积物中氧化还原电位（E_h）反映沉积物的氧化还原条件，E_h 的高低直接影响铁、锰、硫等元素的价态及有机质的分解。E_h 较高时，导致有机质分解、硫离子氧化及铁锰水合氧化物增多，部分有机物结合态重金属被转化为生物可利用的水溶态、可交换态或溶解络合态释放到水中，并随 E_h 增大，释放量增多。E_h 较低时，沉积物中重金属铁锰氧化物结合态减少，可交换态重金属形成难溶的重金属硫化物，硫化物增多，重金属在沉积物中发生沉积和固定，释放量减少。

（3）粒度　沉积物粒度能反映沉积物矿物组成、比表面积和表面自由能差异，粒度越小，其表面自由能越大，对重金属的吸附能力越强。研究表明：沉积物粒度越小，重金属有机质结合态与残渣态占比越大；粒度越大，水溶态及碳酸盐结合态含量则越低。

（4）总有机碳　总有机碳（TOC）含量影响重金属在沉积物中的迁移转化。Riise 等认为颗粒有机质携带是重金属迁移的主要途径；另有研究表明，沉积物中有机物及硫化物结合态重金属与 TOC 含量呈正相关，沉积物中有机质与游离形态重金属结合，使有机物及硫化物结合态重金属含量增加，降低重金属的生物毒性。此外，溶解性有机质对重金属形态的变化、生物有效性及毒性起着重要作用，李雨清等研究表明，碳酸盐结合态的含量与富里酸的含量呈负相关，有机硫化物结合态的含量与富里酸的含量呈显著正相关。

（5）酸性可挥发性硫化物　沉积物中酸性可挥发性硫化物（AVS）也影响重金属形态转化，对沉积物与孔隙水间的重金属再分配起决定作用。一些观点认为，还原条件下，沉积物中 S^{2-} 可与孔隙水中许多二价重金属离子结合形成难溶金属硫化物，将重金属离子束缚于沉积物中；氧化性条件下，与 AVS 结合的重金属因硫化物被氧化而释放，可能危害水环境。

3.2　重金属土壤污染对农产品的影响

土壤是人类赖以生存的必要资源之一，也是生态环境重要的组成部分。农业土壤环境质量直接影响国民经济发展和国土资源环境的安全，也直接关系到农产品的安全、人类身体健康以及国家粮食安全。

我国一些地区的耕地土壤常年受到不同程度的重金属污染。据统计，我国每年被重金属污染而导致重金属含量超标的农作物多达 1200 万吨，因土壤污染而导致粮食减产 1000 万吨，合计造成至少 200 亿元的经济损失。另外，我国重金属污染耕地分布区域较为广泛，从污染分布情况看，南方土壤污染重于北方，尤其是西南、中南地区土壤重金属超标较多，长三角、珠三角等地区土壤污染问题也较为突出。

硫铁矿开采导致重金属污染耕地的方式有三种：一是经由废液渗滤进入堆存区附近耕地；二是经由受重金属污染的地表水或地下水灌溉流入耕地；三是经由矿物运输散落或扬尘进入耕地。

3.2.1　间接影响

重金属对农产品的间接影响主要体现在降低土壤肥力、破坏土壤微生物群落结构、改变土壤酶活性、影响土壤生化过程等方面。

重金属进入农用地后，各种途径均不能将其降解，重金属会在土壤中积累，有的甚至可能在土壤中转化为毒性更大的有机化合物。并且，由于土壤重金属污染的生物富集性和弱移动性等特点，大部分土壤重金属会富集在耕层土壤中，随着时间的推移不断增加。土壤重金属污染会使农用地理化性质发生改变，造成表土缺水、土壤养分短缺、土壤承载力下降，从而造成土地贫瘠、植被破坏，导致水土流失加剧、土地荒漠化，进一步导致土壤肥力下降。

除对土壤理化性质的影响外，土壤重金属污染还会破坏土壤中微生物的平衡并影响土壤酶活性。研究表明，矿区附近土壤的微生物生物量明显低于远离矿区土壤的微生物生物量。重金属进入土壤后，首先影响土壤细菌、真菌、放线菌等微生物的种群数量。受 Hg、Cd、Cr、As、Ni、Cu 等重金属污染后，土壤中固氮菌、解磷细菌、纤维分解菌、枯草杆菌、木霉等其他菌类也会受到抑制。土壤微生物与土壤中农作物的生长发育息息相关，由于土壤微生物能够参与调控土壤中能量利用、养分循环及有机质转化，土壤微生物的群落结构遭到破坏后，农作物也会因此受到不良影响。此外，重金属污染对土壤酶活性也有较为明显的影响。一方面，重金属对土壤酶活性产生直接作用，破坏酶活性基团的空间结构，从而降低酶活性；另一方面，重金属抑制了土壤微生物的生长繁殖，减少了土壤微生物体内酶的合成和分泌量，最终导致土壤酶活性降低。研究表明，重金属及其化合物对土壤的氧化还原酶、脲酶、碱性磷酸酶、蛋白酶、多酚氧化酶、酸性磷酸酶等土壤酶类的活性都有不同程度的抑制作用。

重金属污染也对土壤的有机质降解、呼吸代谢、氨化作用和硝化作用等生化过程产生不同的影响。土壤有机残落物的降解主要是通过土壤有机质矿化、氨化、硝化和反硝化等作用完成的，很多种类的重金属都能抑制土壤有机残落物的降解，如铬能抑制土壤纤维素的分解，当铬浓度大于 40mg/kg 时，纤维素分解在短时间内全部受到抑制。呼吸作用的强弱意味着该土壤系统代谢旺盛与否，土壤重金属污染对土壤呼吸作用有一定的抑制作用，其中砷对土壤呼吸作用的抑制最强。在土壤重金属抑制土壤的氨化作用和硝化作用方面，镉的浓度越高，土壤氨化作用和硝化作用就越弱。当镉浓度达到 30mg/kg 时，对土壤硝化作用有显著抑制作用；当镉浓度达到 100mg/kg 时，对土壤氨化作用有明显的抑制效应。

3.2.2　直接影响

根据植物生长是否需要，重金属可以分为必需元素和非必需元素，这些元素在植物的生长发育过程中扮演着双重角色。一方面，必需元素是植物生长发育必不可少的微量元素，如 Cu、Fe、Zn 和 Mn 等是植物体内许多酶促反应的辅因子，在细胞结构的形成和信号转导过程中具有重要作用；另一方面，当重金属浓度超过植物所能耐受的阈值时，便会对植物的生长发育产生胁迫作用，一些重金属元素（如 Cd、Pb 和 As 等）可取代蛋白质功能基团中的 Ca^{2+}、Zn^{2+} 和 Mg^{2+} 等，易使植物细胞中的酶活性丧失、生物膜受损、正常代谢发生紊乱，并对植物细胞形成氧化胁迫，降低植物根系的呼吸速率，减缓植物对水分和养分的吸收，抑制植物细胞的有丝分裂，导致植物种子发芽率下降、生长迟缓、叶片发黄、开花时间延迟、产量降低，甚至导致植株死亡。

重金属对植物体的毒害主要包括影响植物的水分代谢和呼吸作用，抑制光合作用，使植物体内碳水化合物代谢紊乱、核酸代谢失调、氮素代谢受到干扰，通过拮抗或协同作用导致植物体内矿质元素失调，抑制植物种子萌发和植物的生长发育，等等。Forder综合相关的研究结果，提出重金属对植物毒害的分步模式：①重金属离子与其进入植物根系入口位点的其他离子成分相互作用，导致细胞壁上活性氧（reactive oxygen species，ROS）形成，影响细胞质膜系统，并影响植物的代谢过程；②重金属与胞质内所有可能作用的因子反应，包括蛋白质、其他大分子物质以及代谢产物；③重金属影响植物细胞内稳态平衡的因子，包括水分吸收、转运和蒸腾作用，在此阶段，有关毒害症状开始发展；④毒害症状加重；⑤植物细胞开始死亡。

外源重金属进入土壤后，植物根系首先受到损伤。植物通过根系吸收土壤中的重金属进入根细胞内，由于根细胞壁中存在大量交换位点，能将重金属离子固定在这些位点上，从而阻止重金属离子进一步向地上部分转移，因此，根是植物体中最主要的结合重金属的部位，也是最易受重金属毒性影响的部位。重金属胁迫能抑制植物根尖细胞核的分裂，影响根的伸长生长。

此外，重金属胁迫还能导致植物根系分泌物的变化。在正常生长条件下，光照、温度、根际微生物以及各种胁迫等因素的改变会导致植物根系分泌物的含量和成分发生变化。植物在重金属污染土壤中生长时，根系分泌物的变化主要包括有机酸、氨基酸和可溶性糖的改变。

① 有机酸是根系分泌物中的重要成分，通常指含有一个及以上羧基基团（—COOH），主要含C、H、O元素的有机化合物。有机酸在线粒体中通过三羧酸循环产生，广泛存在于植物体内，并可以通过根系分泌作用释放到根际环境中。根据分子量的不同，可将有机酸分为高分子量有机酸和低分子量有机酸。高分子量有机酸的分子量在几百到几百万之间，而低分子量有机酸则在几十到几百之间。植物受到重金属胁迫时，根系分泌物中的草酸、柠檬酸、酒石酸等低分子量有机酸的分泌量和种类都会发生改变，这种变化通常与植物种类及重金属等因素有关。

② 氨基酸作为蛋白质的基本单元，在根系分泌物中的占比也不容忽视。植物在遭受胁迫时会大量分泌氨基酸，由于氨基酸在植物体内所起到的作用不同，因此不同种类氨基酸的分泌量也存在差异。氨基酸代谢是重金属胁迫的关键代谢途径。植物通过脯氨酸、缬氨酸、亮氨酸等代谢途径以及其他代谢途径经渗透以保护代谢物来调节自身的渗透平衡；通过赖氨酸、丝氨酸、苏氨酸等代谢途径以及谷胱甘肽代谢途径合成植物螯合肽，从而螯合吸收到体内的重金属离子（图3-4）。

③ 可溶性糖是指常温下能溶于水的糖类化合物，是植物碳水化合物代谢的基础性物质。可溶性糖在植物遭受重金属胁迫时也发挥着积极作用。可溶性糖含量的增加已被证实是植物的重要防御策略之一，可以提高植物对非生物胁迫的耐受性。植物根系分泌物中的多糖和多糖醛，可通过竞争结合的方式将Pb、Cu、Cd等金属的离子固定在土壤中，从而有效限制重金属离子被植物根吸收。作为碳代谢产生的小分子物质，可溶性糖可以为微生物生长发育提供所需的碳源，使微生物大量生长繁殖；这些活跃的微生物将根系分泌的大分子物质转化为小分子物质，同时微生物自身分泌的有机质也可活化重金属。植物受重金属胁迫会发生一系列的抗逆性反应，如产生活性氧、丙二醛、抗氧化酶以及与抗逆性相关的蛋白，这些反应需要糖类化合物提供大量的能量。此外，糖类物质可以调节细胞渗透压、传递信号，起到缓解

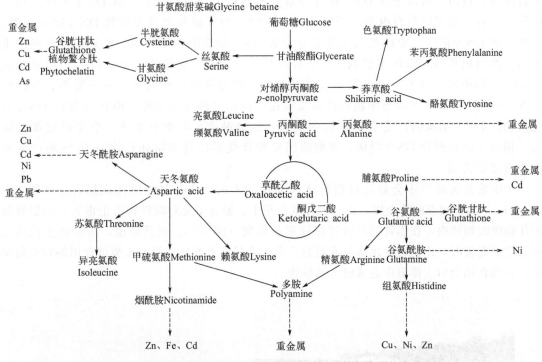

图 3-4　部分氨基酸代谢途径以及与重金属相关的氮代谢物合成途径

重金属毒性的作用。

重金属通过农作物根系被吸收进入植物体内后，其毒害作用主要有以下三方面。①重金属由于具有与组氨酰和羧基基团的亲和性，故可以与一些结构和功能蛋白结合，并且还可取代一些酶和蛋白质中的矿质元素，使其活性降低或变性，如 Cd^{2+} 与硝酸还原酶中的巯基有很强的亲和性，能破坏酶的活性。②重金属离子进入植物体内，可打破原有的正常离子平衡体系，干扰正常离子的吸收、运输、渗透和调节等生理过程，从而使代谢紊乱。③诱导 ROS 的产生，修饰植物抗氧化防御体系并产生氧胁迫。ROS 是正常的呼吸作用和光合作用的副产物，其稳定的平衡水平是通过不同的 ROS 产生和消除机制之间的相互作用达到的。过量的 ROS 由于可以与脂类、蛋白质和核酸反应而导致脂质过氧化、生物膜崩解、酶失活以及 DNA 断裂或突变，因此可以对植物细胞造成严重伤害。

值得注意的是，重金属会造成植物 DNA 的损伤。DNA 是植物遗传信息的重要载体，重金属可通过诱导植物体内氧化胁迫来对植物 DNA 产生直接或间接的影响，以及抑制或损伤 DNA 修复系统。研究证明，重金属胁迫的确会对植物 DNA 造成直接或间接的损伤和影响。

重金属胁迫导致 DNA 直接损伤的类型主要有碱基损伤和 DNA 链断裂。其中，碱基损伤可以转变成 DNA 链断裂。对于生物个体来说，这两种类型的损伤引起的后果都十分严重。重金属离子可以与 DNA 的碱基和碱基对上的氢键作用，导致 DNA 核酸序列发生变化，比如点突变、碱基的插入或缺失，破坏 DNA 单、双链结构，使 DNA 双螺旋结构变得不稳定，会导致 DNA 链断裂或染色体失常，对基因产生影响，最终导致基因表达的变异。

重金属对植物的间接损伤和影响主要表现在诱导产生自由基或改变基因的表达。自由基能够影响 DNA 的结构或损伤其修复系统，造成 DNA 损伤。重金属可诱导生物体产生自由基，自由基可以进攻 DNA 糖环夺取脱氧核糖上的氢原子；夺取 DNA 不同位点上的氢原子后，形成脱氢自由基，同时磷酸二酯键、糖苷键断裂进而导致 DNA 链的断裂，最终造成 DNA 损伤。ROS 是自由基夺氢导致 DNA 损伤的重要因素，也是一种普遍的重金属毒性的积累物。ROS 主要包括羟基自由基（·OH）、超氧阴离子（O_2^-）、过氧化氢（H_2O_2）和单线态氧等。ROS 可诱导碱基改变、姐妹染色单体交换、单链断裂、基因突变等 DNA 损伤。ROS 参与细胞内许多重要途径的信号传导及调控，ROS 导致的 DNA 氧化损伤及 DNA 结构的改变会引发许多疾病，例如肿瘤、细胞衰老等。很多研究都已证实，铜离子胁迫诱导 DNA 损伤、细胞质膜完整性受损以及细胞死亡均与 ROS 的产生和积累有密切关系。

土壤重金属最终还会通过食物链进入动物和人的体内，对健康造成损害。例如 Cd、Pb、Hg 等微量剧毒的重金属，在一般含量水平下，通常不会对农作物产生毒害，却很容易被作物吸收到体内，在作物的可食用部位累积残留（图 3-5）。也就是说，在作物生长尚未明显受到毒害时，作物可食用部位残留的重金属含量有可能已经超过人类可食用的安全限量值，长期食用会对人体健康造成极大的危害。

图 3-5　重金属污染农用地修复试验田

3.3　重金属土壤污染对人体健康的影响

重金属污染通常不易察觉，具有微量剧毒、长期危害的特点，长期接触受到重金属污染的水、食物和空气，会造成重金属元素在人体内的积累。除第 3.1 节中提到的饮用受重金属污染的水、食用受重金属污染的水产品和第 3.2 节中提到的摄入受重金属污染的农作物外，土壤中的重金属还可通过经口摄入土壤、经皮肤接触土壤、经呼吸道吸入土壤颗粒物三种途径进入人体，对人体健康产生危害。

一些重金属原本是人类生长活动中不可或缺的元素，但是，当其含量超过一定界限时，就会对人体产生毒害作用（图3-6）。常见的硫铁矿区土壤重金属污染物有以下几种。

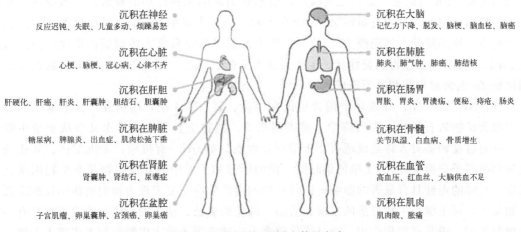

沉积在神经
反应迟钝、失眠、儿童多动、烦躁易怒

沉积在心脏
心梗、脑梗、冠心病、心律不齐

沉积在肝胆
肝硬化、肝癌、肝炎、肝囊肿、胆结石、胆囊肿

沉积在脾脏
糖尿病、脾脏炎、出血症、肌肉松弛下垂

沉积在肾脏
肾囊肿、肾结石、尿毒症

沉积在盆腔
子宫肌瘤、卵巢囊肿、宫颈癌、卵巢癌

沉积在大脑
记忆力下降、脱发、脑梗、脑血栓、脑癌

沉积在肺脏
肺炎、肺气肿、肺癌、肺结核

沉积在肠胃
胃胀、胃炎、胃溃疡、便秘、痔疮、肠炎

沉积在骨髓
关节风湿、白血病、骨质增生

沉积在血管
高血压、红血丝、大脑供血不足

沉积在肌肉
肌肉酸、胀痛

图3-6 重金属沉积对人体的危害

（1）Cd　Cd的半衰期长，能在生物体内长时间积累，是一种毒性极强的累积性环境污染物，所有化学形态都对人有毒。Cd的化合物大多溶于水，易被人体吸收。进入人体内的Cd主要分布于胃、肝、胰腺和甲状腺内，其次是胆囊、男性睾丸和骨骼中。Cd对肾脏有慢性毒性，表现为细胞内溶酶体增多、增大，线粒体肿胀变形，出现蛋白尿、糖尿及氨基酸尿；Cd能取代骨骼中的Ca，使骨骼严重软化，日本"痛痛病"事件便是由Cd中毒引起的；Cd能引起胃功能失调。

（2）Pb　Pb可通过皮肤、消化道和呼吸道进入人体，是作用于全身各个器官和系统的重金属。Pb对人体危害较大，在人体中累积后会引起中毒，但中毒后症状发展缓慢、毒性隐蔽，在发作前不易察觉。Pb进入人体后，通过血液循环流入人体各器官，主要分布在脾脏、脑、肾、肝脏和肺中，90%以不溶性的磷酸铅形式沉淀于骨骼，造成肌体Pb中毒；其余主要通过肾脏随尿液排出人体外，也有少量经唾液和汗液排出。Pb可能损害骨髓造血系统、神经系统和心血管系统等。Pb污染的毒性效应之一是贫血症，因为Pb可以抑制血红蛋白的合成，导致溶血性贫血、神经功能失调、肾损伤等。Pb侵入人体后会随着血液流入脑部，损伤大脑皮层和小脑，干扰代谢活动，导致营养物质和氧气供应不足，使脑内毛细血管内皮细胞肿胀、血流淤积、血管痉挛，造成脑贫血和脑水肿，发展成为高血压脑病。

（3）Cr　土壤中的Cr主要为三价和六价。三价Cr毒性仅为六价Cr的1%，误食、饮用后可导致腹部不适及腹泻等中毒症状，还可引起过敏性皮炎或湿疹；若吸入，则会对呼吸道产生一定的刺激和腐蚀，引起鼻炎、咽炎、支气管炎等。六价Cr易溶于水，对皮肤有刺激性和过敏作用，接触部位可能出现皮炎，若接触部位有伤口，可能因为腐蚀作用导致铬疮；六价Cr对呼吸系统的损害表现为鼻炎、咽喉炎和肺炎，严重时导致鼻中隔黏膜或咽喉出血，甚至导致鼻中隔穿孔；六价Cr经消化道进入人体后，会导致人味觉和嗅觉减退甚至消失，同时引起胃肠功能紊乱。

（4）As　As的化合物均有剧毒，三价As比五价As毒性更强，有机As比无机As毒性更强。当人对As的摄入量超过排泄量时，As就会在人的肝脏、肾脏、肺、子宫、胎盘、骨骼、肌肉等部位蓄积，并与人体细胞中的酶结合，使酶受抑制而失活；As 还会在毛发和指甲中蓄积，引起 As 慢性中毒。

（5）Zn　Zn 是人必需的元素之一，人体内含 Zn 的酶有 80 余种，Zn 参与核酸和蛋白质的代谢过程。Zn 的缺乏会造成先天畸形，引起智力缺陷和神经功能异常，导致糖尿病和高血压等疾病。但是，摄入过量的 Zn 亦会有不利影响。大量的 Zn 能抑制吞噬细胞的活性和杀菌能力，从而降低人体免疫力，使人抵抗力减弱，从而危害人体健康；从食物中摄入过量 Zn 后，会引起急性胃肠炎症状，主要表现为头晕、恶心、周身乏力、呕吐、腹泻等；长期接触 Zn 也会对皮肤和黏膜造成刺激。

（6）Ni　镍（Ni）在地球中的含量仅次于硅、氧、铁、镁，居第五位。土壤中的镍主要来源为矿物岩石风化、大气降尘、灌溉用水等。植物生长和农业排水又会从土壤中带走镍，并通过食物链对人体造成危害。土壤理化性质（如 pH、有机质、无机配体、氧化还原电位和阳离子交换量等）、土壤污染时间、镍的形态和土壤中的其他生物及非生物因素（如温度）对镍的毒性具有显著的影响。镍对植物的毒性效应主要表现为抑制植物生长和降低其生物量等，对土壤微生物群落的发展和活动、菌丝的生长、孢子的形成和萌发等也具有一定的抑制作用。镍具有蓄积作用，通过消化道食入、呼吸吸入和表皮吸收等方式进入人体，可引起皮炎和气管炎，甚至发生肺炎，在肾、脾、肝中蓄积最多，可诱发鼻癌和肺癌。镍对机体的毒理一直是近半个世纪来环境科学研究中的重点和热点问题，有关镍对人体的危害效应及其毒性作用机制的研究已发展到分子水平。

（7）Cu　铜是人体必需的微量元素之一，但铜也是一种常见的环境污染物，铜在体内蓄积到一定程度后即可对人体健康产生危害。人体吸入过量铜，表现为肝豆状核变性，这是一种染色体隐性疾病，可能是由于体内重要器官如肝、肾、脑沉积过量的铜而引起的。皮肤接触铜化合物可发生皮炎和湿疹，在接触高浓度含铜化合物时可发生皮肤坏死。眼接触铜盐可发生结膜炎和眼睑水肿，严重者可导致眼浑浊和溃疡等。

第4章 硫铁矿区土壤污染风险评价与管控模式

4.1 硫铁矿区概念模型构建

概念模型是帮助技术人员有效梳理、编辑和整合评价对象信息的有力工具，概念模型的构建对土壤污染风险评价和风险管控至关重要。在污染场地管理和污染场地修复过程中，地块概念模型（conceptual site model，CSM）已逐渐成为最重要的模型工具之一，模型的构建和更新修订贯穿污染地块初步调查、详细调查、范围划定、修复或管控设计、施工、场地验收和竣工整个过程，并在整个过程中发挥着重要作用。构建硫铁矿区概念模型，对矿区环境背景、污染物已发生或潜在暴露、污染物迁移归趋行为进行综合描述，准确识别硫铁矿区"污染源-暴露途径-受体"之间的关系，并通过三维立体的形式直观地反映硫铁矿区复杂的污染情况，对硫铁矿区土壤污染风险评估与管控起到举足轻重的作用。

4.1.1 概念模型构建基本原则

硫铁矿区概念模型的构建需要不断验证矿区条件、更新信息，受工作投入程度和目标、矿区复杂程度、矿区特征以及风险评估和管控过程中各种不确定性的影响。硫铁矿区概念模型构建过程要基于科学性、可行性、系统性和动态性的原则开展。

（1）科学性原则 综合考虑硫铁矿区自然环境、污染源分布、暴露途径和最终受体，同时结合矿区风险管控或修复目标、技术、时间、成本和社会环境等因素，采用科学的方法分析"污染源-暴露途径-受体"之间的关系。

（2）可行性原则 对硫铁矿区的深入了解是构建矿区概念模型的关键，因此通常需要持续收集更多的矿区信息。一些数据可由现场踏勘走访获取，而绝大部分数据来自深入调查，在概念模型构建过程中要充分考虑获取数据信息的可行性。

（3）系统性原则 硫铁矿区概念模型构建应兼顾土壤、地下水、地表水、大气乃至植物等迁移途径，统筹考虑矿区风险评估、风险管控与修复、技术选择、管控与修复实施、竣工验收及后续维护全过程。

（4）动态性原则 硫铁矿区概念模型可呈现矿区在不同阶段的状态，需要在各阶段不断收集、更新数据以填补信息缺口，随着数据积累动态更新概念模型，减少硫铁矿区环境污染的不确定性。

4.1.2 概念模型构建途径

（1）数据的获取　硫铁矿区概念模型应根据不断扩大的矿区数据量来构建，数据的获取始终受到项目预算限制，因此，随着项目进展从初步调查到详细调查、从风险管控或修复方案设计阶段到施工实施阶段，数据量将随着投入的增加而不断增加。概念模型构建数据获取常见技术详见表4-1。

表 4-1　概念模型构建数据获取常见技术

高成本定量技术	低成本半定量技术
• 钻孔记录和开挖记录 • 土壤和地下水等采样和分析	• 现场快速检测筛选（便携式重金属检测仪、便携式挥发性有机物检测仪等） • 钻孔记录（压汞法等） • 地表地球物理学技术

（2）模型构建过程　构建硫铁矿区概念模型，需要在矿区风险管控或有关的调查、风险评估、方案设计、实施和验收等各个阶段，通过有效的数据收集，明确以下信息：①矿区应关注的污染物；②矿区潜在污染区域分布；③矿区土壤风险管控范围和目标；④污染物的迁移途径和影响因素；⑤矿区水文地质条件及对污染物迁移的影响；⑥受体分布情况；⑦暴露途径。

硫铁矿区概念模型构建应该贯穿硫铁矿区风险管控或修复的始终，通过不断深入的数据资料积累、解析，优化概念模型，并评估现场发现的情况是否与概念模型一致，及时根据最新数据进行调整，减少矿区环境条件的不确定性，使其能有效指导技术人员在风险识别、技术选择、管控或修复实施、效果评估、竣工验收以及后续维护等方面作出关键决策。硫铁矿区概念模型构建过程详见表4-2。

表 4-2　硫铁矿区概念模型构建过程

构建阶段	概念模型构建工作内容
资料收集与现场踏勘	① 根据矿种性质、采选工艺、产污环节及周边污染源等资料收集情况，初步确定了应重点关注的污染物，此阶段尚不能准确确定应重点关注的污染物 ② 通过现场踏勘、人员访谈、资料收集，可确定硫铁矿区周边受体分布情况 ③ 硫铁矿开采区、采选设施设备、尾矿库、环境处理设施等潜在污染区域已明确，并且可能已经在这些区域中的某些地点识别出一些土壤和地下水污染，但是污染程度、迁移程度尚不清楚，而且当地水文地质条件和理化条件对污染物的影响也是未知的 此阶段，可构建简单的概念模型，显示硫铁矿区的初步情况
矿区调查评估	① 可通过土壤调查明确硫铁矿区土壤和地下水存在的污染物、污染程度，基本能准确确定矿区关注污染物，并初步确定地下水污染羽，然而调查并不能完全准确描述所有区域的污染情况 ② 通过开展水文地质调查了解硫铁矿区包气带和含水层性质，地下水类型、埋深、补径排等情况 此阶段，构建的概念模型可以直观显示矿区内水文地质情况和污染物的迁移分布，对硫铁矿区的不确定性作出进一步阐明
管控或修复设计	① 进行土壤和地下水修复试验（包括土工试验），并在此过程中收集更多现场数据，填补上一阶段调查中所发现的数据空白 ② 对上一阶段中未探明的部分继续进行调查，例如高渗透性土壤层的划定和试验，进一步增加现场条件详细信息，确定污染物迁移的主要路径 此阶段，需更新上阶段构建的概念模型，并针对不同位置调整相应的修复处理方案

构建阶段	概念模型构建工作内容
管控或修复过程	在管控或修复过程,若发现了比预期更高的污染物浓度,或一些地区土壤或地下水污染的横向范围大于预期,而一些地区的范围小于预期,则需要更新概念模型 此阶段,通过对概念模型的更新,显示修复阶段中地层变化和污染浓度、深度变化造成的影响,反映现场修复验收过程中非常重要的细节变更
管控或修复竣工验收	竣工和验收阶段,需要充分考量在整个管控或修复过程中发现的预期外各种变量的影响,通过概念模型将整个管控或修复过程中的变更整合在一起,提供一份翔实的硫铁矿区风险管控或修复前后环境风险变化情况报告

4.1.3 硫铁矿区概念模型

硫铁矿区概念模型与目前污染场地概念模型类似,将与硫铁矿区有关的所有数据和信息(包括矿区的基本信息,地质、水文地质条件,污染来源、历史、分布、程度、迁移途径,可能的污染暴露介质、途径和潜在的污染受体)通过直观的三维图形予以呈现。图4-1显示了典型概念模型。

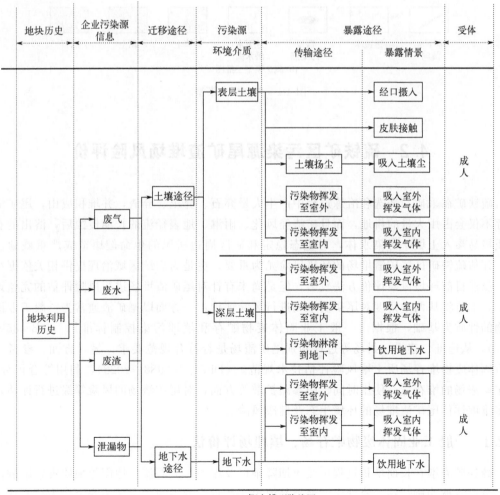

(a) 概念模型路线图

图 4-1

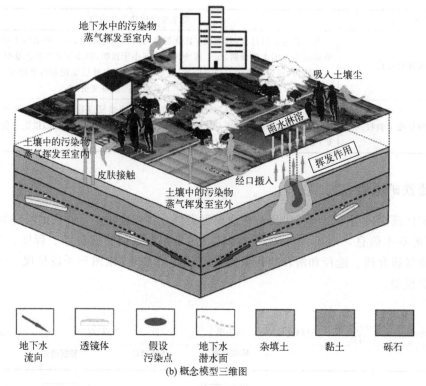

图 4-1　典型概念模型

4.2　硫铁矿区污染源尾矿渣堆场风险评价

　　硫铁矿在采矿、洗选和冶炼过程中产生大量弃石、弃土、弃渣，并堆积成山，尾矿渣的堆存不仅会占用大量的耕地，而且矿渣经风化、雨淋、地表径流的长期侵蚀后，溶出的有害物质极易渗入土壤，污染水体，对生态稳定和矿区周边居民的生命健康造成严重威胁。因此，评估硫铁矿区尾矿渣堆场的环境风险尤为重要，更是为后续区域治理提供相关依据和支持。虽然目前环境风险评价方法较多，但是尚未有针对尾矿渣堆场进行风险评估的完整评价体系，本节将从两个角度对尾矿渣堆场进行风险评价：一方面以尾矿渣通常为一般工业固体废物的性质为基础，根据《一般工业固体废物贮存和填埋污染控制标准》（GB 18599—2020），从选址、建设、封场等过程判别尾矿渣场是否符合规范要求；另一方面，参考《四川省固体废物堆存场所土壤风险评估技术规范》（DB51/T 2988—2022），利用综合评分法，从尾矿渣场的堆存量、使用时间、防渗漏扩散等方面，对尾矿渣场的风险等级进行评估，以期多维度评估尾矿渣堆场的环境生态及健康风险。

4.2.1　一般工业固体废物贮存场、填埋场评价法

　　硫铁矿渣堆在长期堆积过程中受汛期降雨以及塌方、泥石流、地震等地质灾害影响，导致部分废渣被冲刷迁移，渣堆渗滤液极易流出，严重影响周边生态环境安全。为综合评价硫铁矿区渣堆场的整体风险水平，应根据渣堆场的实际情况，参照《一般工业固体废物贮存和

填埋污染控制标准》（GB 18599—2020），对比诊断分析所存在的问题，综合确定渣场的风险水平。评估主要内容包括：选址要求，贮存场、填埋场的技术要求，入场要求，贮存场、填埋场的运行要求，封场与复垦要求，污染物监测要求，等等。其技术流程见图 4-2。

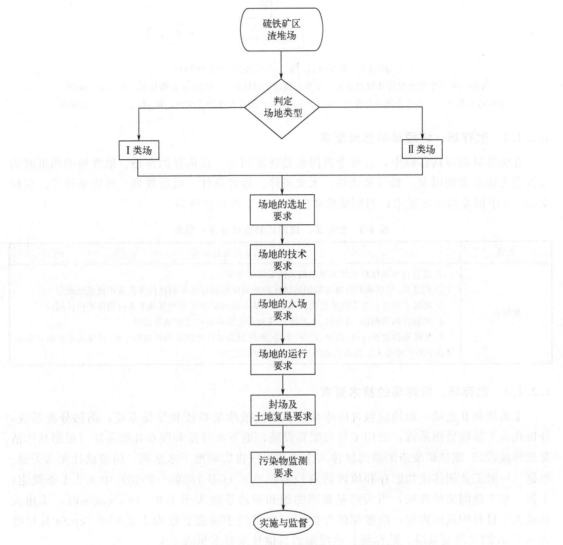

图 4-2 硫铁矿区渣堆场风险评估技术流程图

4.2.1.1 确定贮存场、填埋场的类型

根据《一般工业固体废物贮存和填埋污染控制标准》（GB 18599—2020），第 I 类一般工业固体废物应满足以下要求：①按照《固体废物浸出毒性浸出方法 水平振荡法》（HJ 557—2010）规定方法进行浸出实验获得的浸出液中，任何一种污染物的浓度均未超过《污水综合排放标准》（GB 8978—1996）最高允许排放浓度的一般工业固体废物；②pH 值在 6～9 范围之内的一般工业固体废物。

堆存第 I 类一般工业固体废物的贮存场、填埋场为第一类场，简称 I 类场。将不满足第 I 类一般工业固体废物要求的一般工业固体废物定义为第 II 类一般工业固体废物，堆存第 II 类一般工业固体废物的贮存场、填埋场为第二类场，简称 II 类场。矿渣贮存场、填埋场的类型判别见图 4-3。

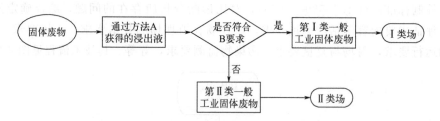

图 4-3　矿渣贮存场、填埋场的类型判别图

[A 指《固体废物浸出毒性浸出方法　水平振荡法》(HJ 557—2010);B 指任何一种特征污染物
浓度均未超过《污水综合排放标准》(GB 8978—1996)最高允许排放浓度,且 pH 值在 6～9 范围内]

4.2.1.2　贮存场、填埋场的选址要求

在渣堆风险评估过程中,首要考虑因素是选址问题。在选择贮存场、填埋场的场址时需要综合考虑多方面因素,如气象条件、水文条件、地理条件、政府规划、地质条件等。应根据表 4-3 中提及的各项要求,判别硫铁矿渣堆选址是否符合规范。

表 4-3　贮存场、填埋场的选址要求一览表

类别	Ⅰ类、Ⅱ类场址要求
相同点	① 应符合环境保护法律法规及相关法定规划要求 ② 贮存场、填埋场的位置与周边居民区的距离应依据环境影响评价文件及审批意见确定 ③ 场址不得选在生态保护红线区域、永久基本农田集中区域和其他需要特别保护的区域内 ④ 应避开活动断层、溶洞区、天然滑坡或泥石流影响区以及湿地等区域 ⑤ 场址不得选在江河、湖泊、运河、渠道、水库最高水位线以下的滩地和岸坡,以及国家和地方长远规划中的水库等人工蓄水设施的淹没区和保护区之内

4.2.1.3　贮存场、填埋场的技术要求

Ⅰ类场和Ⅱ类场一般均应包含防渗系统、渗滤液收集系统和导排系统,雨污分流系统,分析化验与环境监测系统,公用工程和配套设施,地下水导排和废水处理系统(根据具体情况选择设置)。硫铁矿废渣的渗滤液渗入土壤和岩层将影响地下水水质,防渗设计尤为关键。根据《一般工业固体废物贮存和填埋污染控制标准》(GB 18599—2020)中 5.2.1 条规定:Ⅰ类一般工业固废填埋场,当天然基础层的饱和渗透系数大于 1.0×10^{-5} cm/s 时,采用天然或人工材料构筑防渗层,防渗层的性能应至少相当于渗透系数为 1.0×10^{-5} cm/s 且厚度为 0.75m 的天然基础层。贮存场、填埋场的其他技术要求见表 4-4。

表 4-4　贮存场、填埋场的技术要求一览表

类别	Ⅰ类场址要求	Ⅱ类场址要求
相同点	① 防洪标准应按照重现期不小于 50 年一遇洪水位设计,国家已有标准提出更高要求的除外 ② 贮存场及填埋场渗滤液收集防渗要求不低于对应的防渗要求	
不同点	当天然基础层饱和渗透系数不大于 1.0×10^{-5} cm/s,且厚度不小于 0.75m 时,可以采用天然基础层作为防渗衬层;当天然基础层不能满足上述防渗要求时,可采用改性压实黏土类衬层或具有同等以上隔水效力的其他材料防渗衬层	① 应采用单层人工复合衬层作为防渗衬层 ② 渣场基础层表面应与地下水最高水位保持 1.5m 以上距离,若不足 1.5m 则应建设地下水导排系统 ③ 应设置渗漏监控系统,包括但不限于防渗衬层渗漏监测设备、地下水监测井 ④ 人工合成材料衬层、渗滤液收集和导排系统的施工不应对黏土衬层造成破坏

4.2.1.4　贮存场、填埋场的入场要求

严格控制进入贮存场和填埋场的一般工业固体废物是确保场地有效运行的强力保障。在硫铁矿渣堆风险评估过程中，应将渣堆实际堆存情况和规范要求进行对比，禁止危险废物、生活垃圾和一般工业固废混合堆放。《一般工业固体废物贮存和填埋污染控制标准》（GB 18599—2020）对进入堆场的一般工业固体废物的有机质含量和水溶性盐指标进行了限定，具体要求见表4-5。

表4-5　入场要求一览表

类别	Ⅰ类场址要求	Ⅱ类场址要求
相同点	① 不相容的一般工业固废应分区贮存和填埋 ② 危险废物和生活垃圾不得进入一般工业固废贮存场和填埋场	
不同点	① 第Ⅰ类一般工业固体废物（包括第Ⅱ类一般工业固体废物经处理后属于第Ⅰ类一般工业固体废物的） ② 有机质含量小于2%（煤矸石除外） ③ 水溶性盐总量小于2%	① 有机质含量小于5%（煤矸石除外） ② 水溶性盐总量小于5%

4.2.1.5　贮存场、填埋场的运行要求

填埋场的效能发挥与规范运行和严格管理关系密切。贮存场和填埋场的运行要求囊括场地投入运行前的环境应急预案和应急处置措施，运行过程中的计划制定、档案管理和污水、废气、噪声等污染物排放，等等，均应符合表4-6的相关要求。

表4-6　贮存场和填埋场的运行要求一览表

类别	Ⅰ类、Ⅱ类场址要求
相同点	① 贮存场、填埋场投入运行前，企业应制定突发环境事件应急预案 ② 制定运行计划，运行管理人员应定期参加企业的岗位培训 ③ 贮存场、填埋场的使用单位应建立档案管理制度，按照国家档案管理等法律法规进行整理与归档，永久保存 ④ 贮存场、填埋场的环境保护图形标志应符合《环境保护图形标志　固体废物贮存（处置）场》（GB 15562.2—1995）规定，并应定期检查和维护 ⑤ 对于易产生扬尘的贮存场或填埋场采取有效防尘措施 ⑥ 贮存场或填埋场产生的渗滤液、废气以及排放的噪声、恶臭污染物处理后应符合国家或地方排放标准

4.2.1.6　封场及土地复垦要求

每个填埋场都有自身所能存储的最大容量及服务年限，当填埋的废物数量达到填埋场所能存储的最大容量或填埋场废弃时，需要对填埋场进行封场。封场的目的是利于环境保护，防止发生次生灾害。若不进行规范封场，雨水会不断下渗，使渗滤液的产量加大，增加处理系统运行负担。此外，填埋场会不断产生有害气体，封场可以隔绝有害气体或者对其集中收集处理，以防止对周边环境造成污染。还可以在封场的最上层覆盖土壤，种植植被修复生态。按照表4-7对渣堆的封场和土地复垦进行评估，判断其是否满足规范要求。

表 4-7　场地封场及土地复垦要求一览表

类别	Ⅰ类场要求	Ⅱ类场要求
相同点	① 当启动封场作业时,应采取相应的污染防治措施;封场时间和封场过程应执行相关行政法规和管理规定 ② 关闭或封场时,应合理设计表面坡度,防止雨水侵蚀 ③ 封场后对覆盖层进行维护管理,防止其不均匀沉降、开裂 ④ 关闭或封场后应设置标志物,注明关闭或封场时间以及使用该土地时应注意的事项 ⑤ 封场后,渗滤液处理系统、废水排放监测系统应继续正常运转,直到连续 2 年内没有渗滤液产生或产生的渗滤液未经处理即可稳定达标排放 ⑥ 历史堆存一般工业固体废物堆场经评估确定环境风险可接受时,可进行封场或土地复垦作业	
不同点	封场一般应覆盖土层,其厚度视具体情况确定	封场结构应包括阻隔层、雨水导排层、覆盖土层

4.2.1.7　污染物监测要求

硫铁矿废渣填埋的根本目的是实现无害化,渣堆填埋场应最大程度减少对周围环境的污染,以符合我国相关法律法规,同时不能对周围的环境产生二次污染,如大气污染、水污染、噪声污染等。在填埋前后都要对渣堆填埋场各项污染指标进行监测。具体要求见表 4-8。

表 4-8　场地污染物监测要求一览表

类别	Ⅰ类、Ⅱ类场要求
相同点	① 企业对污染物排放状况及对周边环境质量的影响开展自行监测,并公开监测结果 ② 企业按照规范要求,设计、建设、维护永久性采样口、采样测试平台和排污口标志 ③ 根据废物特性、覆盖层和降水等条件确定渗滤液及排放废水污染物的监测频次,并进行监测 ④ 建设、布置地下水监测井,对渣堆填埋场地下水进行监测 ⑤ 针对项目建设、运行、封场后等不同阶段可能排放至地表水中的污染物进行采样监测 ⑥ 运行期间,企业应对大气开展自行监测 ⑦ 在贮存场、填埋场投入使用之前、运行时,企业应对土壤环境质量开展自行监测

根据硫铁矿区堆场的实际情况,综合上述矿渣贮存场和填埋场的选址要求、技术要求、入场要求、运行要求、封场及土地复垦要求和污染物监测要求六个方面,判断堆场是否存在较大环境风险,以此进行下一步风险管控。

4.2.2　综合评分法

综合评分法是在尾矿渣场及周边环境质量评价的基础上,参照《四川省固体废物堆存场所土壤风险评估技术规范》(DB51/T 2988—2022),从堆存量、堆存场所状态、防渗漏扩散措施等多个方面对堆场进行风险评估,根据堆存场所及周边土壤风险评估结果,提出尾矿渣场及周边土壤污染风险管控对策。

4.2.2.1　尾矿渣场及周边环境质量评价

(1) 尾矿渣场及区域建设用地土壤环境质量评价　根据前期土壤污染状况调查结果,参照《土壤环境质量 建设用地土壤污染风险管控标准(试行)》(GB 36600—2018)对硫铁矿堆存场所及区域建设用地土壤环境质量进行现状评价，开展对照点与监测点污染物含量对比及土壤污染物含量变化趋势预测与评价。

（2）尾矿渣场周边农用地及其他用地土壤环境质量评价 根据前期土壤污染状况调查结果，参照《土壤环境质量 农用地土壤污染风险管控标准（试行）》（GB 15618—2018）及国家土壤环境质量监测相关文件的技术规定对硫铁矿堆存场所周边农用地及其他用地土壤环境质量进行现状评价，开展对照点与监测点污染物含量对比及土壤污染物含量变化趋势预测与评价。针对《土壤环境质量 农用地土壤污染风险管控标准（试行）》（GB 15618—2018）未涉及的指标，可参照《土壤环境质量 建设用地土壤污染风险管控标准（试行）》（GB 36600—2018）对硫铁矿堆存场所周边农用地及其他用地土壤环境质量进行现状评价。

（3）尾矿渣场周边水环境质量评价 根据地下水、地表水检测结果以及区域内地表水和地下水使用功能，参照《地下水质量标准》（GB/T 14848—2017）和《地表水环境质量标准》（GB 3838—2002）对硫铁矿堆存场所周边水环境质量进行现状评价。

4.2.2.2 尾矿渣场土壤风险评估

根据《一般工业固体废物贮存和填埋污染控制标准》（GB 18599—2020），可判别硫铁矿堆场堆存矿渣是否为一般工业固体废物，并确定堆存物为Ⅰ类或Ⅱ类一般工业固体废物，结合土壤污染状况调查结果，分析堆场周围存在潜在污染的区域，根据堆场潜在污染区域面积大小，由小到大将堆场划分为以下三个类别，分别为：

① 面积≤1万平方米；

② 面积在1万～5万平方米之间；

③ 面积≥5万平方米。

根据堆存物类型和堆场潜在污染区域面积可确定其在评估过程中的权重。综合考虑土壤污染状况调查检测结果、堆存量、堆存场所潜在污染影响范围内敏感目标分布情况、防渗漏措施、防流失和防滑坡设施等因素，对堆存场区域进行土壤风险评估。

当第二阶段土壤污染状况调查出现土壤、地下水、地表水污染物含量超标或土壤污染物含量未超标但为清洁对照点2倍及以上，并经不确定性分析判定超标是由堆存场所导致时，堆存场所风险等级直接判定为高风险。

当第二阶段土壤污染状况调查不存在土壤、地下水、地表水污染物含量超标且土壤污染物含量小于清洁对照点2倍时，采用综合评分法评估堆存场所土壤环境风险。根据影响堆存场所土壤环境风险的因素，分别对6个因素的相对重要性进行评估赋分：尾矿渣堆存量规模（10分）、尾矿渣堆存场所状态及投入使用时间（10分）、潜在污染影响范围内敏感目标分布情况（20分）、防渗漏措施（35分）、防流失和防滑坡措施（15分）、防扬散措施（10分）。具体见图4-4。

（1）指标选取 采用综合评分法对矿渣堆场进行风险评估，指标选取是关键。一个完整的矿渣堆场环境风险评价体系的评价指标数量较多，因此，本节根据《尾矿库环境风险评估技术导则（试行）》（HJ 740—2015）、《四川省固体废物堆存场所土壤风险评估技术规范》（DB51/T 2988—2022）等相关标准选取以下指标作为综合评分法的关键指标。

① 堆存量。按照堆存量的大小将堆场分为小型、中型、较大型和大型（表4-9）。

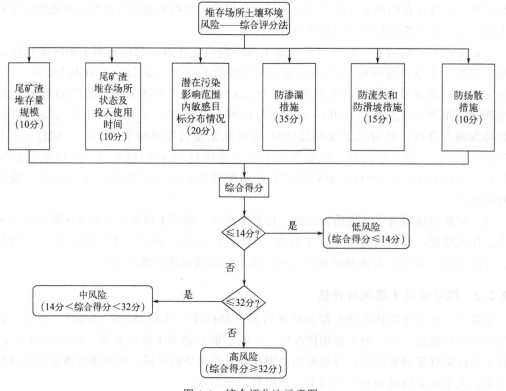

图 4-4　综合评分法示意图

表 4-9　矿渣堆场堆存量分级表

堆存量/10⁴t	≤10	>10～<100	≥100～<1000	≥1000
分级	小型	中型	较大型	大型

② 堆存场所状态及投入使用时间。根据堆存场所实际状态可分为运营期和封场期，场所投入时间划分为三个等级，分别为 5 年及以下、5～10 年和 10 年及以上。

③ 潜在污染影响范围内敏感目标分布情况。选取以下三个指标作为潜在污染影响范围内敏感目标分布情况评价的指标：a.是否存在饮用水水源地或自然保护区；b.是否存在居民区、学校、医院、疗养院等；c.是否存在耕地、园地、牧草地。

④ 防渗漏措施。防渗漏措施的评价囊括防渗系统、渗滤液导排收集处理、防渗层渗漏检测和地下水监测井四个方面。

⑤ 防流失和防滑坡设施。矿渣堆场的防流失和防滑坡设施分为运营期和封场期。处于运营期的矿渣堆场需考虑挡土墙和雨水导排水沟等雨污分流系统，防止渣体因雨水等天气条件而发生垮塌。对于已经封场的矿渣堆场，根据表层覆土或植被种植、雨水导排水沟等雨污分流系统和挡土墙三个指标进行评估。

⑥ 防扬散措施。矿渣堆场在堆放过程中，可能会产生扬尘甚至有毒气体，污染大气环境，因而防扬散措施是综合评价体系中的重要指标。防扬散措施指标同样分为运营期和封场期，根据现场状态的不同做出不同要求。在矿渣堆场运营期，洒水降尘和加盖防尘苫布是否规范是主要评价指标；在矿渣堆场封场期，主要评价表层覆土和渣体进场后是否及时压实。

(2) 风险等级　堆存场所土壤风险评估综合得分计算方法见式(4-1)。

$$R=A_WA_R+P_WP_R+Y_WY_R+E_WE_R+L_WL_R+S_WS_R \tag{4-1}$$

式中　　R——堆存场所土壤风险评估综合得分；

A——堆存量规模；

P——堆存场所状态及投入使用时间；

Y——堆存场所潜在污染影响范围内敏感目标分布情况；

E——防渗漏措施；

L——防流失和防滑坡设施；

S——防扬散设施；

下标 W 和 R——各指标的分值和权重值，数值选取参考表 4-10。

根据综合得分判别堆存场所的风险等级，计算综合得分＜25分，堆存场所风险等级判别为低风险；25 分≤综合得分＜55 分，堆存场所风险等级判别为中风险；综合得分≥55分，堆存场所风险等级判别为高风险。根据得出的矿渣堆场风险等级，结合防渗漏措施、防扬散措施等评价指标方面的特征，针对性地制定相应风险管控政策。

表 4-10　矿渣堆场土壤风险评估体系各指标分值和权重赋值表

项目			一般工业固体废物					
			第Ⅰ类			第Ⅱ类		
潜在污染影响面积/$10^4 m^2$			≤1	>1~<5	≥5	≤1	>1~<5	≥5
堆存量 (A)(15分)/10^4t		小型(≤10)	0.20	0.35	0.50	0.40	0.55	0.65
		中型(>10~<100)	0.30	0.45	0.60	0.50	0.65	0.75
		较大型(≥100~<1000)	0.40	0.55	0.70	0.60	0.75	0.85
		大型(≥1000)	0.50	0.65	0.80	0.70	0.85	0.95
堆存场所状态及投入使用时间(P)(15分)/a	运营期	≤5	0.20	0.35	0.50	0.40	0.55	0.65
		>5~<10	0.30	0.45	0.60	0.50	0.65	0.75
		≥10	0.40	0.55	0.70	0.60	0.75	0.85
	封场期	≤5	0.10	0.25	0.40	0.30	0.45	0.55
		>5~<10	0.20	0.35	0.50	0.40	0.55	0.65
		≥10	0.30	0.45	0.60	0.50	0.65	0.75
潜在污染影响范围内敏感目标分布情况(Y)(15分)	是否存在饮用水水源地或自然保护区(6分)	是	0.30	0.50	0.70	0.50	0.70	0.90
		否	0					
	是否存在居民区、学校、医院、疗养院等(5分)	是	0.30	0.50	0.70	0.50	0.70	0.90
		否	0					
	是否存在耕地、园地、牧草地(4分)	是	0.30	0.50	0.70	0.50	0.70	0.90
		否	0					
防渗漏措施(E)(30分)	防渗系统是否完善(10分)	是	0					
		否	0.40	0.60	0.75	0.60	0.80	0.95
	渗滤液导排收集处理是否完善(10分)	是	0					
		否	0.40	0.60	0.75	0.60	0.80	0.95
	防渗层渗漏检测是否完善(5分)	是	0					
		否	0.40	0.60	0.75	0.60	0.80	0.95
	地下水监测井是否完善(5分)	是	0					
		否	0.40	0.60	0.75	0.60	0.80	0.95

项目				一般工业固体废物					
				第Ⅰ类			第Ⅱ类		
防流失、防滑坡措施(L)(15分)	运营期	雨水导排水沟等雨污分流系统是否完善(8分)	是	0					
			否	0.30	0.50	0.70	0.50	0.70	0.90
		挡土墙是否完善(7分)	是	0					
			否	0.30	0.50	0.70	0.50	0.70	0.90
	封场期	是否进行表层覆土或植被种植(5分)	是	0					
			否	0.30	0.50	0.70	0.50	0.70	0.90
		雨水导排水沟等雨污分流系统是否完善(5分)	是	0					
			否	0.30	0.50	0.70	0.50	0.70	0.90
		挡土墙是否完善(5分)	是	0					
			否	0.30	0.50	0.70	0.50	0.70	0.90
防扬散措施(S)(10分)	运营期	洒水降尘是否规范(5分)	是	0					
			否	0.30	0.50	0.70	0.50	0.70	0.90
		加盖防尘苫布是否规范(5分)	是	0					
			否	0.30	0.50	0.70	0.50	0.70	0.90
	封场期	表层覆土是否规范(5分)	是	0					
			否	0.30	0.50	0.70	0.50	0.70	0.90
		是否及时进行压实(5分)	是	0					
			否	0.30	0.50	0.70	0.50	0.70	0.90

4.3 硫铁矿区土壤污染风险评价

在硫铁矿区开采冶炼过程中,采矿废水和选矿废液的直接排放,矿渣的堆存和淋溶,使矿区土壤中富集大量重金属,对周围生态环境和居民身体健康造成严重危害,因此需要对矿区及周边土壤进行全面评价,依据其对环境和人体的危害性大小,采用不同方法和手段进行管控或修复。

硫铁矿区土壤污染环境风险评价包括生态风险评价和健康风险评价:生态风险评价是评估由于一种或多种外界因素导致可能发生或正在发生的不利生态影响的过程,也指对暴露在污染环境下给植物、动物和环境带来的潜在不利影响进行预测与评价的过程,主要包括危害识别、暴露评价、剂量-反应评价和风险表征四大要素;健康风险评价则是对化学、生物、物理或社会等因子给特定人群带来的潜在不利影响进行预测与评价的过程。

4.3.1 土壤污染生态风险评价

硫铁矿开采过程会对环境产生严重的影响,并由此引起生态系统的结构紊乱和功能衰减,因此矿区的生态风险评价尤为重要。硫铁矿区土壤污染生态风险评价是通过采集矿区载体中的数据来评价风险源在暴露过程中对矿区生态环境造成的影响,评价的对象不仅要考虑到生物个体和种群,还要考虑到群落,甚至整个生态系统,并通过科学、可靠的评价方法对人类活动所产生的生态效应进行评估，从而为科学管理和保护生态系统提供支持。

4.3.1.1　生态风险评价程序

美国国家环境保护署（EPA）自 1989 年起开始生态风险评价导则的制定工作，于 1992 年确定导则制定的工作大纲，于 1996 年公布指南草案。在之后的数年中，美国 EPA 连续公布针对不同生态系统的生态风险评价实例和相关技术规范，最终于 1998 年正式颁布《生态风险评价导则》。

我国生态风险评价理论和方法研究起步较晚，主要使用美国 EPA 颁布的《生态风险评价导则》中制定的方法，即"三步法"：①问题提出阶段，主要包括选择评价终点和提出评价中的有关假设，从而确定评价范围，制订评价计划；②分析阶段，主要包括分析暴露表征和生态效应表征两个方面；③风险表征阶段，包括风险估计和风险描述。硫铁矿区土壤生态风险评价框架如图 4-5 所示。

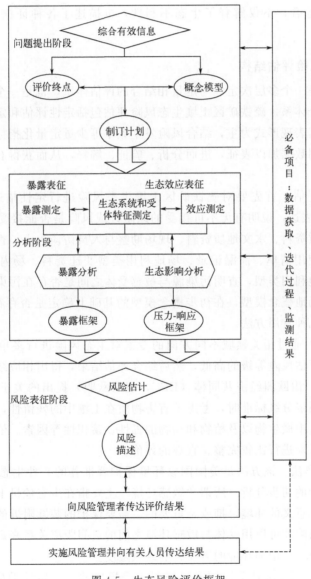

图 4-5　生态风险评价框架

第一阶段是问题提出阶段。这个阶段要明确评价的目的，找出问题，为分析阶段和风险表征阶段制订计划。问题提出的首要工作是综合关于源、压力、影响、生态系统和受体特征的有效信息，根据这些信息确定评价终点和概念模型。评价终点和概念模型确定的顺序没有规则，但对整个分析计划的完成是必要的。

第二阶段是分析阶段。受第一阶段问题提出的指导，这一阶段主要包括两方面内容：一方面通过研究数据决定压力下暴露可能发生的方式（暴露表征），另一方面研究暴露情况下可能发生的生态影响类型（生态效应表征）。分析的第一步是确定暴露、影响、生态系统和受体特征方面数据的优势和局限性。第二步进行数据分析，在概念模型所确定的场景下，描述生态响应和潜在或实际暴露的性质。最后得到暴露框架和压力-响应框架，为后续风险表征打下基础。

第三阶段是风险表征阶段。使暴露框架和压力-响应框架在风险评估过程中得以综合。风险表征将总结所有假设、科学不确定性以及分析的作用与局限性，完成对风险的描述。风险描述是对结果的综合，不仅解释了生态不利性，也描述了各种证据的排列顺序和不确定性。

4.3.1.2 多层次风险评估结构

风险评估程序是一个多层次定性与定量相结合的评估体系，也是一个将污染物迁移及暴露模型相结合的综合体系。硫铁矿区土壤生态风险评估包括定性评估和定量评估。定性评估以综述风险类型及其表现形式为主，结合风险发生频率等少量定量化指标做出评估。定量评估是对问题与现象用数据加以表征，进而分析、验证、解释，从而获得有意义数据的研究方法和过程。

（1）定性风险评估　首先要对硫铁矿区土壤生态风险进行定性描述，用"低""中""高"等描述性语言表达，说明有无不可接受的风险，或风险是否能接受，等等。定性风险评估以收集矿区地质资料、水文地质资料、现场勘察与人员访谈为主，查明场地固体废物管理及化学品储存和使用清单、泄漏记录、场地利用类型变迁资料、场内与周边环境敏感受体，并考虑未来土地利用类型，查明污染源与敏感受体之间是否存在污染传输途径，从而建立初步的硫铁矿区场地概念模型，在初步概念模型的基础上确定是否存在污染源-暴露途径-受体关系。以下是几种常用方法。

① 专家判断法。通过相关领域不同方向的专家对生态风险进行多角度分析，判断是否有不可接受风险或评估风险等级的高低，然后综合评估结果，得出相应结论。

② 风险分级法。由欧洲经济共同体（EEC，现为欧盟）提出的关于有毒有害物质生态风险评价方法，在制定分级标准时，考虑了有害物质在土壤中的残留性，在水和作物中的最高允许浓度，对土壤中微生物以及植物和动物的毒性、蓄积性等因素。依据该标准，对污染物引起的潜在生态风险进行比较完整、直观的评价。

③ 敏感环境距离法。该方法是美国国家环境保护署推荐的一种生态风险评价定性表征方法，用于风险评价的初步分析。所谓"敏感环境"主要指在生态危机下唯一的或脆弱的环境，或是有特别文化意义的环境，抑或是重要的、需要保护的装置附近的环境。在这种情况下，一种污染源的风险度可以用受体与敏感环境之间的空间距离关系来定性地评价，受体与敏感环境距离的缩短，会增加环境的潜在影响或风险度。

④ 比较评价法。该方法是美国国家环境保护署提出的一种定性的生态风险表征方法，

通过比较一系列环境问题的相对风险大小，通常经由行业专家判断，最后给出总的排序结论。

（2）定量风险评估 定量风险评估分为两个阶段，分别是通用定量风险评估和详细定量风险评估。第一阶段的任务是地质环境调查与污染调查，获取风险评估关键参数，建立场地初步概念模型，调查的具体内容包括采样与化学分析、查明场地内与周边敏感受体、总结土壤与地下水含水层特征、布置土壤和地下水采样点与监测点，目的是筛选去除无风险或低风险污染物，重点关注污染物则进入第二阶段进行详细定量风险评价；第二阶段是在辅助环境地质调查的基础上，更新场地概念模型包括暴露途径与地质水文模型，利用场地特征参数推导土壤与地下水基准值，并统一定义为目标修复值。

从原理上讲，矿区的定量风险评估要给出不利影响的概率，它是对受体暴露于污染土壤环境，造成不利影响的可能性的度量，风险 R 等于事故发生概率 P 和事件后果或严重性 S 的乘积：$R = PS$。实际评价时，由于研究对象不同、问题性质不同、定量的内容和量化的程度不同，表征方法也有很大区别，常用方法有指标体系法、风险度量模型法、层次分析法和系统不确定性分析法等。

4.3.1.3 生态风险评价方法

（1）地累积指数法 20世纪60年代末德国科学家 Müller 提出地累积指数，最早是用于研究沉积物等物质中重金属污染程度的定量指数，后来逐渐应用于土壤中污染物污染程度评估，即通过测量环境中的样本浓度与背景浓度计算得出，表达式如下：

$$I_{geo} = \log_2 \left(\frac{C_n}{B_n K} \right) \tag{4-2}$$

式中 I_{geo}——地累积指数；

C_n——元素 n 在土壤中的含量，mg/kg；

B_n——土壤中元素 n 的地球化学背景值，mg/kg；

K——考虑各地岩石差异可能会引起背景值变动选取的系数，一般为 1.5。

根据地累积指数，重金属污染程度可分为 7 个等级，具体见表 4-11。

表 4-11 地累积指数污染程度评价分级标准

地累积指数(I_{geo})	污染程度	地累积指数(I_{geo})	污染程度
$I_{geo} < 0$	无污染	$3 \leqslant I_{geo} < 4$	重度污染
$0 \leqslant I_{geo} < 1$	轻微污染	$4 \leqslant I_{geo} < 5$	严重污染
$1 \leqslant I_{geo} < 2$	轻度污染	$I_{geo} \geqslant 5$	极严重污染
$2 \leqslant I_{geo} < 3$	中度污染		

（2）潜在生态风险指数法 潜在生态风险指数法是由瑞典著名地球化学家 Hakanson 于 1980 年提出的，又称 Hakanson 指数法。它是在考虑重金属含量的基础上兼顾重金属的生物毒性建立起来的一套评价重金属污染及生态危害的方法。该方法引入毒性响应系数，将重金属的环境效应、生态效应与毒理学有效联系起来，反映多种重金属对生态环境的影响潜力，目前在重金属风险评价研究中应用较为广泛。计算公式如下：

$$C_f^i = \frac{C_i}{C_n^i} \tag{4-3}$$

$$E_r^i = T_r^i C_f^i \qquad (4\text{-}4)$$

$$RI = \sum_i E_r^i \qquad (4\text{-}5)$$

式中 E_r^i——单个重金属 i 潜在生态危害指数；

C_i——土壤中重金属 i 的实测浓度，mg/kg；

RI——多元素潜在生态风险指数；

T_r^i——单个重金属 i 的毒性响应系数；

C_f^i——重金属 i 污染参数；

C_n^i——每个元素对应的评价标准。

潜在生态风险评价分级标准如表 4-12 所示。

表 4-12　潜在生态风险评价分级标准

E_r^i 与污染程度		RI 与污染程度	
E_r^i	污染程度	RI	污染程度
$E_r^i \leqslant 40$	轻度	$RI < 150$	轻度
$40 < E_r^i \leqslant 80$	中等	$150 \leqslant RI < 300$	中等
$80 < E_r^i \leqslant 160$	强	$300 \leqslant RI < 600$	强
$160 < E_r^i \leqslant 320$	很强	$600 \leqslant RI < 1200$	很强
$E_r^i > 320$	极强	$RI \geqslant 1200$	极强

需要注意的是，根据 Hakanson 对 RI 的定义，其大小与污染物的种类和数量有关，污染物的数量越多、毒性越强，则 RI 值就越大。因此在具体应用 RI 进行生态风险评价时，必须根据硫铁矿区的污染物种类、数量及毒性响应系数对分级标准进行调整，否则评价结果比实际风险程度要么偏低，要么偏高。

（3）内梅罗指数法　内梅罗指数法是由美国学者内梅罗在《河流污染的科学分析》一书中提出的，该方法是目前国内外最常用的综合污染指数方法之一。该方法首先计算各因子的子指标（超标率倍数），然后计算子指标的平均值，最后计算最大子指标和平均值。

首先通过单因子评价，可以确定主要重金属污染物及其危害程度。污染程度一般用污染指数来表示，污染指数是将重金属含量的测定值与评价标准参考值进行比较计算得出的，表达式如下：

$$P_i = \frac{C_i}{S_i} \qquad (4\text{-}6)$$

式中 P_i——土壤中某一污染物 i 的单因子污染指数；

C_i——土壤中某一污染物 i 的实测浓度，mg/kg；

S_i——土壤中某一污染物 i 的评价标准参考值，mg/kg。

单因子指标只能反映单个重金属元素的污染程度，并不能全面反映土壤的污染状况，而综合污染指数考虑了平均值和单因子污染指数的最高价值，从而突出重金属污染物的作用。内梅罗综合污染指数的计算式如下：

$$P_N = \sqrt{\frac{P_{i\max}^2 + P_{i\text{avg}}^2}{2}} \qquad (4\text{-}7)$$

式中 P_N——土壤的内梅罗综合污染指数；

P_{imax}——土壤中单项污染指数的最大值，mg/kg；

P_{iavg}——土壤中所有单项污染指数的平均值，mg/kg。

内梅罗指数法生态风险评价分级标准见表 4-13。

表 4-13 内梅罗指数法生态风险评价分级标准

单因子污染指数		综合污染指数	
P_i	污染程度	P_N	污染程度
$P_i \leqslant 1$	清洁	$P_N \leqslant 0.7$	安全
$1 < P_i \leqslant 2$	安全	$0.7 < P_N \leqslant 1$	警戒
$2 < P_i \leqslant 3$	警戒	$1 < P_N \leqslant 2$	轻度污染
$P_i > 3$	污染	$2 < P_N \leqslant 3$	中度污染
—	—	$P_N > 3$	重度污染

（4）风险评价指数法 水生生物群落受重金属的影响可以通过很多沉积物风险评估技术分析，包括风险评价指数（RAC）法。沉积物中重金属的生物可利用性取决于重金属在沉积相中的不同化学形态。根据不同重金属与沉积物的结合能力以及重金属从沉积物释放到环境中的能力的大小，由弱酸可交换态与重金属总浓度的比值计算 RAC（%），评估重金属的生物风险影响，其计算公式为：

$$\mathrm{RAC} = \frac{S_A}{S_E} \times 100\% \tag{4-8}$$

式中 S_A——弱酸可交换态含量，mg/kg；

S_E——弱酸可交换态＋还原态＋可氧化态＋残余态即重金属总浓度，mg/kg。

类似其他环境评估指数，风险评价指数的值越大，表明生物威胁越大。风险评价指数的分级标准和生物风险程度描述见表 4-14。

表 4-14 风险评价指数分级标准和生物风险程度描述

分级	RAC/%	风险程度
1	RAC<1	无
2	1≤RAC≤10	低
3	10<RAC≤30	中等
4	30<RAC≤50	高
5	RAC>50	极高

（5）污染负荷指数法 污染负荷指数法主要反映污染物的污染等级对总体污染的贡献程度。场地土壤重金属污染负荷指数计算公式如下：

$$\mathrm{CF}_i = C_i / C_n \tag{4-9}$$

$$P = \sqrt[n]{\mathrm{CF}_1 \times \mathrm{CF}_2 \times \mathrm{CF}_3 \times \cdots \times \mathrm{CF}_n} \tag{4-10}$$

$$P_{\mathrm{zone}} = \sqrt[m]{P_1 \times P_2 \times P_3 \times \cdots \times P_m} \tag{4-11}$$

式中　CF_i——场地土壤中重金属 i 的污染指数；

C_i——场地土壤中重金属 i 的实际监测浓度，mg/kg；

C_n——场地土壤中重金属 i 的背景值，mg/kg；

P——场地土壤重金属某采样点重金属的污染负荷指数；

P_{zone}——场地土壤重金属总体污染负荷指数；

n——场地土壤采样的重金属种类数；

m——场地土壤重金属采样点个数。

其中，$P\leqslant1$ 为无污染；$1<P\leqslant2$ 为轻微污染；$2<P\leqslant3$ 为中度污染；$P>3$ 为重度污染。P_{zone} 与 P 的分级标准一致。

（6）重金属富集因子法　重金属富集因子（EF）法是评价样品中不同元素来自人为活动或自然源的常用方法之一，可以判断沉积物中重金属的污染程度。富集因子法需要选择参比元素用于校正富集因子，以降低自然风化作用、样品粒度变化和采样等过程对样品信息的影响。参比元素常选用地壳中丰度较高、化学性质稳定、分析精度高的低挥发性元素，常用的参比元素有 Al、Ti、Sc 等。富集因子的计算公式如下：

$$EF=\frac{(X/Al)_{样品}}{(X/Al)_{土壤背景}} \tag{4-12}$$

式中　　　EF——沉积物中元素富集因子；

$(X/Al)_{样品}$——分析元素 X 与 Al 在样品中的浓度比值；

$(X/Al)_{土壤背景}$——分析元素 X 与 Al 在土壤背景中的浓度比值，元素的背景值选用中国环境监测总站发布的《中国土壤元素背景值》中的数值。

根据富集因子的分级标准，EF$\leqslant2$ 时，不存在重金属污染或污染很小，表明仅受自然过程的影响；当 EF>2 时，重金属达到中度及以上污染程度，说明存在人为活动和自然过程的共同影响。一般来说，富集因子 EF 值越大，表明金属的富集程度就越高。富集因子的分级标准与污染程度描述见表 4-15。

表 4-15　富集因子分级标准与污染程度

分级	EF	污染程度
1	EF$\leqslant2$	无—弱
2	$2<$EF$\leqslant5$	中度
3	$5<$EF$\leqslant20$	中度—严重
4	$20<$EF$\leqslant40$	严重
5	EF>40	极度严重

（7）模糊综合评价法　使用隶属函数，即隶属度的方法确定各评价参数的分界线，由隶属度确定参数的模糊集，形成土壤污染现状的模糊关系矩阵。根据权重矩阵，通过矩阵复合运算得到模糊综合评价结果，根据最大隶属度原则对土壤污染程度进行评价。此种评价方法由于在评价过程中考虑了土壤环境质量分界的模糊性和污染因子的权重，因此，得出的评价结果对土壤实际污染情况的反映更为客观。

首先构造隶属函数，确定隶属度，假设 $Q_{ij}(i=1,2,\cdots,n;j=1,2,\cdots,m)$ 表示污染因子 i 在评价等级 j 下的指标，构造函数如下：

$$X_{ij} = \begin{cases} 1, & x < Q_{ij} \\ \dfrac{Q_{ij+1} - x}{Q_{ij+1} - Q_{ij}}, & Q_{ij} \leqslant x \leqslant Q_{ij+1} \\ 0, & x > Q_{ij+1} \end{cases} \tag{4-13}$$

设第 $i(i=1,2,\cdots,n)$ 个因子的单因子评价指标为：

$$P = (P_{i1}, P_{i2}, \cdots, P_{ij}) \tag{4-14}$$

其中 $P_{ij}(j=1,2,\cdots,m)$ 表示第 i 个因子的评价对第 j 个评价等级的隶属度，全部 n 个因子的模糊关系矩阵为：

$$\boldsymbol{P}' = \begin{bmatrix} P'_1 \\ P'_2 \\ \vdots \\ P'_n \end{bmatrix} = \begin{bmatrix} P_{11} & P_{12} & \cdots & P_{1m} \\ P_{21} & P_{22} & \cdots & P_{2m} \\ \vdots & \vdots & \vdots & \vdots \\ \vdots & \vdots & \vdots & \vdots \\ P_{n1} & P_{n2} & \cdots & P_{nm} \end{bmatrix} \tag{4-15}$$

对现状进行评价时，采用硫铁矿区各污染物实测数据的平均值与相应的分级标准的比值来计算权重，其公式表示为 $W_i = C_i / C_{0i}$，其中 W_i 为污染物的权重系数；C_i 为第 i 种污染物的实测浓度，单位为 mg/kg；C_{0i} 为污染物分级标准值，单位为 mg/kg。C_i 采用各污染物实测数据的平均值，C_{0i} 采用《土壤环境质量　农用地土壤污染风险管控标准》（试行）中的土壤污染风险筛选值。将权重归一化，即 $W' = (C_i / C_{0i}) / (\sum\limits_{i=1}^{n} C_i / C_{0i})$，从而构成了一个 $1 \times n$ 阶的权重分配矩阵 $\boldsymbol{A}' = (W'_1, W'_2, \cdots, W'_n)$。

对上面得到的权重分配矩阵和模糊关系矩阵进行复合运算，可得到模糊综合评价结果，再由级别特征值法可得到各监测点综合评价结果。

（8）次生相与原生相比值法　矿区土壤中重金属除了残渣态，其他形态都可能会对环境造成影响。因此，重金属在原生相和次生相中的分配比例（RSP）可以在一定程度上反映其污染水平。次生相即除残渣态以外的形态，原生相即残渣态。RSP 计算式为：

$$\text{RSP} = M_{\text{sec}} / M_{\text{prim}} \tag{4-16}$$

式中　RSP——污染程度；

　　　M_{sec}——土壤次生相中重金属的含量，mg/kg；

　　　M_{prim}——土壤原生相中重金属的含量，mg/kg。

该评价中次生相的分配比例越大，说明重金属污染物释放到环境中的可能性越大，对环境造成的潜在危害也就越大。RSP$\leqslant$1，表示无污染；1<RSP$\leqslant$2，表示轻度污染；2<RSP$\leqslant$3，表示中度污染；RSP>3，表示重度污染。

4.3.2　土壤污染健康风险评价

硫铁矿区污染物进入土壤后，经水、气、生物等介质传输，通过消化道（摄食、饮水）、呼吸道、皮肤接触等途径引起人体暴露。人体长期暴露于有机污染物和重金属元素中会引起神经系统、肝脏及其他组织器官不同程度的损害，带来健康风险。环境健康风险评价是对因环境污染所致的潜在健康效应进行表征的过程，主要评估污染对人体健康造成的影响与损害，确定环境风险的类型与等级，预测污染影响范围及危害程度，为环境风险管理提供科学依据与技术支持。目前，国内外已经建立和提出健康风险评价的理论框架与方法，并已应用于实际的风险管理。

4.3.2.1　健康风险评价程序

健康风险评价主要针对有毒有害物质，通过不同的评价模式和预测模型进行，以暴露于污染物的人体健康影响程度为评价终点。主要采用 1983 年美国国家科学院提出的"四步法"作为评价程序，即危害识别、暴露评估、毒性评估、风险表征。最后根据表征结果判断风险是否可接受，若不可接受，需进行风险控制值计算，将结果与风险筛选值进行比较，取较高值作为修复目标值。相关流程如图 4-6 所示。

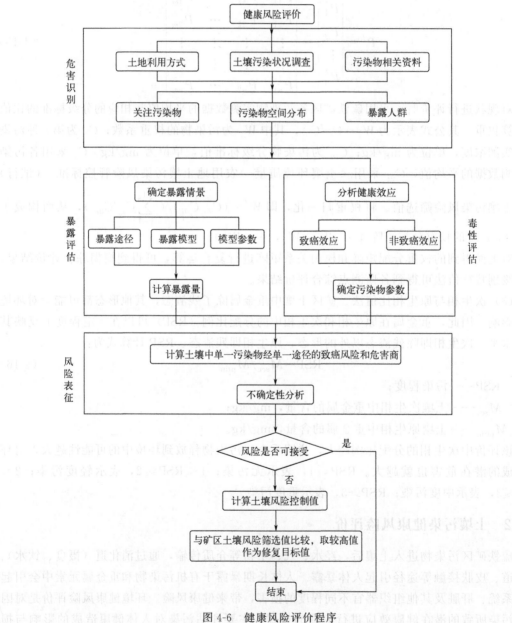

图 4-6　健康风险评价程序

（1）危害识别　通过场地信息调查与资料收集，掌握矿区土壤和地下水中关注污染物的浓度分布，明确土地利用方式，分析敏感受体。危害识别需要建立对污染物自身毒性特征的认知，不同污染物可能引起的不利健康效应存在巨大的差异。不同污染物可能对人体不同器官产生毒害，甚至有致畸、致癌、致突变的作用。危害效应的识别包括局部毒性和系统毒性，局部毒性是指原场地中污染物暴露对人体健康的潜在危害，系统毒性则是指远离污染场地之外的有害物质产生的潜在健康危害效应。无论是从对医学研究的经济支持能力还是从道德观点出发，目前都很难直接通过人体临床医学研究获取大量关于人体可接受的化学污染物致癌毒性临界剂量的资料。因此，污染物的毒性剂量-效应数据主要通过动物模拟试验或少数人体流行病史的临床数据来获取。

（2）暴露评估

① 暴露情景分析。暴露情景是指特定利用方式下，矿区污染物经由不同暴露路径迁移和到达人群的情况。根据不同利用方式下人群的活动模式，一般分为敏感用地和非敏感用地。不同场地土地利用方式各有不同，硫铁矿区建设用地属于非敏感用地中的工业用地。

② 暴露途径确定。对于敏感用地和非敏感用地，主要包括经口摄入土壤、皮肤接触土壤、吸入土壤颗粒物、吸入室外空气中来自表层土壤的气态污染物、吸入室外空气中来自下层土壤的气态污染物、吸入室内空气中来自下层土壤的气态污染物共6种土壤污染物暴露途径（图4-7）。

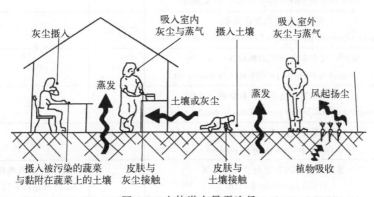

图4-7　人体潜在暴露途径

在调查的暴露途径中，饮食摄入和室外空气吸入是对人体健康产生危害的主要途径，针对硫铁矿区土壤，主要研究经口摄入土壤、皮肤接触土壤、吸入土壤颗粒物三种途径。

③ 模型参数。暴露评估所需的相关参数主要包括场地特征参数（土壤、地下水参数等）、构筑物参数、暴露因子参数及污染物的理化性质等。具体场地的相关参数发生变化，敏感受体的暴露量也会随之变化。一般情况下，场地风险评估所需参数优先根据地块调查数据或土工试验结果确定，同时参考我国《建设用地土壤污染风险评估技术导则》（HJ 25.3—2019）及《土壤环境质量　建设用地土壤污染风险管控标准（试行）》（GB 36600—2018）以及一些地方标准的推荐值，国内没有推荐值的，参考使用国外的推荐值或相关风险评估模型中的默认值。

a.受体暴露参数见表4-16。

表 4-16 矿区受体暴露参数取值表

参数符号	参数名称	单位	取值(工业用地工作人员)	取值依据
ED_a	成人暴露期 (exposure duration of adults)	a	25	①
EF_a	成人暴露频率 (exposure frequency of adults)	d/a	250	①
EFI_a	成人室内暴露频率 (indoor exposure frequency of adults)	d/a	187.5	①
EFO_a	成人室外暴露频率 (outdoor exposure frequency of adults)	d/a	62.5	①
BW_a	成人平均体重 (average body weight of adults)	kg	61.8	①
H_a	成人平均身高 (average height of adults)	cm	161.5	①
$DAIR_a$	成人每日空气呼吸量 (daily air inhalation rate of adults)	m^3/d	14.5	①
$GWCR_a$	成人每日饮用水量 (daily groundwater consumption rate of adults)	L/d	1	①
$OSIR_a$	成人每日摄入土壤量 (daily oral ingestion rate of soils of adults)	mg/d	100	①
E_v	每日皮肤接触事件频率 (daily exposure frequency of dermal contact event)	次/d	1	①
f_{spi}	室内空气中来自土壤的颗粒物所占比例 (fraction of soil-borne particulates in indoor air)	—	0.8	①
f_{spo}	室外空气中来自土壤的颗粒物所占比例 (fraction of soil-borne particulates in outdoor air)	—	0.5	①
SER_a	成人暴露皮肤所占体表面积比 (skin exposure ratio of adults)	—	0.18	①
SAF	暴露于土壤的参考剂量分配比例 (soil allocation factor)	—	0.33(挥发性有机物)/ 0.5(其他污染物)	①
WAF	暴露于地下水的参考剂量分配比例 (groundwater allocation factor)	—	0.33(挥发性有机物)/ 0.5(其他污染物)	①
$SSAR_a$	成人皮肤表面土壤黏附系数 (adherence rate of soil on skin for adults)	mg/cm^2	0.2	①
PIAF	吸入土壤颗粒物在体内滞留比例 (retention fraction of inhaled particulates in body)	—	0.75	①
ABS_o	经口摄入吸收因子 (absorption factor of oral ingestion)	—	1	①
ACR	单一污染物可接受致癌风险 (acceptable cancer risk for individual contaminant)	—	10^{-6}	①
AHQ	可接受危害商 (acceptable hazard quotient for individual contaminant)	—	1	①

参数符号	参数名称	单位	取值(工业 用地工作人员)	取值依据
AT_{ca}	致癌效应平均时间 (average time for carcinogenic effect)	d	27740	①
AT_{nc}	非致癌效应平均时间 (average time for non-carcinogenic effect)	d	9125	①
SAE_a	成人暴露皮肤表面积 (skin exposure area of adults)	cm^2	—	②

①《建设用地土壤污染风险评估技术导则》(HJ 25.3—2019)附录 G 第二类用地推荐值。

② 由《建设用地土壤污染风险评估技术导则》(HJ 25.3—2019)附录 G 第二类用地推荐值计算所得。

　　b. 场地特征参数。通过土工试验获取矿区场地特征参数,主要包含土壤性质参数、水文地质特征参数、空气特征参数和构筑物特征参数等,其取值分别见表 4-17~表 4-20。

表 4-17　土壤性质参数取值表

参数符号	参数名称	单位	取值(工业用地)	取值依据
f_{om}	土壤有机质含量 (organic matter content in soils)	g/kg	—	实测值
ρ_b	土壤容重 (soil bulk density)	kg/dm^3	—	实测值
P_{ws}	土壤含水率 (soil water content)	kg/kg	—	实测值
ρ_s	土壤颗粒密度 (density of soil particulates)	kg/dm^3	—	实测值
D	表层污染土壤层厚度 (thickness of surface soil)	cm	—	实测值
L_s	下层污染土壤层埋深 (depth of sub surface soil)	cm	—	实测值
D_{sub}	下层污染土壤层厚度 (thickness of subsurface soil)	cm	—	实测值
A	污染源面积 (source-zone area)	cm^2	—	实测值

表 4-18　水文地质特征参数取值表

参数符号	参数名称	单位	取值(工业用地)	取值依据
L_{gw}	地下水埋深 (depth of groundwater)	cm	—	实测值
h_{cap}	土壤地下水交界处毛管层厚度 (capillary zone thickness)	cm	5	①
h_v	非饱和土层厚度 (vadose zone thickness)	cm	295	①

参数符号	参数名称	单位	取值(工业用地)	取值依据
θ_{acap}	毛细管层孔隙空气体积比 (soil air content-capillary fringe zone)	—	0.038	①
θ_{wcap}	毛细管层孔隙水体积比 (soil water content-capillary fringe zone)	—	0.342	①
δ_{gw}	地下水混合区厚度 (groundwater mixing zone height)	cm	200	①
K_v	土壤透性系数 (soil permeability)	cm^2	1.00×10^{-8}	①
U_{gw}	地下水达西(Darcy)速率 (ground water Darcy velocity)	cm/a	2500	①
I	土壤中水的入渗速率 (water infiltration rate)	cm/a	30	①

①《建设用地土壤污染风险评估技术导则》(HJ 25.3—2019) 附录 G 第二类用地推荐值。

表 4-19　空气特征参数取值表

参数符号	参数名称	单位	取值(工业用地)	取值依据
PM_{10}	空气中可吸入颗粒物含量 (content of inhalable particulates in ambient air)	mg/m^3	—	实测值
U_{air}	混合区大气流速风速 (ambient air velocity in mixing zone)	cm/s	200	①
δ_{air}	混合区高度 (mixing zone height)	cm	200	①
W	污染源区宽度 (width of source-zone area)	cm	4000	①

①《建设用地土壤污染风险评估技术导则》(HJ 25.3—2019) 附录 G 第二类用地推荐值。

表 4-20　构筑物特征参数取值表

参数符号	参数名称	单位	取值(工业用地)	取值依据
θ_{acrack}	地基裂隙中空气体积比 (soil air content-soil filled foundation cracks)	—	0.26	①
θ_{wcrack}	地基裂隙中水体积比 (soil water content-soil filled foundation cracks)	—	0.12	①
L_{crack}	室内地基厚度 (thickness of enclosed-space foundation or wall)	cm	35	①
L_B	室内空间体积与气态污染物入渗面积之比 (volume/infiltration area ratio of enclosed space)	cm	300	①
ER	室内空气交换速率 (air exchange rate of enclosed space)	次/d	20	①
η	地基和墙体裂隙表面积所占比例 (areal fraction of cracks in foundations/walls)	—	0.0005	①
τ	气态污染物入侵持续时间 (averaging time for vapor flux)	a	25	①

参数符号	参数名称	单位	取值(工业用地)	取值依据
dP	室内室外气压差 (differential pressure between indoor and outdoor air)	$g/(cm \cdot s^2)$	0	①
Z_{crack}	室内地面到地板底部厚度 (depth to bottom of slab)	cm	35	①
X_{crack}	室内地板周长 (slab perimeter)	cm	3400	①
A_b	室内地板面积 (slab area)	cm^2	700000	①

①《建设用地土壤污染风险评估技术导则》(HJ 25.3—2019) 附录 G 第二类用地推荐值。

④ 暴露量计算。《建设用地土壤污染风险评估技术导则》(HJ 25.3—2019) 中规定对非敏感用地,分别计算各暴露途径下的暴露量。硫铁矿区污染物致癌风险、非致癌风险的敏感受体为矿区工人,应考虑的主要暴露途径包括经口摄入、皮肤接触和吸入土壤颗粒,暴露评估模型如下。

a. 经口摄入土壤途径。对于单一污染物的致癌效应,考虑成人期暴露的终生危害,对应的暴露量计算公式为:

$$OISER_{ca} = \frac{OSIR_a \times ED_a \times EF_a \times ABS_o}{BW_a \times AT_{ca}} \times 10^{-6} \tag{4-17}$$

式中　$OISER_{ca}$——经口摄入土壤暴露量(致癌效应),以土壤和体重计,$kg/(kg \cdot d)$;

$OSIR_a$——成人每日摄入土壤量,mg/d;

ED_a——成人暴露期,a;

EF_a——成人暴露频率,d/a;

BW_a——成人体重,kg;

ABS_o——经口摄入吸收效率因子,无量纲;

AT_{ca}——致癌效应平均时间,d。

对于单一污染物的非致癌效应,考虑成人期暴露的终生危害,对应的暴露量计算公式为:

$$OISER_{nc} = \frac{OSIR_a \times ED_a \times EF_a \times ABS_o}{BW_a \times AT_{nc}} \times 10^{-6} \tag{4-18}$$

式中　$OISER_{nc}$——经口摄入土壤暴露量(非致癌效应),以土壤和体重计,$kg/(kg \cdot d)$;

AT_{nc}——非致癌效应平均时间,d。

$OSIR_a$,ED_a,EF_a,ABS_o,BW_a 含义同式(4-17)。

b. 皮肤接触土壤途径。对于单一污染物的致癌效应,考虑成人期暴露的终生危害,对应的暴露量计算公式为:

$$DSCER_{ca} = \frac{SAE_a \times SSAR_a \times EF_a \times ED_a \times E_v \times ABS_d}{BW_a \times AT_{ca}} \times 10^{-6} \tag{4-19}$$

式中　$DSCER_{ca}$——皮肤接触途径土壤暴露量(致癌效应),以土壤和体重计,$kg/(kg \cdot d)$;

SAE_a——成人暴露皮肤表面积,cm^2;

$SSAR_a$——成人皮肤表面土壤黏附系数,mg/cm^2;

EF_a——成人暴露频率，d/a；

ED_a——成人暴露期，a；

E_v——每日皮肤接触事件频率，次/d；

ABS_d——皮肤接触吸收效率因子，无量纲；

BW_a——成人体重，kg；

AT_{ca}——致癌效应平均时间，d。

对于单一污染物的非致癌效应，考虑成人期暴露的终生危害，对应的暴露量计算公式为：

$$DSCER_{nc} = \frac{SAE_a \times SSAR_a \times EF_a \times ED_a \times E_v \times ABS_d}{BW_a \times AT_{nc}} \times 10^{-6} \quad (4\text{-}20)$$

式中 $DSCER_{nc}$——皮肤接触土壤的暴露量（非致癌效应），以土壤和体重计，kg/(kg·d)；

AT_{nc}——非致癌效应平均时间，d。

SAE_a，$SSAR_a$，EF_a，ED_a，E_v，ABS_d，BW_a 含义同式(4-19)。

c. 吸入土壤颗粒途径。对于单一污染物的致癌效应，考虑成人期暴露的终生危害，对应的暴露量计算公式为：

$$PISER_{ca} = \frac{PM_{10} \times DAIR_a \times ED_a \times PIAF \times (f_{spo} \times EFO_a + f_{spi} \times EFI_a)}{BW_a \times AT_{ca}} \times 10^{-6} \quad (4\text{-}21)$$

式中 $PISER_{ca}$——吸入土壤颗粒的暴露量（致癌效应），以土壤和体重计，kg/(kg·d)；

PM_{10}——大气中可吸入悬浮颗粒物量，mg/m^3；

$DAIR_a$——成人每日空气呼吸量，m^3/d；

ED_a——成人暴露期；a；

$PIAF$——吸入土壤颗粒物在体内滞留比例，无量纲；

f_{spo}——室外空气中来自土壤的颗粒物所占比例，无量纲；

f_{spi}——室内空气中来自土壤的颗粒物所占比例，无量纲；

EFO_a——成人室外暴露频率，d/a；

EFI_a——成人室内暴露频率，d/a；

BW_a——成人体重，kg；

AT_{ca}——致癌效应平均时间，d。

对于单一污染物的非致癌效应，考虑成人期暴露的终生危害，对应的暴露量计算公式为：

$$PISER_{nc} = \frac{PM_{10} \times DAIR_a \times ED_a \times PIAF \times (f_{spo} \times EFO_a + f_{spi} \times EFI_a)}{BW_a \times AT_{nc}} \times 10^{-6} \quad (4\text{-}22)$$

式中 $PISER_{nc}$——吸入土壤颗粒的暴露量（非致癌效应），以土壤和体重计，kg/(kg·d)。

AT_{nc}——非致癌效应平均时间，d。

PM_{10}，$DAIR_a$，ED_a，$PIAF$，f_{spo}，EFO_a，f_{spi}，EFI_a，BW_a 含义同式(4-21)。

（3）毒性评估　毒性评估的任务是确定矿区每一种污染物的毒性（剂量-反应关系），在危害识别、暴露评估的基础上，强调污染物可能对矿区内人群健康产生的危害程度。根据不同物质对人体造成的危害效果不同，可以分为对人体致癌和非致癌毒性，即致癌效应和非致癌效应。目前已建立多个致癌与非致癌污染物的毒性数据库，根据数据库提供的信息确定污染物相关参数，包括参考剂量、参考浓度、致癌斜率因子和呼吸吸入单位致癌因子等。暴露强度与不良反应增加的可能性及不良健康反应程度之间的关系可以用毒性评估来估计，毒性评估结论也是污染物能否对人群健康产生不良影响的证据。美国 ASTM（美国材料与试验协会）导则和我国《建设用地土壤污染风险评估技术导则》均采用致癌斜率因子（SF）和非致癌参考剂量（RfD）两个毒性参数表征污染物致癌风险或非致癌危害；而英国 CLEA-SR3 导则采用临界污染物的日容许摄入量（TDI）表征非致癌参考剂量，等同于 RfD。此外，英国并不使用致癌斜率因子来描述致癌化合物的毒性参数，如口腔致癌斜率因子（SF_o）和空气吸入单位风险因子（URF），而是采用非临界污染物的指示剂量（ID），ID 和 TDI 统称为健康基准值。ID 与 TDI 分别用于定义人体慢性暴露于非临界污染物或临界污染物时可接受的暴露浓度，通常以 $mg/(kg \cdot d)$ 为单位。根据污染物的临界效应和非临界效应特征，采用不同的计算公式进行风险评估。

（4）风险表征　在暴露评估和毒性评估的基础上对前面数据收集与分析、暴露评估以及风险评估过程所得的信息进行综合分析，采用风险评估模型计算土壤中单一污染物经单一途径的致癌风险和危害商，定量计算可能产生某种健康效应的发生概率或者健康危害的强度，再进一步结合实际和计算过程进行不确定性分析。风险表征是矿区环境风险评价的关键环节。经过不确定性分析最终量化表征风险程度判断风险是否可接受，为环境管理者或环境治理者提供风险管理的科学依据以及环境治理的指导。如某一地块内关注污染物的检测数据呈正态分布，可根据检测数据的平均值、平均值置信区间上限值或最大值计算致癌风险和危害商。风险表征得到的硫铁矿区污染物的致癌风险和危害商，可作为确定矿区污染范围的重要依据。

① 致癌风险包括以下几种类型。

单一污染物经口摄入途径致癌风险采用下式计算：

$$CR_{ois} = OISER_{ca} \times C_{sur} \times SF_o \tag{4-23}$$

式中　CR_{ois}——经口摄入土壤途径的致癌风险，无量纲；

$\quad OISER_{ca}$——经口摄入土壤暴露量，以土壤和体重计，$kg/(kg \cdot d)$；

$\quad C_{sur}$——表层土壤中污染物浓度，mg/kg；

$\quad SF_o$——经口摄入致癌斜率因子，以体重和污染物计，$kg \cdot d/mg$。

单一污染物皮肤接触途径致癌风险采用下式计算：

$$CRd_{cs} = DCSER_{ca} \times C_{sur} \times SF_d \tag{4-24}$$

式中　CRd_{cs}——皮肤接触土壤途径的致癌风险，无量纲；

$\quad DCSER_{ca}$——皮肤接触土壤暴露量，$kg/(kg \cdot d)$；

$\quad C_{sur}$——表层土壤中污染物浓度，mg/kg；

$\quad SF_d$——皮肤接触致癌斜率因子，$kg \cdot d/mg$。

单一污染物吸入土壤颗粒途径致癌风险采用下式计算：

$$CR_{pis} = PISER_{ca} \times C_{sur} \times SF_i \tag{4-25}$$

式中　CR_{pis}——吸入土壤颗粒途径的致癌风险，无量纲；

$\quad PISER_{ca}$——吸入土壤颗粒暴露量，$kg/(kg \cdot d)$；

$\quad C_{sur}$——表层土壤中污染物浓度，mg/kg；

$\quad SF_i$——吸入土壤颗粒致癌斜率因子，$kg \cdot d/mg$。

单一污染物致癌风险值超过 1×10^{-6}，表明土壤对人体存在不可接受的风险，低于 1×10^{-4} 不考虑其对人体健康构成重大影响，风险值在 1×10^{-4} 和 1×10^{-6} 之间通常被认为是一个可接受的范围，根据不同的情况和环境的暴露进行评判。

② 非致癌危害商。非致癌性危害的典型特征是危害商（HQ），定义为污染物每日摄入剂量与参考剂量的比值，用于表征人体经单一途径暴露于非致癌污染物而受到危害的水平。

单一污染物经口摄入土壤途径的危害商采用下式计算：

$$HQ_{ois} = \frac{OISER_{nc} \times C_{sur}}{RfD_o \times SAF} \tag{4-26}$$

式中　HQ_{ois}——经口摄入土壤途径的危害商，无量纲；

　　　$OISER_{nc}$——经口摄入土壤暴露量（非致癌效应），以土壤和体重计，$kg/(kg \cdot d)$；

　　　　C_{sur}——表层土壤中污染物浓度，mg/kg；

　　　RfD_o——经口摄入土壤的参考剂量，$mg/(kg \cdot d)$；

　　　　SAF——暴露于土壤的参考剂量分配系数，无量纲。

单一污染物皮肤接触土壤途径的危害商采用下式计算：

$$HQ_{dcs} = \frac{DCSER_{nc} \times C_{sur}}{RfD_d \times SAF} \tag{4-27}$$

式中　HQ_{dcs}——皮肤接触土壤途径的危害商，无量纲；

　　　$DCSER_{nc}$——皮肤接触土壤暴露量（非致癌效应），$kg/(kg \cdot d)$；

　　　RfD_d——皮肤接触土壤的参考剂量，$mg/(kg \cdot d)$；

　　　C_{sur}，SAF——含义同式(4-26)。

单一污染物吸入土壤颗粒途径的危害商采用下式计算：

$$HQ_{pis} = \frac{PISER_{nc} \times C_{sur}}{RfD_i \times SAF} \tag{4-28}$$

式中　HQ_{pis}——吸入土壤颗粒途径的危害商，无量纲；

　　　$PISER_{nc}$——吸入土壤颗粒暴露量（非致癌效应），$kg/(kg \cdot d)$；

　　　RfD_i——吸入土壤颗粒的参考剂量，$mg/(kg \cdot d)$；

　　　C_{sur}，SAF——含义同式(4-26)。

非致癌危害商假设当日均暴露量低于参考剂量（HQ<1）时，污染物对人体健康产生负面影响的可能性较小；若 HQ≥1，则表明污染物具有潜在健康危害效应，需要深入调查与评估或者实施风险管控措施。但是，危害商的值不代表统计概率事件，例如，当 HQ=0.001 时，并非表示 1000 人中可能有 1 人受到健康危害。需要强调的是，当日均暴露量接近或超过 RfD 时，需要关注的水平并非呈线性增加，因为此时 RfD 并不能精准地反映日均暴露量增加后其毒性效应也相应增加。因此，当日均暴露量超过 RfD 后，不同污染物的剂量-效应曲线斜率变化范围很大。

为了评估硫铁矿区由一种及以上化学物质构成的非致癌作用的总体潜力，可以采用危害指数（HI）方法。对于混合的污染物，混合污染物的危害指数由式(4-29)计算。

$$HI = \sum HQ = \sum ADE/RfD \tag{4-29}$$

式中　ADE——日平均暴露量。

如果 HI 值小于 1，暴露人群不太可能遭受明显的不利健康影响。如果 HI 值超过 1，污染物则可能产生不良的健康影响。由于目前没有参考剂量可用于直接评估污染物的皮肤吸收暴露，美国国家环保署开发了一种用于皮肤风险评估的外推口服毒性值的方法，利用式(4-30) 计算 RfD_{ABS}。

$$RfD_{ABS} = RfD_o \times ABS_{GI} \tag{4-30}$$

式中 RfD_{ABS}——皮肤调节参考剂量，mg/(kg·d)；

RfD_o——口服参考剂量，mg/(kg·d)；

ABS_{GI}——胃肠道吸收因子，无量纲。

（5）不确定性分析　不确定性分析是暴露评价中至关重要的内容，在暴露量评估和评价参数选用中所涉及的不确定性有以下三种。

① 环境监测数据引入的不确定性。这种不确定性涉及环境监测结果的代表性问题。多数情况下，人类暴露剂量的评估是以环境监测数据为依据进行的。日常环境监测的采样点数及分布、采样频率、采样方法的差异等因素，会使所得到的监测结果与环境实际值之间出现一定的偏差。对于这类不确定性，经典的统计学已有深入的研究，已知其具有随机性质，且可通过增加采样点、增加采样次数、提高分析方法的精度、采用长期监测数据的平均值等办法加以控制，并可将这种不确定性控制在小于两倍误差的水平。

② 应用环境模型推算暴露剂量带来的不确定性。在健康风险评价的人类暴露评估步骤中，既可以实测数据为依据计算人群的实际暴露剂量，也可应用一定的环境模型推算人群的可能暴露剂量。这种推算本身就是一种不确定性的来源，它假设环境有害因子从污染源通过各种暴露途径到达暴露人群的各个环节均符合某种规律，并可用数学模型予以表达。实际上，每一种暴露途径都涉及污染源排放条件、环境传输与扩散、污染物在环境介质间的转移、人对环境的依存关系等过程，并都具有一定的特殊性。一般来说，在应用环境模型推算暴露剂量时，不确定性为 $50\% \sim 200\%$，其中由长期平均暴露资料推算出的不确定性较小，而由短期暴露资料推算的不确定性较大。

③ 在不同暴露途径之间进行外推带来的不确定性。暴露途径对环境因子的生物学效应有着决定性影响。根据不同暴露途径的资料推导出的健康风险评价参数，都有对应暴露途径的专一性。也就是说，以某种暴露途径的资料为依据推导出的健康风险评价参数，只能用于评价该暴露途径下的健康风险。在某些特定情况下，虽然缺少有关暴露途径的评价参数，但又必须对其进行健康风险评价时，可用另一种暴露途径的有关参数作为替代，前提是要有充分的证据证明这种外推在生物学和医学上有合理性。当然，这样的外推不可避免地会造成不确定性。

除上述几个方面之外，在评价各类环境因子引发的环境风险时，还应考虑多种环境因子相互作用所导致的不确定性。因为在实际情况下，矿区人群是生活在一个受到多种有害因子复合污染的环境中，这些有害因子中的每一种都有可能诱发特定的不良健康反应。

（6）风险控制值计算　若计算得出污染物致癌风险大于 10^{-6} 或非致癌危害商大于 1，则需进一步计算风险控制值。

① 基于致癌风险的土壤风险控制值分为以下几种。

经口摄入土壤途径致癌效应土壤风险控制值计算式如下：

$$RCVS_{ois} = \frac{ACR}{OISER_{ca} \times SF_o} \tag{4-31}$$

式中 $RCVS_{ois}$——基于经口摄入途径致癌效应的土壤风险控制值，mg/kg；

ACR——可接受致癌风险，无量纲，取 10^{-6}；

$OISER_{ca}$，SF_o——含义参见式(4-23)。

皮肤接触土壤途径致癌效应土壤风险控制值计算式如下：

$$RCVS_{dcs} = \frac{ACR}{DCSER_{ca} \times SF_d} \tag{4-32}$$

式中　$RCVS_{dcs}$——基于皮肤接触途径致癌效应的土壤风险控制值，mg/kg；

ACR——含义参见式(4-31)，

$DCSER_{ca}$，SF_d——含义参见式(4-24)。

吸入土壤颗粒途径致癌效应土壤风险控制值计算式如下：

$$RCVS_{pis} = \frac{ACR}{PISER_{ca} \times SF_i} \tag{4-33}$$

式中　$RCVS_{pis}$——基于吸入土壤颗粒途径致癌效应的土壤风险控制值，mg/kg；

ACR——含义参见式(4-31)；

$PISER_{ca}$，SF_i——含义参见式(4-25)。

② 基于非致癌风险的土壤风险控制值分为以下几种。

经口摄入土壤途径非致癌效应土壤风险控制值计算式如下：

$$HCVS_{ois} = \frac{RfD_o \times SAF \times AHQ}{OISER_{nc}} \tag{4-34}$$

式中　$HCVS_{ois}$——基于经口摄入途径非致癌效应的土壤风险控制值，mg/kg；

AHQ——可接受危害商，无量纲，取值1；

RfD_o，$OISER_{nc}$，SAF——含义参见式(4-26)。

皮肤接触土壤途径非致癌效应土壤风险控制值计算式如下：

$$HCVS_{dcs} = \frac{RfD_d \times SAF \times AHQ}{DCSER_{nc}} \tag{4-35}$$

式中　$HCVS_{dcs}$——基于皮肤接触途径非致癌效应的土壤风险控制值，mg/kg；

AHQ——含义参见式(4-34)；

RfD_d，$DCSER_{nc}$，SAF——含义参见式(4-27)。

吸入土壤颗粒途径非致癌效应土壤风险控制值计算式如下：

$$HCVS_{pis} = \frac{RfD_i \times SAF \times AHQ}{PISER_{nc}} \tag{4-36}$$

式中　$HCVS_{pis}$——基于吸入土壤颗粒途径非致癌效应的土壤风险控制值，mg/kg；

AHQ——含义参见式(4-34)；

RfD_i，$PISER_{nc}$——含义参见式(4-28)；

SAF——含义参见式(4-26)。

4.3.2.2　健康风险评价方法与模型

(1) 体外模拟法　基于生理学的提取试验（PBET）是一种体外测试系统，用于预测固体基质中重金属的生物利用度，并纳入了代表人体的胃肠道参数。PBET 的设计并不是为了取代使用动物模型的生物利用度研究，而是用来在没有动物研究结果时估计重金属的生物利用度。评估矿区土壤重金属在消化道中的生物可利用性，其基本方法是在置于 37 ℃水浴中的反应器即模拟的胃肠部底部通入氩气并以此搅动，按如下步骤，加入土壤或固体环境介质和反应液，并定时采样，分析经离心后过滤的滤液中的重金属含量。①在反应器中加入 40mL 模拟胃液，其中含有 0.1% 胃蛋白酶、0.05% 柠檬酸盐、0.05% 苹果酸盐、0.5% 乳酸、0.5% 乙酸，用浓盐酸将 pH 值调至 2。②加入 250μm 粒径（易于沾在手上并被摄入口部）的土壤或尾矿。③在37℃水浴中反应1h后吸取2mL反应液，以供分析模拟胃阶段溶液中的重金属含量。④结束上述模拟胃阶段后，用碳酸氢钠将反应液pH值调至7，加入0.018%胰酶和0.05%胆酶进入模拟小肠阶段。⑤在37℃水浴中反应3h后，吸取反应液2mL分析模拟小肠阶段溶液中的重金属含量。

土壤中重金属在模拟胃阶段和小肠阶段的生物可利用性计算公式如下：

$$BA = \frac{C_l V_l}{C_s M_s} \times 100\% \tag{4-37}$$

式中　BA——特定重金属的生物可利用性，%；

C_l——体外模拟试验的模拟胃阶段或小肠阶段反应液中特定重金属的可溶态总量，mg/L；

V_l——反应器中反应液的体积，L；

C_s——土壤样品中特定重金属的总量，mg/kg；

M_s——加入的土壤样品的质量，kg。

人体每日平均通过土壤摄入的重金属量计算公式如下：

$$W_m = C_m W_{soil} \tag{4-38}$$

式中　W_m——重金属日摄入量，$\mu g/d$；

C_m——土壤中重金属的含量，$\mu g/g$；

W_{soil}——日平均土壤摄入量（成人），0.05 g/d。

每日摄入体内重金属中可被吸收的重金属量计算公式如下：

$$W_A = W_m \times BA \tag{4-39}$$

式中　W_A——日均吸收重金属量，$\mu g/d$；

W_m——重金属元素日摄入量，$\mu g/d$；

BA——特定重金属的生物可利用性，%。

土壤中重金属对人的健康绝对风险系数计算公式如下：

$$K_a = W_m/TDI \tag{4-40}$$

式中　K_a——绝对风险系数；

W_m——重金属元素日摄入量，$\mu g/d$；

TDI——每日可耐受摄入量，$\mu g/d$。

健康相对风险系数计算公式如下：

$$K_r = W_A/TDI \tag{4-41}$$

式中　TDI——每日可耐受摄入量，$\mu g/d$；

K_r——相对风险系数；

W_A——日均吸收重金属量，$\mu g/d$。

K_a和K_r值为1时，定为人体健康风险警戒线；两者的数值大于1时，表明该处土壤重金属的人体健康风险度超过人体健康风险警戒线，且K_a和K_r值越大，人体健康风险越高。

（2）RBCA模型　20世纪末，美国材料与试验协会针对土壤和地下水污染治理颁布了《基于风险的矫正行动标准指南》，RBCA（risk-based corrective action）模型根据该准则开发而来。该定量风险管理模型可用于预测污染场地的风险，同时制定基于风险的土壤和地下水修复目标值，目前在世界范围内得到广泛应用。

对于硫铁矿区，RBCA 模型不但可以分析矿区污染的风险，而且还可以进行基于风险的土壤筛选值和修复目标值制定。土壤中重金属主要由以下方式进入人体：经口摄入、呼吸吸入、皮肤接触。通过不同方式进入人体的重金属元素，可根据其风险类型进行致癌和非致癌风险评价。该模型计算模式包括正向计算和反向计算两种，正向计算的目的是确定目标污染物的潜在健康风险水平，反向计算则是为了推导目标污染物的基准值即风险控制值。在正向计算中，对于致癌物质，计算其风险值，并设定 10^{-6} 为可接受致癌风险水平下限，10^{-4} 为可接受致癌风险水平上限；而对于非致癌物质，计算其危害商，判定标准设定为 1。

在该模型中致癌物质的致癌风险值（CR）计算依据如下公式：

$$CR = \frac{IR_{oral} \times ED_{oral} \times EF_{oral} \times SF_{oral}}{BW \times AT_{ca}} + \frac{IR_{dermal} \times ED_{dermal} \times EF_{dermal} \times SF_{dermal}}{BW \times AT_{ca}} + \frac{IR_{inh} \times ED_{inh} \times EF_{inh} \times SF_{inh}}{BW \times AT_{ca}}$$

(4-42)

非致癌物危害商（HQ）计算依据如下公式：

$$HQ = \frac{IR_{oral} \times ED_{oral} \times EF_{oral}}{BW \times AT_{nc}} + \frac{IR_{dermal} \times ED_{dermal} \times EF_{dermal}}{BW \times AT_{nc}} + \frac{IR_{inh} \times ED_{inh} \times EF_{inh}}{BW \times AT_{nc}}$$

(4-43)

式(4-42) 与式(4-43) 中，下标 oral、dermal、inh 分别代表经口摄入、皮肤接触和吸入土壤颗粒；IR 为摄入率，mg/d；ED、EF、BW 及 AT 的含义见式(4-17)；SF 含义见式(4-23)。

（3）CLEA 模型　CLEA（contaminated land exposure assessment）模型是由英格兰与威尔士环境署和英国环境、食品与农村事务部联合开发的，是英国官方推荐使用的土壤风险评估模型。该模型用于推导基于人体健康风险的土壤指导限值，可对场地进行确定性风险评估。英国环境署于 2009 年针对该模型正式颁布了《CLEA 模型技术背景更新》。

CLEA 模型是一个开放式模型，模型参数（如土地类型、土地用途、评估场景、化学物质等）可以根据用户需求进行修正。该模型包括一般评估和特定场地评估两种模式：一般评估是对受体长期暴露于一般场地土壤污染物的简单人体健康风险评估，用户仅选定模型预设的用地类型和暴露途径等暴露情形即可，不同情形下化学物质的性质、暴露频率、受体、土壤特性和建筑物特征等参数均采用默认值；特定场地评估是对特定场地开展的人体健康风险评估，需通过详细调查获取场地特征参数进行计算。CLEA 模型将化学物质对人体或动物的健康效应划分为阈值和非阈值效应，非阈值效应用指示剂量（ID）表示，阈值效应用可接受日土壤摄入量（TDSI）表示，二者总称为健康标准值（HCV），依据日平均暴露量（ADE）与 HCV 的比值来评价化学物质的危害程度。当 ADE/HCV≤1，说明风险在可接受的范围内；当 ADE/HCV>1，说明污染场地具有潜在的健康风险。

计算依据公式如下：

$$ADE/HCV = \frac{IR_{oral} \times ED_{oral} \times EF_{oral}}{BW \times AT_{ca} \times HCV_{oral}} + \frac{IR_{dermal} \times ED_{dermal} \times EF_{dermal}}{BW \times AT_{ca} \times HCV_{dermal}} + \frac{IR_{inh} \times ED_{inh} \times EF_{inh}}{BW \times AT_{ca} \times HCV_{inh}}$$

(4-44)

式中，下标 oral、dermal、inh 分别代表经口摄入、皮肤接触和吸入土壤颗粒；HCV 为健康标准值；IR 为摄入率，mg/d；ED、EF、BW 及 AT 的含义见式(4-17)。

（4）HERA 模型　目前，国内已在使用美国和英美编制的 RBCA 模型与 CLEA 模型进行计算，然而考虑到其系统性虽较为全面，但操作较为复杂，众多参数并不适用于我国特定的环境与地质场景，因此，中国科学院南京土壤研究所针对我国污染场地环境修复行业的需要，自主研发出我国首套污染场地健康与环境风险评估模型 HERA。该模型基于美国《基于风险的矫正行动标准指南》、英国《CLEA 模型技术背景更新》以及我国《建设用地土壤风险评估技术导则》（HJ 25.3—2019）编制而成，采用基于 Windows 系统的 Visual Studio C 进行操作，涵盖 20 余种多介质迁移模型，收录 610 余种污染物理化与毒性参数，考虑原场与离场的健康与水环境受体，可快速构建污染场地概念模型，计算不同暴露途径下污染物暴露量，据此可计算污染物的致癌风险及危害商，而且可以根据需要计算污染物筛选值及风险控制值。

硫铁矿区土壤重金属污染物包括镉、汞、砷、铅、镍、锌、铜等，除汞外其他污染物均没有挥发性，故硫铁矿区风险评估的表层土壤暴露情景包括经口摄入土壤、皮肤接触土壤、吸入土壤颗粒物，下层土壤的暴露情景只有吸入室外空气中来自下层土壤的气态污染物和吸入室内空气中来自下层土壤的气态污染物（仅限于汞），如表 4-21 所示。

表 4-21　硫铁矿区土壤重金属暴露途径

暴露途径	土壤		目标污染物
	表层土壤	下层土壤	
经口摄入	√	×	镉、砷、镍、铅、锌、铜
皮肤接触	√	×	镉、砷、镍、铅、锌、铜
吸入土壤颗粒	√	×	镉、砷、镍、铅、锌、铜
吸入室外空气中来自下层土壤的气态污染物	×	√	汞
吸入室内空气中来自下层土壤的气态污染物	×	√	汞

注："√"表示存在该暴露途径，"×"表示不存在该暴露途径。

（5）污染场地风险评估电子表格软件　污染场地风险评估电子表格软件是依据《建设用地土壤污染风险评估技术导则》（HJ 25.3—2019），基于我国的标准参数和数字模型建立的软件，可以计算多种不同污染场地的风险筛选值和管控值，适用于污染场地人体健康风险评估。根据评估方法不同，分为三层评估，随着层次的提高，输入的场地特征参数逐步增多，评估结果也更加贴近实际情况。第一层次是根据不同用地类型，分别对不同污染物设定土壤和地下水筛选值，主要参考国家标准以及北京、重庆、浙江等地方标准。第二层次包括危害识别、暴露评估、毒性评估和风险表征，根据不同情况选择不同的特征参数和暴露途径。第三层次尚未开放。

操作步骤：启动污染场地风险评估电子表格软件，点击"污染数据库"，查询并记录污染物编号；点击污染数据库的"主界面"或首页的"开始评估"；进入污染物输出界面，从左侧选择目标污染物添加到右侧对应区域，输入完成后，依次选择第一、第二层次评估。

4.3.3　矿区周边农田土壤风险评价

矿产资源的开发极大推动了社会经济的发展，但也给环境造成了极大的危害。因为在硫铁矿开采过程中会产生大量废水、废渣以及粉尘等污染物，部分重金属污染物通过吸附、沉降、螯合、废石尾矿的堆存及淋溶、污水灌溉等方式进入周边土壤中，使周边农田受到严重污染。进入耕地土壤的重金属因其不能被微生物分解而长期留在土壤中，不仅对作物的正常生长造成影响，还能通过食物链不断在动物、人体中累积，对人体健康造成严重影响。因此需要对农用地土壤环境风险进行评价。周边农用地土壤环境风险评价程序如图 4-8 所示。

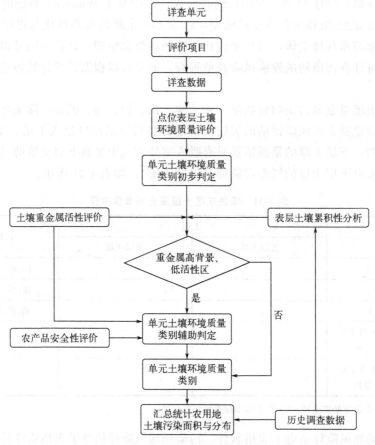

图 4-8　农用地土壤环境风险评价程序

（1）单因子评价　依据《土壤环境质量 农用地土壤污染风险管控标准（试行）》（GB 15618—2018）中的风险筛选值 S_i 及风险管制值 G_i，基于表层土壤中镉、铬、铅、砷、汞的含量 C_i，评价农用地土壤污染的风险，并将其土壤环境质量类别划分为三类，如表 4-22 所示。

表 4-22　单因子土壤环境质量评价及类别划分表（一）

污染物[①]含量	风险程度	质量类别分类
$C_i \leqslant S_i$	无风险或风险可忽略	优先保护类
$S_i < C_i \leqslant G_i$	污染风险可控	安全利用类
$C_i > G_i$	污染风险较大	严格管控类

① 包括镉、铬、铅、砷、汞。

依据《土壤环境质量 农用地土壤污染风险管控标准（试行）》（GB 15618—2018）中的风险筛选值 S_i 及风险管制值 G_i，基于表层土壤中铜、镍、锌的含量 C_i，评价农用地土壤污染的风险，并将其土壤环境质量类别划分为两类，如表 4-23 所示。

表 4-23　单因子土壤环境质量评价及类别划分表（二）

污染物[①]含量	风险程度	质量类别分类
$C_i \leqslant S_i$	无风险或风险可忽略	优先保护类
$C_i > S_i$	有污染风险且风险不可忽略	安全利用类

① 包括铜、锌、镍。

（2）多因子综合评价

① 镉、铬、铅、砷、汞 5 个因子综合评价，按表层土壤的镉、铬、铅、砷、汞中类别最差的因子确定该点位综合评价结果；

② 铜、镍、锌 3 个因子综合评价，按表层土壤的铜、镍、锌中类别最差的因子确定该点位综合评价结果。

（3）农产品安全性评价　根据《农用地土壤环境风险评价技术规定（试行）》（环办土壤函〔2018〕1479 号），对农产品采用单因子指数法进行评价，计算公式为：

$$E_{ij} = \frac{C_{ij}}{L_{ij}} \tag{4-45}$$

式中　E_{ij}——农产品 i 中污染物 j 的超标倍数；

C_{ij}——农产品 i 中污染物 j 的含量测定值；

L_{ij}——农产品 i 中污染物 j 的食品安全国家标准限值（单位与 C_{ij} 保持一致）。

根据计算出的 E_{ij} 的数值判定农产品单项污染物超标程度分级，详见表 4-24。

表 4-24　农产品单项污染物超标程度分级

E_{ij} 值	超标等级
$E_{ij} \leqslant 1.0$	Ⅰ（未超标）
$1.0 < E_{ij} \leqslant 2.0$	Ⅱ（轻度超标）
$E_{ij} > 2.0$	Ⅲ（重度超标）

以初步确定的土壤环境质量类别为基础，结合农产品安全性评价结果，综合确定土壤环境质量类别，具体划分依据见表 4-25。

表 4-25　土壤环境质量类别划分依据

序号	划分依据	质量类别
1	根据土壤污染程度划分为优先保护类	优先保护类
	根据土壤污染程度划分为安全利用类且农产品不超标	
2	根据土壤污染程度划分为安全利用类且农产品轻度超标	安全利用类
	根据土壤污染程度划分为严格管控类且农产品不超标	
3	根据土壤污染程度划分为严格管控类且农产品超标	严格管控类
	根据土壤污染程度划分为安全利用类且农产品严重超标	

4.4 风险管控与修复目标

4.4.1 目标确定基本原则

硫铁矿区风险评估的最终目的是为矿区风险管控与修复制定一套基于风险的管控与修复目标,用于确定矿区是否需要开展管控与修复,并为管控与修复决策提供参考标准。硫铁矿区作为一个复杂的环境系统,其管控与修复目标的确定要综合考虑硫铁矿区不同区域人体健康,考虑不同的污染介质,根据各污染源特征条件和暴露途径推导概念模型中合规点处土壤和地下水中的污染物浓度。管控与修复目标的确定要基于层次性、谨慎性和可行性的原则进行。

(1)层次性 在现有认知水平和技术措施条件下,根据风险管控与修复需求,利用可获得数据信息和工具方法,由简单到复杂、由保守到实际逐级进行管控与修复目标值的确定。

(2)谨慎性 管控与修复目标值的确定应包括在现实最不利情景下,敏感受体或高暴露受体暴露于环境中化学性因素的健康风险,要综合考虑不同区域土壤和地下水风险控制值,从严取值。

(3)可行性 管控与修复目标值的确定要综合考虑矿区土壤环境背景值,按照一定比例对暴露值进行扣除,避免过度管控与修复。

4.4.2 目标确定途径

硫铁矿区管控与修复目标的确定,主要考虑保护人体健康,根据关注污染物的致癌效应和非致癌效应,在假设的可接受致癌风险和可接受非致癌危害商的前提下计算。计算时要考虑硫铁矿区不同区域土地利用类型,在考虑第一类用地和第二类用地的情况下,计算基于致癌效应和非致癌效应的土壤和地下水风险控制值。单一污染物可接受致癌风险取值为 10^{-6},单一污染物可接受危害商取值为 1。

在硫铁矿区风险评估阶段概念模型基础上,充分分析矿区关注污染物及其性质,分析硫铁矿区不同区域用地类型,确定关注污染物经过土壤和地下水对不同受体的暴露途径。土壤暴露途径主要包括经口摄入土壤、皮肤接触土壤、吸入土壤颗粒物、吸入室外空气中来自表层土壤的气态污染物、吸入室外空气中来自下层土壤的气态污染物、吸入室内空气中来自下层土壤的气态污染物共 6 种,地下水暴露途径主要包括经口摄入地下水、皮肤接触地下水、吸入室外空气中来自地下水的气态污染物和吸入室内空气中来自地下水的气态污染物共 4 种。一般而言,硫铁矿区土壤污染物主要是镉、铬、汞、砷、镍、锌、铜等重金属,故土壤暴露途径以经口摄入土壤、皮肤接触土壤、吸入土壤颗粒物三种途径为主,地下水暴露途径以经口摄入地下水、皮肤接触地下水两种途径为主。

通过暴露途径分析,确定适当的计算模型,基于单一污染物可接受致癌风险取值和可接受危害商的取值,反向推导计算硫铁矿区不同区域土壤风险控制值和地下水风险控制值,充分考虑对不同区域土壤和地下水的保护:对于土壤,选择较小值作为地块的风险控制值,然后与筛选值比较，选择较大值为硫铁矿区管控与修复目标值；对于地下水，要同时结合区域地下水使用功能以及地表水系有无敏感性，确定地下水的修复目标值。硫铁矿区风险管控与修复目标确定过程详见图 4-9。

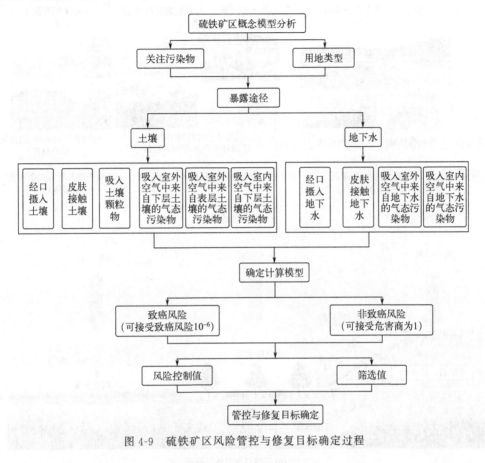

图 4-9 硫铁矿区风险管控与修复目标确定过程

4.5 风险管控模式

硫铁矿开采产生的污染物通过地表径流、地下入渗和大气沉降等迁移途径进入周边环境，造成土壤、地下水污染，污染物经口、皮肤、呼吸道等进入受体，损害受体健康，因此矿区土壤污染风险由"污染源-暴露途径-受体"构成的复杂系统各要素之间的交互作用共同决定。

矿区土壤污染风险特点决定了矿区风险管控是一项系统性工程，需要构建"源头控制-过程阻控-末端治理"全过程的土壤风险管控模式。硫铁矿区渣堆及周边污染影响区风险管控与修复模型构建总体思路详见图 4-10。源头控制通过污染源处理处置、植物皮肤覆盖等技术手段降低污染源释放；过程阻控通过工程挡墙、生态隔离带等手段阻断污染物迁移途径；末端治理通过种植低积累作物和超富集植物、农艺调控、种植结构调整等技术降低受体摄入污染物的含量。

(a) 总体思路图

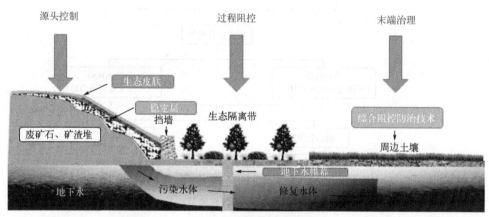

(b) 二维层面总体思路图

图 4-10 硫铁矿区渣堆及周边污染影响区风险管控与修复模型构建总体思路

本图彩图

第5章 硫铁矿区重金属污染治理与修复技术概述

矿区的表土经常出现流失或被毁坏的现象。为了改善矿区土壤的物理特性，常用技术有粉碎、剥离、压实、分级、排放等。具体实际操作中，还包括梯田种植、修建排水渠及稳定塘设施、应用覆盖物和施用有机肥料等。植物的残余物（如植物秸秆）可作为一种有效的覆盖物，将极端变化的温度与土壤的表层隔开，从而增加土壤的含水量，并减少地表径流对土壤造成的侵蚀。施用有机肥能明显改善土壤结构。土壤物理修复技术的关键是覆盖、培植与养护表土，改善土壤结构，建立植被覆盖，有效控制污染物对土壤的侵蚀。按照修复技术的原理可以分为物理修复技术、化学修复技术、生物修复技术。

5.1 物理修复技术

物理修复，是指通过调节或控制土壤的物理性质及物理过程，以分离和减少土壤污染而对土壤污染物进行的处理。该技术包括电动修复法、热处理法、换土法等。该技术适合小面积的污染土壤，但存在二次污染、破坏土壤原有生态结构以及需要大量的人力物力等问题，限制了其在土壤修复领域的大规模利用。

5.1.1 电动修复法

5.1.1.1 定义

电动修复法是将电极插入受污染的土壤层或地下水区域，通过施加电流形成电场，孔隙中的地下水或操作中额外补充的流体可作为传导的介质，以去除土壤中的污染物。

在美国 EPA 超级基金案例中，电动修复利用低电压（50～150V）通过整块污染土壤，促进金属离子的移动。阴离子污染物（铬酸根等）将富集在阳极溶液中；阳离子污染物（铅、铜离子等）将富集在阴极附近。电动修复通常采用原位方式，电极可深至地面以下3～5m，多数情况下电极要浸没在其中。

5.1.1.2 技术原理

电动修复技术的基本原理是在污染土壤区域插入电极，施加直流电后形成电场，土壤中的污染物在直流电场的作用下定向迁移，富集在电极区域，再通过其他方法去除。电动修复过程中污染物的迁移机理有电渗析、电迁移和电泳三种情况。电渗析是土壤中的孔隙水在电场作用下从阴极向阳极方向流动；电迁移是带电粒子向电性相反的电极方向迁移；电泳是土壤中带电胶体粒子的迁移运动。电动修复过程中阳极应该选用惰性电极（如石墨、铂、金、银等），在实际应用中多选用高品质的石墨电极；阴极可以选用普通的金属电极。污染土壤电动修复机理具体如图 5-1 所示。

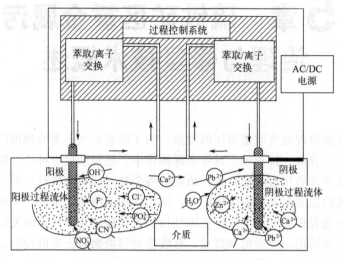

图 5-1　污染土壤电动修复机理示意图

5.1.1.3　技术特点

电动修复技术具有适用范围广、能量效率高、容易操作、环境友好、成本低等优点。但其对渗透性高、导电性较差的砂质土壤及有机结合态和残留态的重金属污染的修复效果较差。

5.1.1.4　影响因素

对电动修复有利的因素包括：阳离子交换能力（CEC）弱，土壤含水量高但不饱和，含盐量低，电导率低，污染物的可交换态或可溶态比例高。美国国家环保署在 1998 年开展了重金属污染场地电动修复示范，但是最后发现电动修复效率远远低于预期。

5.1.2　换土法

5.1.2.1　定义及技术原理

换土法，顾名思义，是指用新鲜未受污染的土壤替换或部分替换污染的土壤，以稀释原污染物浓度，提高土壤环境容量，从而达到土壤修复目的的一种方法。换土法主要的工艺有：全部换土、地下土置换表层土、部分换土、覆盖未污染的土来降低土壤污染物浓度。通过实地考察，根据实际情况选择一种换土法或者多种换土法综合使用，一般可以快速达到土壤修复的目的。

5.1.2.2　技术特点

换土法的优点是彻底、稳定地清除污染物，但其缺点是工作量大、成本高，比较适合修复再利用价值高的土壤，比如景区花园、科研场所土壤等。另外该法还会导致土壤结构破坏、土壤肥力下降、污染堆积和处置问题。由于对环保要求的提高，该法需要大量的清洁土壤，挖出的污染土壤较难处置，因此一般只作为应急技术。

5.1.3　阻隔覆盖技术

5.1.3.1　定义

阻隔覆盖技术，又称阻隔填埋技术，该技术利用工程措施（敷设阻隔层）将污染物封存在原地，使污染物与四周环境隔离，即切断暴露途径，限制污染物迁移，降低或消除污染物的暴露风险，避免污染物与人体接触和随降水或地下水迁移进而对人体和周围环境造成危害。相关技术示意见图 5-2。按其实施方式，可以分为原位阻隔覆盖和异位阻隔填埋。

砂砾石
排水层
黏土
防渗层
植被层
受污染的土壤
排水管
清洁
土壤
监测井
清洁
土壤
水位

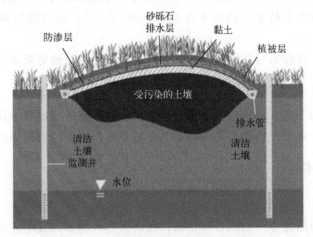

图 5-2　土壤阻隔覆盖技术示意图

5.1.3.2　技术原理

原位阻隔覆盖是通过在污染区域四周建设阻隔层，并在污染区域顶部覆盖隔离层，将污染区域四周及顶部完全与周围隔离，避免污染物与人体接触和随地下水向四周迁移。也可以根据场地实际情况，选择只在场地四周建设阻隔层或只在顶部建设覆盖层。其中，水平阻隔层铺设过程中会抬高地面以提供适当的坡度，促进地表水径流，减少地表水渗透到地下而造成的污染物迁移。也可以考虑在污染区域地下水上游建设阻隔墙，以减弱或者阻隔地下水对污染区域的侵蚀浸泡，避免污染物浸出随径流流出。

异位阻隔填埋是将污染物阻隔填埋在由高密度聚乙烯（HDPE）膜等防渗阻隔材料组成的防渗阻隔填埋场里，使污染物与四周环境隔离，防止污染固体中的污染物随降水或地下水迁移，污染周边环境，影响人体健康。该技术虽不能降低污染固体中污染物本身的毒性和减小污染固体体积，但可以降低污染物在地表的暴露及迁移性。

为了达到阻止污染物迁移的目的，要求阻隔层有非常低的渗透性，实际使用中要求渗透系数小于 10^{-7}cm/s；同时，阻隔层要有较好的连续性和耐久性，材料应具有较高的稳定性和耐腐蚀性，污染物与其作用不会导致阻隔功能的减弱或失效。

5.1.3.3　实施过程

具体实施过程分为以下几步。

① 确定污染阻隔区域边界。

② 在污染阻隔区域四周设置由阻隔材料构成的阻隔系统。

③ 在污染区域表层设置覆盖系统（图 5-3）。

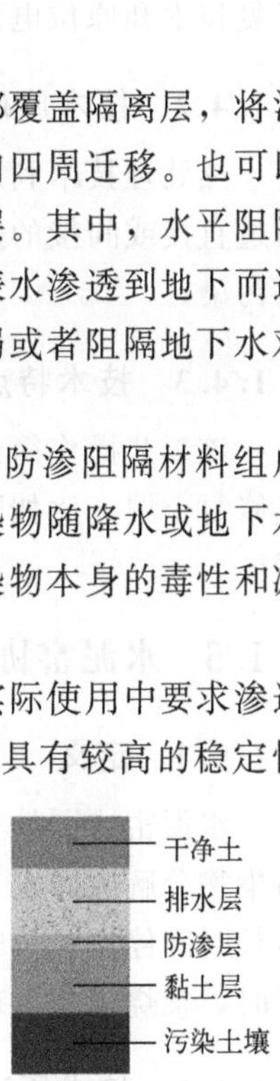

干净土
排水层
防渗层
黏土层
污染土壤

图 5-3　阻隔覆盖层组成示意图

④ 定期对污染阻隔区域进行监测，防止渗漏污染。

5.1.3.4 技术特点

（1）技术成熟可靠　该技术早在 20 世纪 80 年代初期就已经开始应用，在国外已经应用 30 多年，已成功用于近千个工程，对不同类型的污染物都具有较好的风险控制效果。

（2）修复周期短　该技术的处理周期与工程规模、污染物类别、污染程度等因素密切相关。相比其他治理技术，该技术处理周期较短。

（3）修复成本低　该技术的处理成本与工程规模等因素相关，填埋技术投资及运行费用较低。通常原位阻隔覆盖技术应用成本为 500~800 元/m³，异位阻隔填埋技术应用成本为 300~800 元/m³。

（4）适用性强　该技术对污染物浓度、种类及污染土壤质地等要求较低。

5.1.3.5 适用范围

该技术通常适用于地下水水位之上的污染土壤，且实施后地块较难用于其他开发建设项目。该技术不适用于自然保护区、水源保护区等对环境保护有严格限制的区域。

5.1.4 热处理技术

5.1.4.1 定义

热处理技术利用热传导（加热井和热墙）或热辐射（例如无线电波加热）实现对土壤的修复，其中包括高温（约 1000℃）下的原位加热修复技术、低温（约 100℃）下的原位加热修复技术和原位电磁波加热技术等。

5.1.4.2 技术原理

热处理技术利用在高温条件下（蒸汽加热、红外辐射、微波等）产生的一些物理效应，通过直接或间接的热交换，加快土壤颗粒内部吸附污染物的解吸、分离，从而修复土壤重金属污染。

5.1.4.3 技术特点

该工艺操作简单，但能耗高，运行成本高，适用于挥发性重金属污染，一般也只用于快速修复土壤，比如医院、池塘、花园、科研单位等的土壤。如果回收方式不当，会造成大气污染。

5.1.5 水泥窑协同处置技术

5.1.5.1 定义

水泥窑协同处置法，是将污染土壤与水泥生料协同处置，经过回转窑高温煅烧，可以将污染物分解或固定，达到无害化处置的一种技术方法。该技术利用水泥回转窑内的高温、气体长时间停留、热容量大、热稳定性好、碱性环境、无废渣排放等优势，在生产水泥熟料的同时，焚烧固化处理污染土壤。

5.1.5.2 技术原理

污染土壤从窑尾烟气室进入水泥回转窑，窑内气相温度最高可达 1800℃，物料温度约

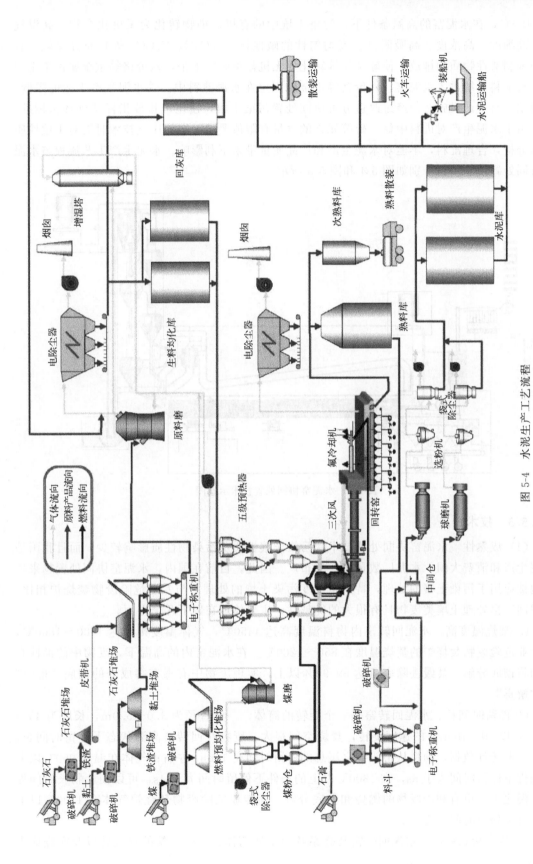

图 5-4　水泥生产工艺流程

为 1450℃，在水泥窑的高温条件下，污染土壤中的有机污染物转化为无机化合物，高温气流与高细度、高浓度、高吸附性、高均匀性的碱性物料（CaO、CaCO₃等）充分接触，有效地抑制酸性物质的排放，使硫和氯等转化成无机盐类固定下来，六价铬等重金属污染土壤从生料配料系统进入水泥窑，六价铬等重金属固定在水泥熟料中。受水泥生产工艺的限制，普通水泥窑生产设施必须经过改造方可协同处置污染土壤，使尾气排放指标达到环保标准。同时由于水泥生产对进料中氯、硫等元素的含量有限值要求，在使用该技术时需对土壤性质进行分析，合理配料，不能对水泥生产和产品质量带来不利影响。水泥生产工艺流程与水泥窑协同处置技术示意分别如图 5-4 和图 5-5 所示。

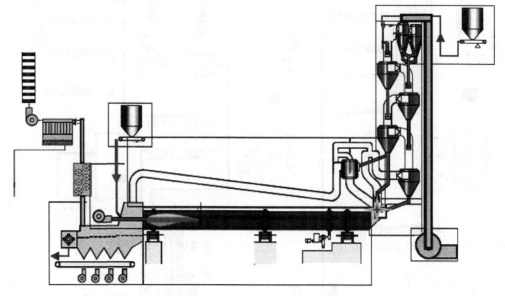

图 5-5　水泥窑协同处置技术示意图

5.1.5.3　技术特点

（1）成熟性　水泥窑协同处置技术受污染土壤性质及污染物性质影响较少，而且我国是水泥生产和消费大国，水泥厂数量多，分布广。因此，目前在国内，水泥窑协同处置越来越多地被应用于污染土壤的处理，特别是重度污染土壤的处理。与专业危险废物焚烧炉相比，水泥回转窑处理土壤类废物具有很大的优越性，主要体现在以下几个方面。

① 焚烧温度高。水泥回转窑内物料温度高达 1450℃，气体温度则高达 1700～1800℃，而专业危险废物焚烧炉的焚烧温度在 850～1200℃。在水泥窑内的高温下，废物中的毒性有机物将彻底分解，焚毁去除率可达 99.99% 以上，实现废物中有毒有害成分的彻底"摧毁"和"解毒"。

② 停留时间长。水泥回转窑是一个旋转的筒体，一般直径为 3.0～5.0m，长度为 45～100m，以 40～100r/h 的速度旋转，焚烧空间很大，废物在回转窑高温状态下停留时间长。根据一般统计数据，物料从窑头到窑尾总的停留时间在 40min 左右；气体在温度 950℃ 以上的条件下停留时间大于 8s，在 1300℃ 以上的条件下停留时间大于 4s，可以使废物长时间处于高温之下，更有利于废物的燃烧和彻底分解。而专业危险废物焚烧炉气体在 1100℃ 以上的条件下停留时间仅为 2s。

③ 焚烧状态稳定。水泥回转窑焚烧系统由金属筒体、窑内砌筑的耐火砖以及在烧成带

形成的结皮和待煅烧的物料组成，热惯性很大，燃烧状态稳定。而且新型回转式焚烧炉运转率高，一般年运转率大于 90％，不会因为废物投入量和性质的变化，造成大的温度波动而影响焚烧效果。

④ 良好的湍流。水泥窑内高温气体与物料流动方向相反，湍流强烈，有利于气固相的充分混合、传热传质与热化学反应的进行。

⑤ 废气处理效果好。生产水泥采用的原料成分决定了回转窑内是碱性气氛。水泥窑内的碱性物质可以和废物中的酸性物质（如 HCl、HF、SO_2 和 CO_3^{2-} 等）中和生成稳定的盐类，有效地抑制酸性物质的排放，便于尾气净化。而且水泥工业烧成系统和良好的废气处理系统使燃烧之后的废气经过较长的路径进入冷却和除尘设备，污染物排放浓度较低。

⑥ 无废渣排出。在水泥生产的工艺过程中，只有生料和经过煅烧工艺所产生的熟料，除尘器收集的飞灰返回原料制备系统重新利用，没有废渣排出。而一般危险废物焚烧炉焚烧会产生大量飞灰和底灰，需要再次处置。

（2）适用性 该技术可处理有机污染物及重金属，不宜用于汞、砷、铅等重金属污染较重的土壤。由于水泥生产对进料中氯、硫等元素的含量有限值要求，在使用该技术时需慎重确定污染土壤的添加量，一般不超过水泥熟料量的 4％。

（3）处理周期及成本 处理周期与水泥生产线的生产能力及污染土壤添加量相关，添加量一般低于水泥熟料量的 4％。国内的处置成本不超过 1500 元/m^3。

5.2 化学修复技术

化学修复技术通过在污染土壤中使用适当的化学试剂，如固化剂、重金属螯合剂以及表面活性剂等，使其与污染物发生氧化还原、吸附沉淀和络合等一系列反应，进而使污染物从土壤中分离、降解和转化，稳定化为无毒无害的形式或形成沉淀被清除。

大多数矿区受污染的土壤都缺乏有机质及营养元素（如氮）。恢复土壤肥力以及提高土壤生产力是将修复后的土地用于农业生产的先决条件。有机废弃物（如污水污泥、垃圾或熟堆肥）可用作土壤添加剂，并在一定程度上充当营养源，缓慢释放到土壤中，同时通过螯合有效态的有毒金属从而降低其毒性。除有机添加剂以外，无机添加剂（包括煤灰、石灰、采石废弃物、石膏废料、粉碎的垃圾、氯化钙和硫酸等）也可改善土壤特性。在有毒的尾矿废弃物上覆盖一层惰性材料（如煤渣、钢渣等），可有效防止有毒金属向表层土迁移，起到化学稳定的作用。

化学修复技术按处置地点可进一步分为原位化学修复和异位化学修复。原位化学修复是指在污染现场加入修复剂，使其与环境介质中的污染物发生化学反应，从而降解污染物或消除污染物的毒性，并通过化学固定降低污染物的活性或生物效应。异位修复是指把土壤从原位置挖掘或抽提出来，搬运或转移到其他场所或位置进行治理修复的技术。与异位修复相比，原位修复由于不需要挖掘以及输送土壤，因此可以节省大量处理成本，而且不占用额外的工程设施，但通常修复周期较长，且由于土壤与含水层存在差异，处理过程中的一致性也无法得到保证；异位修复需要的修复周期相对较短，为了更好地控制处理效果，可以利用均质、筛分、连续搅拌等方法。

5.2.1　土壤淋洗技术

5.2.1.1　定义

淋洗技术是将水或含有冲洗助剂的水溶液、酸碱溶液、络合剂或表面活性剂等淋洗剂注入污染土壤或沉积物中，促进土壤环境中污染物溶解或迁移，通过将溶剂与污染土壤混合，然后再把包含污染物的液体从土壤中抽提出来，进行分离处理的技术。淋洗的废水经处理后达标排放，处理后的土壤可以再利用。该技术分为原位土壤淋洗和异位土壤淋洗。

5.2.1.2　技术原理

该技术利用去离子水、含有助溶剂的水溶液或其他化学添加剂与土壤中的污染物结合，使金属离子以游离态形式或形成金属配合物，使其从土壤中解吸，再进行回收和处理。土壤淋洗技术原理如图 5-6 所示。

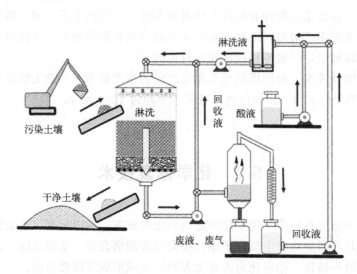

图 5-6　土壤淋洗技术原理

常见的土壤淋洗液主要有：①盐酸、硝酸、磷酸及其他无机化合物；②二乙烯三胺五乙酸（DTPA）、乙二胺四乙酸（EDTA）及其他人工螯合剂；③有机酸（柠檬酸、苹果酸、酒石酸）及其他天然有机螯合剂；④生物表面活性剂（茶皂素等）。其中 EDTA 是比较常用的淋洗剂，利用 EDTA 淋洗剂可使铅、锌、镉生物可利用态的含量急剧下降。在较宽的 pH 范围内，EDTA 能与大部分重金属形成相对稳定的螯合物，虽然其效果可观，但 EDTA 昂贵的成本以及回收难等问题还有待解决。

5.2.1.3　实施过程

原位淋洗技术（图 5-7）即不对土壤进行开挖，直接通过水力压头或冲洗等方式对污染土壤进行淋洗，携带污染物到达地下水后用泵抽取污染的地下水，并于地面上去除污染物的过程。该技术对土壤质地要求严格，一般适用于砂土和砂壤土，不适于黏土含量较高的污染土壤的修复。该技术若操作不当容易造成二次污染，而且大部分淋洗剂的使用会造成土壤肥力下降，部分淋洗剂的残留也会对土壤造成二次污染。

异位淋洗技术（图 5-8）是把受污染的土壤挖出后，采用专门的清洗设备和药剂对其进行清洗，从而去除吸附、固定或沉淀在土壤中的污染物，再对含有污染物的清洗废水或废液进行处理的技术，洁净土可以回填或运到其他地点回用。

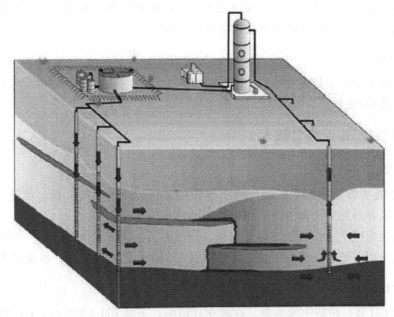

图 5-7　原位土壤淋洗修复示意图

图 5-8　异位土壤淋洗修复示意图

5.2.1.4　技术特点

土壤淋洗使用的淋洗剂主要有无机淋洗剂、人工螯合剂、阳离子表面活性剂、天然有机酸、生物表面活性剂等。无机淋洗剂具有成本低、效果好、速度快等优点，但用酸冲洗污染土壤时，可能会破坏土壤的理化性质，使土壤养分大量流失，并破坏土壤微团聚体结构。人工螯合剂价格昂贵，生物降解性差，且冲洗过程易造成二次污染，在处理质地较细的土壤时，需多次清洗才能达到较好效果。低渗透性的土壤处理困难，表面活性剂可黏附于土壤中降低土壤孔隙度，淋洗液与土壤的反应可降低污染物的移动性，较高的土壤湿度、复杂的污染混合物以及较高的污染物浓度会使处理过程更加困难。淋洗废液如控制不当会产生二次污染，因此需回收处理。淋洗过程通常采用可移动处理单元在现场进行，因此该技术所需的实施周期主要取决于处理单元的处理速率及待处理的土壤体积，一般处理周期为 3～12 个月。处理参考成本：美国处理成本为 53～420 美元/m^3；欧洲处理成本为 15～456 欧元/m^3，平均为 116 欧元/m^3；国内处理成本不超过 2000 元/m^3。

5.2.1.5 适用范围

化学修复技术适用于处理重金属及半挥发性有机污染物、难挥发性有机污染物，不宜用于土壤细粒（黏粒/粉粒）含量高于 25% 的土壤。

5.2.2 化学氧化/还原修复技术

5.2.2.1 定义

化学氧化/还原修复技术是指向污染土壤添加氧化剂或还原剂，通过氧化或还原作用，使土壤中的污染物转化为无毒或毒性相对较小的物质的处理技术。

常见的氧化剂包括高锰酸盐、过氧化氢、芬顿试剂、过硫酸盐和臭氧。常见的还原剂有硫化氢、连二亚硫酸钠、亚硫酸氢钠、硫酸亚铁、多硫化钙、二价铁、零价铁等。

5.2.2.2 技术原理

以重金属 Cr(Ⅵ) 污染土壤为例，在氧化环境中，土壤 pH<6.5 时，Cr(Ⅵ) 以重铬酸盐形式存在，当 pH>6.5 时，Cr(Ⅵ) 以铬酸盐形式存在，二者都是剧毒物质；Cr(Ⅲ) 在酸性条件下 (pH<4.6) 以 Cr^{3+} 形式存在；当 pH 在 4.6～13 时，Cr(Ⅲ) 以 Cr(OH)$_3$ 沉淀形式存在，在 pH>13 的极端条件下，Cr(Ⅲ) 的存在形式是 Cr(OH)$_4^-$。Cr(Ⅵ) 一般存在于强氧化环境中，在还原条件下 Cr(Ⅵ) 将被还原为 Cr(Ⅲ) 且容易形成氢氧化物沉淀。因此，可利用化学还原的方法将 Cr(Ⅵ) 转化为 Cr(Ⅲ)，并进一步形成 Cr(OH)$_3$ 沉淀，从而达到去除 Cr(Ⅵ) 污染物、消除健康风险的目的。化学还原稳定化是通过还原转化使 Cr(Ⅵ) 毒性降低的一种方法，常用的还原剂有：还原态硫化合物，如硫化氢、硫化钙、亚硫酸钠和连二亚硫酸钠；铁，如零价铁、溶解态二价铁离子或含铁矿物（赤铁矿、磁铁矿、黑云母）。

Cr(Ⅵ) 在酸性介质中是一种强氧化剂，Cr(Ⅵ)/Cr(Ⅲ) 电对的标准电极电势为 1.33V，而 Fe^{3+}/Fe^{2+} 电对的标准电极电势为 0.77V。因此在酸性介质中亚铁离子可迅速将 Cr(Ⅵ) 还原。铬污染土壤及其浸出液呈碱性，在碱性介质中，Cr(Ⅵ)/Cr(Ⅲ) 电对的标准电极电势为 −0.12V；而根据能斯特方程计算 Fe^{3+}/Fe^{2+} 电对的克式量电势为 −0.54V，由于两电对电势相差较大，因此在碱性条件下亚铁盐亦可将 Cr(Ⅵ) 定量还原。以硫酸亚铁为还原剂，在适量水分存在的情况下将污染土壤中有毒的 Cr(Ⅵ) 还原为 Cr(Ⅲ)，而在碱性条件下三价铬以氢氧化铬的形式沉淀，从而实现铬的稳定化。在酸性及碱性条件下，亚铁离子均可将 Cr(Ⅵ) 定量还原，总反应方程式如下：

$$CrO_4^{2-} + 3Fe^{2+} + 4OH^- + 4H_2O \Longrightarrow Cr(OH)_3 \downarrow + 3Fe(OH)_3 \downarrow$$

化学氧化/还原修复技术工艺如图 5-9 所示。

5.2.2.3 技术特点

① 该技术成熟度较高，国外已经形成较完善的技术体系，应用广泛。国内发展较快，也已有工程应用。

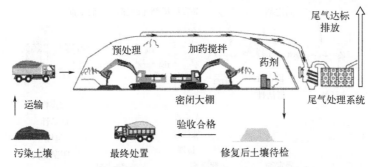

图 5-9 化学氧化/还原修复技术工艺示意图

② 适用于处理重金属类（如六价铬）和氯代有机物等，不适用于有机污染土壤的修复。

③ 处理周期较短，一般为数周到数月。处理参考成本：国外处理成本为 200~660 美元/m^3；国内处理成本一般不超过 1500 元/m^3。

5.2.3 固化/稳定化技术

5.2.3.1 定义

固化/稳定化通常是指将污染土壤机械地封存在结构完整、低渗透性的固态产物（固化体）中，从而隔离污染物与外部环境联系的一种技术。在实际应用中，稳定化则是对污染土壤的有害成分进行化学改性或将其输入稳定的特征结构中，以降低其污染效力，从而降低迁移性和有害性。固化/稳定化技术作为一项治理重金属的常用技术，自 20 世纪 80 年代以来，已在美国、欧洲多国、澳大利亚等地区应用多年，现已广泛应用于含 Pb 等重金属土壤、废渣和淤泥沉积物、砷渣等的治理中。我国的污染土壤固化/稳定化研究起步于 21 世纪初。2010 年以来，该技术的工程应用快速增长，已成为重金属污染土壤修复的主要技术方法之一。据不完全统计，截止到 2020 年国内实施废渣或土壤固化/稳定化修复的工程案例已超过 50 项。

5.2.3.2 技术原理

固化/稳定化技术是指将一定比例的固化剂/稳定剂加入污染土壤中与污染物混合，通过一系列物理化学作用，使污染物固定在土壤固化/稳定化材料中，通过降低流动性，避免或减缓污染物释放的污染源，最终控制和减少污染物在土壤中的淋溶、迁移并降低其毒性。该技术通常利用带有混合设备和钻孔设备的起重机进行钻孔作业，将黏合剂注入地下，并与污染物混合。钻孔的数量取决于钻的尺寸和污染区域的大小，钻孔数可能多达几十个。修复的土地通常会用"盖子"覆盖起来，以避免雨水接触到已经处理好的污染物。固化/稳定化技术实施过程如图 5-10 所示。

5.2.3.3 实施过程

固化/稳定化技术通常包括稳定化和固定化两个程序。其中，稳定化技术指的是从污染物的有效性出发，通过形态转化，将污染物转化为不易溶解、迁移能力弱或毒性更小的形式来实现无害化，以降低其对生态系统的危害风险。而固定化技术通常指的是通过物理作用微观上将污染物包裹在不透水或者渗透性很低的惰性固态材料中，通过减少污染物与溶液的接触面积或接触量，从而将污染物转化为不易溶解、迁移能力弱或毒性更小的形式来实现无害

本图彩图

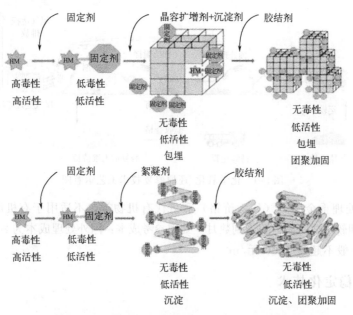

图 5-10　土壤固化/稳定化技术实施过程示意图

化,以降低其对生态系统的危害风险。常用的固定剂主要是各类水泥。

按处置位置的不同,分为原位固化/稳定化和异位固化/稳定化。原位固化/稳定化与异位固化/稳定化技术修复过程分别如图 5-11、图 5-12 所示。

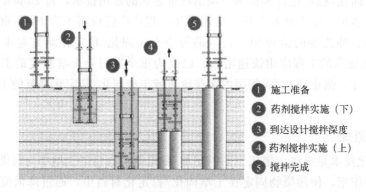

① 施工准备
② 药剂搅拌实施(下)
③ 到达设计搅拌深度
④ 药剂搅拌实施(上)
⑤ 搅拌完成

图 5-11　原位固化/稳定化土壤修复示意图

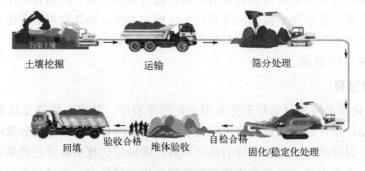

土壤挖掘　运输　筛分处理

回填　验收合格　堆体验收　自检合格　固化/稳定化处理

图 5-12　异位固化/稳定化土壤修复示意图

原位固化/稳定化技术主要实施过程如下：

① 根据地块污染空间分布信息进行测量放线；

② 确定原位搅拌设备及搅拌深度等关键参数；

③ 机械设备原位搅拌及固化剂投加；

④ 搅拌区域养护；

⑤ 原位监测、验收。

异位固化/稳定化技术主要实施过程如下：

① 根据地块污染空间分布信息进行测量放线之后开始土壤挖掘；

② 挖掘出的土壤根据情况进行预处理（水分调节、杂质筛分、破碎等）；

③ 固化剂添加；

④ 土壤与固化剂混合搅拌、养护；

⑤ 固化体的监测与处置、验收。

其中②③④也可以在一体式混合搅拌设备中同时完成。

5.2.3.4 技术特点

膨润土、海泡石、蒙脱石等天然矿物可以吸附土壤中的重金属，大大降低土壤中各种重金属的迁移性；氢氧化钙等碱性药剂可以与铅等重金属形成氢氧化物沉淀；硫化钠等可溶性硫化物可以与土壤中重金属反应，使可溶性重金属转化为不溶性硫化物。经过固化/稳定化处理后的重金属仍然残留在土壤中，在一定条件下可能重新活化进入土壤中，造成污染，因此需要对修复地块的土壤进行长期监测。判断一种固化/稳定化方法对污染土壤是否有效，主要可以从处理后土壤的物理性质和对污染物浸出的阻力等方面加以评价。

（1）有效性　采用固化/稳定化药剂可以有效修复多种介质中的重金属污染，其适用的 pH 值极其宽泛，在环境 pH 值 2~13 的范围都可以使用。

（2）长期性　修复产生可长期稳定存在的化合物，即使长时间在酸性环境下也不会释放出金属离子，保证污染治理效果长期可靠。

（3）高效性　操作工艺简单，与重金属瞬时反应，可在短期内大面积修复污染，处理量可达数千吨每天。稳定化技术可以在废物无害化的同时，实现废物少增容或不增容，从而提高危险废物处理处置系统的总体效率；还可以通过改进螯合剂的结构和性能使其与废物中的重金属等成分之间的化学螯合作用得到强化，进而提高稳定化产物的长期稳定性，减少处置过程中稳定化产物对环境的影响。

（4）实用性　固化/稳定化技术可以原位或异位修复污染，无需特制设备，针对各种地块情况都有成熟的项目施工方案。

（5）安全性　稳定剂无毒无害，不造成二次污染。固化/稳定化药剂本身不含六价铬等重金属或其他危险化学物质。相比于其他处理技术所用药剂，固化/稳定化药剂安全性更好。

（6）不足　固化反应后土壤体积都有不同程度的增加，固化体的长期稳定性较差。

5.2.3.5 处理周期及成本

固化/稳定化技术成熟度高，已在国内外得到广泛应用，日处理能力通常为 $100 \sim 1200 m^3$。处理参考成本：在国外，对于小型场地，处理成本约为 160~245 美元/m^3，对于大型场地，处理成本约为 90~190 美元/m^3；国内处理成本一般不超过 1200 元/m^3。

5.3 生物修复技术

生物修复是指以生物为主体，在一定环境条件下，利用内源微生物或外源微生物对污染物进行吸附、降解和转化，将污染物的浓度降至一定水平，或者是将有毒有害的污染物转化为无害的物质，从而降低重金属污染程度的修复技术。与其他物理化学技术相比，生物修复因其具有来源广、成本低、绿色环保等优点，受到全世界特别是发展中国家的青睐。生物修复又可细分为动物修复、植物修复和微生物修复。

5.3.1 动物修复

5.3.1.1 定义及技术原理

动物修复是指利用土壤中的一些低等动物在生命活动过程中对土壤性质和土壤重金属含量产生直接或间接的影响，从而在一定程度上降低污染土壤中重金属含量的技术。

5.3.1.2 技术特点

动物修复可以在一定程度上降低土壤中的重金属含量，但一旦土壤中的重金属含量超过某个阈值，就会导致相关动物死亡，从而引发重金属的二次释放危害。

5.3.1.3 应用

有研究表明，在不同浓度的镉、锌、铜处理下，蚯蚓的活性和分泌物不仅显著提高了黑麦草产量，还促进了黑麦草对锌、铜的吸收。

5.3.2 植物修复

5.3.2.1 定义及技术原理

植物修复是指利用植物及与其共存的微生物体系，清除环境中污染物的环境污染治理技术。受污染的生物质的处置方法通常包括热解、焚烧、堆肥和压实。近几十年来，植物修复经常与多种学科研究相结合，以恢复尾矿生态。

植物修复的原理包含四种类型：植物固定、植物提取、植物挥发以及植物转化（图5-13）。

① 植物固定又称植物稳定，利用植物吸收和沉淀来固定土壤中的大量有毒金属，以降低其生物有效性，防止其进入地下水和食物链，从而减少其对环境和人类健康的威胁。植物可以通过根系的吸收、吸附、沉淀、螯合和氧化还原反应等过程使污染物惰性化，将重金属从有毒状态转变为无毒或低毒状态。如植物通过分泌磷酸盐与铅结合成难溶的磷酸铅，使铅固化从而降低铅的

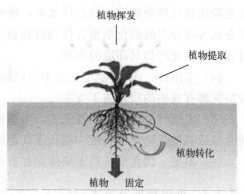

图 5-13　植物修复原理示意图

毒性。此外，植物可以通过根际微生物改变根际环境的 pH 值和 E_h 值来改变重金属的化学形态，固定土壤中的重金属。又如，豆科特别是一些具有茎瘤和根瘤的一年生豆科植物，生

长速度快，能耐受有毒金属，因而是理想的修复植物。

② 植物提取是在不影响土壤性质的情况下，利用专性植物根系吸收一种或几种污染物特别是有毒金属，并将其转移、储存到植物茎叶中，然后收割茎叶的过程。可以通过收获这些植物从污染的土壤、水体或沉积物中去除重金属。

③ 植物挥发是利用植物的吸收、积累和挥发功能来减少土壤中一些挥发性污染物，即植物将污染物吸收到体内后将其转化为气态物质，释放到大气中，从而减轻土壤污染。然而，植物挥发是最具争议的植物修复技术，由于其明显的缺点和局限性，该技术主要用于去除高挥发性和低毒性的重金属（例如汞、砷和硒）。

④ 植物转化也称为植物降解，是指通过代谢过程将吸收到植物中的污染物分解，或通过培养基中的根系分泌物（如酶）分解污染物。该技术并不依赖于根际微生物，主要用于去除疏水性中等的污染物。植物可以从受污染的环境中积累有机外源性物质，并通过代谢活动对其进行解毒。从这个角度来说，绿色植物堪称生物圈的"绿肝"。植物降解仅限于去除有机污染物，因为重金属是不可生物降解的。

5.3.2.2　技术特点

与传统的物理化学方法相比，植物修复可能是一种很有前途的生物修复技术，被证明是一种生态友好且可能成本低廉的修复策略，引起了人们的广泛关注。植物修复可以在不影响土壤聚集的情况下去除污染物，从而提高土壤肥力，增加有机物和营养物质的含量，以供今后使用。与其他常见的处理方法相比，植物修复存在一些缺点。首先，植物生长速度慢，生物质产量不足。尽管已鉴定出超过 700 种超富集植物，但其中大多数体型小且生长缓慢。其次，植物内污染物的积累率不足，对重金属的生物利用度低。对于大多数重金属，仅使用植物修复技术修复受污染的环境可能需要数十年到数百年。最后，用于修复的植物的根系不够长，无法覆盖污染区域的整个深度，这严重影响了植物修复的性能和效率。

5.3.2.3　应用

例如，Gil-Loaiza 等人发现矿区的植物修复现场试验可以显著减少尾矿的粉尘排放和金属迁移。香根草对重金属（如 Cu、Cd、Pb、Hg、Ni、Se 和 Zn 等）有较高的耐受性，并且可以在根中积累大量的重金属，是矿区重金属污染土壤修复和废弃地恢复的重要植物。此外，矿山弃土场和产酸尾矿被广泛认为是一种极端且具有挑战性的修复案例，主要是由于其缺乏营养、物理结构较差和重金属的含量高，而这些都会抑制植物的自然生长。同时，用于重建植被功能根系的天然表土的缺乏严重限制了尾矿的修复进度。为此，应提出适当的措施来改善尾矿的物理、化学和生物学特性，以增强植物的定植和金属积累能力。表 5-1 是植物修复技术的国内外应用案例。

表 5-1　植物修复技术国内外应用案例

序号	目标污染物	污染介质	植物
1	Cr(Ⅵ)	土壤	白杨和赤杨 （分阶段种植）
2	Pb、Zn	土壤	豆科植物、蜈蚣草
3	As、Ag、Pb	土壤	海罂粟

5.3.3 微生物修复

5.3.3.1 技术原理

(1) 微生物对重金属的生物积累与生物吸附 微生物对重金属的生物积累和生物吸附主要表现为胞外络合、胞外沉淀以及胞内积累三种形式，其作用方式有以下几种：①金属磷酸盐和金属硫化物沉淀；②细菌胞外多聚体；③硫蛋白、植物螯合肽和其他金属结合蛋白；④铁载体；⑤通过真菌及其分泌物去除重金属。由于微生物对重金属的亲和吸附性能很强，有毒金属离子可以沉积在细胞的同一部位，与细胞外基质结合，或轻微螯合在可溶性或不可溶性生物聚合物上。研究表明，许多微生物，包括细菌、真菌和藻类可以在环境中生物积累和生物吸附多种重金属和核素。某些微生物如放线菌、蓝细菌、硫酸盐还原菌和某些藻类，能产生大量具有阴离子基团的胞外多糖和糖蛋白等聚合物，并与重金属离子形成配合物。重金属进入细胞后，通过"区域化"分配到细胞内的不同部位，在体内合成金属硫蛋白（MT），MT 可通过半胱氨酸（Cys）残基上的巯基与金属离子结合形成低毒甚至无毒的配合物。

(2) 微生物对重金属的生物转化作用 重金属污染土壤中存在一些特殊的微生物类群，它们不仅对有毒重金属离子具有抗性，而且同时能够生物转化重金属。其主要机制包括微生物对重金属的生物氧化还原、甲基化与去甲基化、重金属的溶解和有机络合协同降解转化。

5.3.3.2 技术特点

优点：①污染物降解较为完全，二次污染少；②操作简便，可进行原位处理；③对环境扰动小，不会破坏动植物生长所需的原始土壤环境；④成本低；⑤可处理各种不同的污染物，并可以在同一时间处理污染土壤和地下水。

缺点：①见效慢，修复的周期过长；②当污染物的溶解度较低或与腐殖质、黏粒结合较为紧密时，微生物不能降解污染物；③可处理污染物浓度受限；④对于重金属、放射性污染物等见效较慢。

5.3.3.3 应用

由于微生物群落对重金属的敏感性和隔离能力，微生物已被用于硫铁矿区的重金属修复。根际土壤中，由于根部渗出高浓度的养分，会比大块土壤吸引更多的细菌。这些细菌（包括植物促长根圈细菌）反过来促进植物的生长。表 5-2 显示了植物促长根圈细菌（PG-PR）对重金属进行生物修复的一些实例。

表 5-2 微生物修复技术国内外应用案例

序号	目标污染物	污染介质	微生物
1	Pb、Cd、As、Zn、Cu	土壤	木霉菌 PDR-28
2	Pb^{2+}	土壤	阴沟肠杆菌
3	Pb	土壤	施氏假单胞菌

然而，土壤中微生物群落受重金属污染的影响，重金属污染可能导致微生物总生物量的减少，减少特定种群的丰度，使微生物群落结构发生变化。有研究表明即使是少量重金属的存在也会导致细菌多样性的显著降低。

5.4　联合修复技术

在实际矿山生态修复中，单一修复方法往往受限较多，每种方法都有使用范围，无法满足实际修复需求。因此需要结合各种方法的优点选择一个完整的技术体系，以低成本、高效地解决土壤重金属污染问题。将多种修复技术联合运用，可实现优劣互补，以获得最优的修复效果。

联合修复技术因其灵活、高效、适用范围广等特点而逐渐成为当前土壤重金属污染修复的热点方向。目前研究较多的有农艺措施-植物联合、植物-动物联合、植物-微生物联合、植物-化学联合修复等。但是，由于多种修复技术联合是一个复杂的过程，更容易受到环境因素的影响，现场操作难度高，还不够成熟，因此未能大规模推广。

5.4.1　植物-微生物联合修复

重金属污染会减少土壤中微生物的生物量、改变其生物群落结构，但微生物代谢活性并未明显地降低，在污染区仍能检测到大量的微生物菌体，这就说明污染土壤中的微生物对重金属产生了耐受性。植物产生修复作用时，接种降解效应强的专性降解菌，能更大限度地降低重金属污染的危害。

在矿区重金属污染土壤的修复实践中，只要是以生态修复为终极目标，无论采用何种具体的修复方式，植被修复都是重建生态系统不可或缺的手段。植物-微生物联合修复指的是将微生物与超富集植物结合起来使其形成一种共生体。根际微生物对植物的生长和健康非常重要，一些根际微生物具有重金属耐受性，它们分泌的某些代谢物可以提高土壤中金属的生物有效性，并能促进超富集植物生长，从而促进超富集植物对重金属的富集。因此，根际微生物可用于强化植物修复。图 5-14 为植物-微生物联合修复技术原理图。

菌株能影响植物对重金属的积累和分配，使植物体内重金属积累量增加，提升植物提取

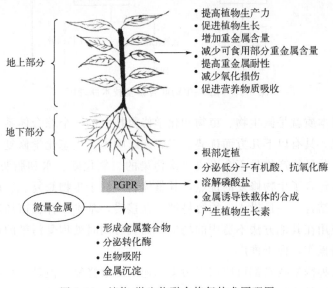

图 5-14　植物-微生物联合修复技术原理图

的效果。但接种菌株来修复重金属污染土壤的应用才刚刚处于起步阶段,微生物的种类和活性都将直接影响修复的效果。

微生物可以在不同的植物修复过程中发挥作用,例如植物提取和植物稳定技术。这些技术可加快植物的生长速度,提高生物量,降低重金属对植物的毒性作用,土壤中重金属的生物有效性也将被改变。Li 等人研究了在碱蓬根际使用棘孢木霉(*Trichoderma asperellum*)对铅(Pb)的植物稳定作用。他们发现植物(碱蓬)的株高和鲜重分别增加了 9%~23% 和 5%~13%。同时,植物的丙二醛和过氧化物酶水平分别下降了 7%~85% 和 7%~49%,表明木霉属减轻了植物的氧化损伤,土壤中铅的生物有效性降低了 6%~21%。因此证明植物稳定是主要的修复途径。

5.4.2 化学-生物联合修复

化学-生物(生态化学)联合修复技术是近年来兴起的一种新技术。该技术的原理是利用土壤和蓄水层中的黏土,在现场直接注入阳离子表面活性剂,使其形成有机黏土矿物,用来吸附和固定主要污染物,然后利用原土的微生物去降解和富集吸附区的污染物,实现化学与微生物的联合修复。在污染土壤的化学-生物联合修复中,微生物降解或植物吸收积累是关键。图 5-15 为化学-生物联合修复技术原理图。

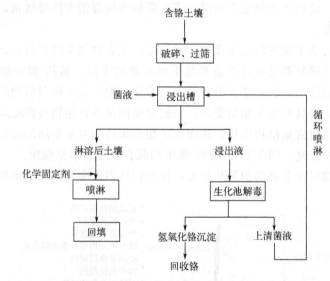

图 5-15　化学-生物联合修复技术原理图

生态化学修复本质就是微生物、植物和化学修复技术的一个综合体系,与其他现有污染土壤修复技术相比,具有以下几方面优势。①生态影响小。生态化学修复注重与土壤的自然生态过程相协调,其最终产物是不会形成二次污染的二氧化碳、水和脂肪酸等。②成本低。生态化学修复技术包含了生物修复的优点,其整体费用低于生物修复。③市场风险小。该技术与市场现状紧密结合,一旦投入,很容易被大众接受,基本不存在市场风险。④应用范围广。该技术可以应用在其他方法不适用的场地,而且可同时处理受污染的地下水。⑤在工艺上相对简单,容易操作,便于推广。

总之,上述多种修复技术都可应用于污染场地的土壤修复,但是,目前还没有一种技术可适用所有污染场地的修复。对污染物特性等重要参数合理的总结分析,有助于在特定场地选择和实施最适合的修复技术或方法。应根据场地条件、污染物类型、污染物来源、污染源头控制措施以及修复措施可能产生的影响，来确定治理方案和修复技术。

非超累积植物的修复潜力十分值得研究，这类植物提取的重金属相对较少，使用有机螯合剂辅助植物萃取或诱导植物萃取，将更有利于提高其萃取能力。EDTA 和柠檬酸是广泛应用于植物修复的氨基聚羧酸，通过与金属形成配合物进入土壤溶液，最终使金属被植物根系吸收并传递到植物的地上组织器官。Lesage 等人研究报道，EDTA 和柠檬酸的使用增加了植物中 Cu、Zn、Cd、Pb 的浓度，与柠檬酸相比，EDTA 在提高 Cu 和 Zn 的生物有效性方面的作用更为显著。Wenzel 等人报道，在土壤中添加 EDTA 后，EDTA 可与土壤溶液中的重金属离子络合形成金属-配位复合体，直接进入植物根系并向地上转运，从而促进植物对重金属的吸附和富集。Yu 等人报道，往镉污染土壤中施加 PGPR 和茶皂素能显著增加黑麦草的生物量，表现出明显的促生作用。但是，有机螯合剂的施用存在一定的负面影响，包括对植物的毒性增加、重金属元素渗入地下水以及干扰金属从根部到植物茎部的传输等。重金属螯合物的高吸收量可能导致较强的植物毒性，考虑到多种因素可能影响金属有效性，诱导植物提取还需要进一步的研究。

已有的研究表明，以 $FeSO_4$ 和石灰石为添加剂，能够有效地降低有效态 As 的含量，降低土壤浸出液中 As 的浓度，并可以减少植物对 As 的富集量。以硫酸盐还原菌为修复微生物，以低分子量有机酸为络合剂，对矿区土壤铅、镉进行修复，结果显示对铅、镉均有良好的钝化还原效果。还研究了采用可生物降解螯合剂淋洗剂和原生嗜酸菌以及两种方法联合治理铜矿区土壤污染，效果也同样显著。

5.4.3　改良剂-植物联合修复

除螯合剂和生长激素外，还有许多其他添加材料可以与植物联合应用，共同修复受重金属污染土壤。已有研究证明使用纳米材料去除不同类型土壤中的污染物是可行的，如纳米 Fe_3O_4、纳米 Fe_3O_4、纳米 Ag 和纳米零价铁（nZVI）等，可用于去除土壤中 Cr、Cu、Zn、Ni 和 Cd 等金属。有研究证明植物修复过程中，在土壤中添加适当浓度的纳米材料有较优的修复效果。生物炭负载的纳米零价铁修复受 Cr 污染的土壤，不仅可以降低植物中 Cr 的含量，而且还促进了植物的生长。当重金属浓度较高时，黑麦草与 nZVI 联合使用可以提高重金属的去除率和植物生物量。纳米羟基磷灰石可以提高土壤 pH 值，固定土壤中的 Pb，降低 Pb 和 Cu 对黑麦草的毒性，从而使黑麦草可以在含高浓度 Pb 的土壤中存活。

为了改善土壤特性和促进植物生长，研究者已经尝试利用多种材料辅助植物修复。但是，外源材料的添加可能会引起其他问题，比如有机污染物的潜在释放造成二次污染等。目前有许多研究致力于生物质改良剂联合植物来修复重金属污染土壤。生物炭应用于矿山土壤治理，改善了土壤肥力条件，提高了植物可利用的土壤养分浓度，并普遍降低了金属的生物有效性。

5.4.4　物理-化学联合修复

物理-化学修复原理是利用污染物的物理特性和化学特性，通过分离、固定和改变其存在形态等方式，去除土壤中的污染物。物理修复和化学修复这两种方法都具有操作简单、周期短、适用范围广泛等优点。但传统的物理修复和化学修复也存在一些缺点，如费用高、易产生二次污染、会破坏土壤和微生物群落结构等，制约了此方法的大规模应用。近年来，通过物理和化学修复方法的结合，研究者们有效地克服了一些修复方法存在的问题，在提高修复效率和降低修复成本方面，取得了一些进展，为今后物理-化学修复技术的发展提供了新的思路。

5.4.5　改性生物炭技术

在环境领域，生物炭的修复效果和机理已得到了广泛关注。理化性质的多样性是决定生物炭修复效果的最重要因素。决定生物炭理化性质的最关键因素是热解的温度条件（控制在300~700℃）和制备原料的性质。生物炭原料的来源很广，包括林业废弃物、农作物秸秆、畜禽粪便、来自市政污水处理厂的剩余污泥等。生物质有机废弃物的再利用是目前生物炭的主要研究方向，生物炭一般在缺氧或厌氧条件下用于修复土壤。生物炭的表面积和炭化速率与热解温度成正比，炭化速率也与吸附量成正比，即温度越高，表面积越大，炭化速率越快，生物炭的吸附量越大，对污染土壤中污染物的吸附能力也就越强。这是因为在高温阶段，原料中的纤维素、半纤维素等有机聚合物会迅速挥发分解。当热解温度较低时，生物炭中的挥发物较多，因此灰分和固定碳含量较少。随着温度的升高，C、N、O 和 H 等元素会发生热解重排，芳构化程度提高，极性变强。图 5-16 为改性生物炭技术原理。

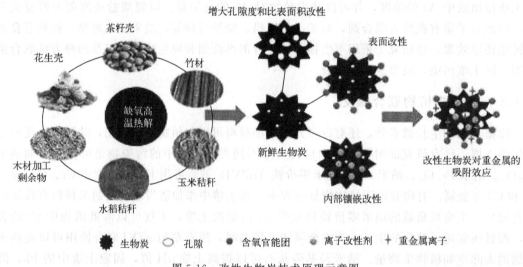

图 5-16　改性生物炭技术原理示意图

生物炭因为具有十分丰富的孔隙结构、大量官能团（—OH，—COOH）和丰富的营养元素（C、H、O、N、P、Ca、Mg 等）而被广泛应用于降低土壤重金属迁移能力和生物毒性。Chen 等使用一种生物炭基复合肥料（玉米生物炭＋硅藻土＋三偏磷酸钠＋尿素）为基础肥料钝化土壤中的 Cd，通过多孔吸附、沉淀或随着官能团增加而络合等多种途径，使土壤中有效态 Cd 的含量相比对照组降低了 44.13%；在大田试验中，施加 1% 生物炭基复合肥料，土壤肥力和玉米产量得到显著提高。

诸多研究发现部分环境中存在的微生物可以对土壤中的 Cd 进行生物吸附和生物矿化。重金属矿化微生物＋生物炭联合修复体系被认为是可行且具有成本效益的修复技术，因为该技术可以在修复过程中继续农业生产，从而达到农田可持续利用的目的，而且可以缓解农田中重金属毒性并且不带来二次风险。Qi 等人研究将枯草芽孢杆菌（*Bacillus subtilis*）、蜡样芽孢杆菌（*Bacillus cereus*）和柠檬酸杆菌（*Citrobacter* sp.）按照 3∶3∶2 的比例与生物炭混合用于修复土壤中金属 Cd 和 U 污染。培养 75 天后，相比于对照组，实验组中二乙基三胺五乙酸可浸提 Cd 和 U，使其含量分别降低 56% 和 69%。Ma 等研究芽孢杆菌（*Bacillus* sp.）TZ5 负载于生物炭上修复重金属 Cd 污染，土壤中生物有效态 Cd 相比于对照组降低了 11.34%，减弱黑麦草对土壤中 Cd 的富集能力，显著提升土壤酶活力，并使富集植物黑麦草的生物量提高了 77.88%。

5.4.6 物理-化学-微生物三元体系联合修复

目前，对物理-化学-微生物联合修复的研究很少，一般多用于异位处理污染土壤，而且大多以一种修复技术为主，其他修复方式作为辅助来进一步完善修复的过程。如利用微生物加速降解物理修复中的污染物，或者添加某些化学物质加快生物降解污染物的过程，等等。在复合修复过程中，氧化剂应控制在合适的范围内，以保证较高的降解效率；此外，土壤的结构和理化性质对降解的效果也有一定影响。

另外一个有价值的研究方向是针对不同的物理或化学修复手段对土壤中土著微生物产生的影响。外部环境条件的变化会引起土壤中微生物群落结构和代谢等一系列的变化，探索其变化规律，一方面可以有针对性且高效地选择修复技术来修复不同土壤特征的污染，另一方面也可以为以后能在更复杂的情况下进行联合修复打下基础。

5.5 工程措施与生态恢复

5.5.1 工程措施

工程措施适于小面积污染土壤的治理，主要包括排土、混土、客土、换土和深耕翻土等。排土、换土、混土和客土被认为是治本的简易方法，但工程量较大，并有污土的后续处理问题，目前只用于污染严重的地区。客土法是一种比较常见的方法，该方法用清洁土壤取代表层土壤，覆盖于表层后混匀，使土壤中污染物浓度降低到临界危害浓度以下，减少植被根系与重金属的接触，避免其进入食物链。换土就是把污染土壤取走，换入新的干净土壤。深耕翻土可使表层土壤中的重金属含量降低，这种方法虽然动土较少，但在严重污染地区不宜采用，因为严重污染地区受到污染的土层较深，即使深耕也不能改变土壤中重金属的含量，相反可能带来更严重的后果。该方法优点是能在短时间内解决土壤污染问题，但并不彻底，只是进行了转移，且有可能造成二次污染。翻土用于轻度污染的土壤，动土比较少，而客土和换土则是用于重污染区的常见方法。通过这些方法可以降低土壤中污染物的含量，减少污染物对土壤-植物系统的毒害，从而使农产品达到食品卫生标准。

工程措施是比较经典的土壤污染治理措施，具有彻底、稳定的优点，但工程量大、投资费用高，会破坏土体结构，引起土壤肥力下降，并且还要对换出的污土进行清理处置。

5.5.2 生态恢复

生态恢复指通过人工方法（硫酸盐还原菌活性污泥法、微生物电解法、离线硫化生物反应器、人工湿地、可渗透反应墙以及铁氧化生物反应器等），按照自然规律，恢复天然的生态系统。

"生态恢复"的含义远远超出以稳定水土流失地域为目的去种树，也不仅仅是种植多样的当地植物。"生态恢复"是试图重新创造、引导或加速自然演化过程。人类没有能力去恢复出纯天然系统，但是可以帮助自然，把一个地区需要的基本植物和动物放到一起，提供基本的条件，然后让其自然演化，最后实现恢复。因此生态恢复的目标不是要种植尽可能多的物种，而是创造良好的条件，促进一个群落发展成由当地物种组成的完整生态系统，或者说目标是为当地的各种动物提供相应的栖息环境。生态恢复的方法主要有物种框架方法和最大多样性方法。

生态恢复是研究生态整合性的恢复和管理过程的学科，已成为世界各国的研究热点。目前生态恢复已被用作一个概括性的术语，包括重建、改建、改造、再植等含义，一般泛指改良和重建退化的生态系统，使其重新有益于利用并恢复其生物学潜力。生态恢复的原则包括自然法则、社会经济技术原则和美学原则。

矿区生态环境修复的具体对象主要包括土壤、植被和景观三者：被污染土壤的治理改良；被破坏植被的复种、修复和保护；被破坏的原有景观的恢复。这三个方面是矿区生态环境修复的主要直接基本事项，也是矿区生态环境修复的三个主要程序、步骤和阶段，且层层深入，逐步升华。土壤治理改良是基础、根本、重点，植被修复是关键和难点，景观恢复是目标和终点。

矿区生态环境的修复以恢复矿区原有的景观为最终目标，矿区植被得到修复是矿区景观恢复的一个最基本的工作成效。但仅有矿区植被修复还远远不够，还需要采取如下工程措施，并与前面的方法和措施相结合，才能使原有矿区景观得到恢复的目标早日实现。

5.5.2.1　弃土场、尾矿坝规划

开采前根据矿场范围内地形特点以及矿种、蕴藏量、开采方式等规划弃土场。弃土场要求选择山垄肚大、出口窄、排土量多、地质条件稳定的地区，有效容积要比采矿弃土量高40%左右。弃土场必须先设置拦沙坝（挡土墙），以控制植被恢复前的水土流失。拦沙坝应根据弃土场地形以及每年弃土量而逐年加固加高。同时弃土场周围要修防洪沟。尾矿坝必须纳入整个工程预算之内与主体工程同时施工、同时验收投产，以减少对下游农业生产和群众生活的影响。

5.5.2.2　边坡治理

不管是矿山开发区，还是其他山体结构，边坡都十分重要。因此，在矿山开发区进行修复时，首先就要考虑边坡的治理情况。

如果在进行矿山开发时，边坡出现不稳定的情形，很有可能会导致相关开发人员受伤以及设备损伤。只有采取措施保持边坡的稳定性，才可以避免山体滑坡、坍塌等灾害的发生。

目前，我国对矿区的边坡治理主要采用生物护坡法，即利用生物（主要是植物），单独或与其他构筑物配合对边坡进行防护和植被恢复。具体包括以下几点：首先，尽量保持矿山路面的平整性；其次，对悬崖进行修整，清除危石、降坡削坡，将未形成台阶的悬崖尽量构成水平台阶，把边坡的坡度降到安全角度以下，以消除崩塌隐患；最后，对已经处理的边坡进行复绿，在边坡的面积范围内种植绿色植物，在进一步保持边坡稳定的同时，也可以美化环境。

5.5.2.3　尾矿治理

一般来讲，对于任意一个矿山开发区，尾矿都是占地面积最大，但利用效率最差的一个地方。因此，在选择尾矿修复措施时，一定要格外注意对尾矿的二次利用及其综合效益水平。采取的主要方法是将尾矿作为采空区的充填料。

另外，也要尽量做好尾矿资源中有用成分的综合回收利用，采用先进技术和合理工艺对尾矿进行再选，最大限度地回收尾矿中的有用组分，这样，可以进一步减少尾矿数量。此外，还可以对尾矿进行商品化及资源化，使其作为建筑材料的原料用于制作水泥、硅酸盐尾砂砖/瓦、加气混凝土、铸石、耐火材料、玻璃、陶粒、混凝土集料、微晶玻璃、熔渣花砖、泡沫玻璃和泡沫材料等，也可以作为路面材料、防滑材料，或用于修筑公路、海岸造田等，从而达到废物再利用的最终目的。

5.5.2.4　土壤改良

矿山开采造成生态破坏的关键是土地退化，也就是土壤因子的改变，即废弃地土壤理化性质变坏、养分丢失及土壤中有毒有害物质增加。因此，土壤改良是矿山废弃地生态修复最重要的环节之一。

对土壤进行优化改良的方式，主要有以下三种。

① 异地取土，即在不破坏异地土壤的前提下，取适量土壤，移至矿山受损严重的部位，在土壤上种植植物，通过植物的吸收、挥发、根滤、降解、稳定等作用对受损土壤进行填补修复。

② 对废弃地进行改造，即在进行表土改造之前，设法灌注泥浆，使其包裹废渣，然后再铺一层黏土压实，制造一个人工隔水层，减少地面水下渗，防止废渣中有毒有害元素的释放。

③ 对土地增肥，即添加有效物质，使土壤的物理化学性质得到改良，从而缩短植被演替时间，加快矿山废弃地的生态重建。这样就可以达到重复利用矿山资源的目的，而且还有利于提升相关矿山开发区的综合产量。

5.5.2.5　植被修复

对于遭到重金属污染的矿山开发区而言，利用植被种植这种生态方式进行修复更有效。

在矿山废弃场地种植植物，一般选择适应性强、生长速度快、抗逆性强的树种。比如重金属耐性植物，其可以适应废弃地土壤结构不良、极端贫瘠等不利环境，同时还能耐重金属毒性。另外，根据不同地区的气候条件选择不同植物，有利于加快矿山重金属污染的修复进程。

植被种植时，有以下两种操作方式。

第一种，对矿山开发区直接进行植被覆盖。这种方式简单快捷，费用不多，但是见效比较慢。

第二种，采取覆土植被。一般来讲，这种方法应用更为广泛，可以在不增加资金投入的同时提高效率。

第6章 硫铁矿区污染源治理与管控技术

硫铁矿区污染物主要来源于人类生产过程和后续产物。前者污染物主要来源于开采过程，如露天采矿会在生产过程中产生粉尘，粉尘中含有大量重金属物质，它们通过大气干湿沉降污染土壤和水体。此外，不论是露天开采还是地下开采，开采过程中矿坑都会产生酸性矿山废水问题，一旦产生便会给环境带来严重危害。后者污染物主要来源于排土场、尾矿库等废物堆放场地。堆存在场地上的废弃物不仅占用大量土地，受环境影响可能形成扬尘，而且它们易受到水、氧气和微生物［如氧化亚铁硫杆菌（*Thiobacillus ferrooxidans*）〕作用而被氧化，产生酸性物质，在酸性条件下，许多重金属（如 Cd、Pb、Cu、Ni 等）离子活性增加，对环境造成严重威胁。因此经济高效地对硫铁矿区污染物进行源头治理意义重大。本章从污染物的存在形态出发，总结了现阶段对污染源废水、废气、固废的源头治理技术，并着重对硫铁矿区尾矿渣堆场管控技术进行了归纳和总结。

6.1 污染源治理技术

6.1.1 废水源头治理

矿区废水中污染最严重且较难控制的莫过于酸性矿山废水。酸性矿山废水通常产生于矿井或矿坑内部及周围，此外排土场、尾矿库、矿石运输道路等位置作为第二来源也会产生 AMD。目前 AMD 的治理思路主要有两种，分别是末端处理和源头控制。源头控制从 AMD 的形成机制入手，通过限制氧气、水、微生物、三价铁等因素的作用从而抑制 AMD 的产生。

6.1.1.1 膜钝化法

作为目前知名度最高、发展最快的源头控制技术，膜钝化法通过添加化学试剂在硫铁矿表面形成惰性的无机或有机保护性表面膜，最大限度地减少硫铁矿与溶解氧、微生物、空气或其他氧化剂的接触，从而抑制 AMD 的产生。目前已经研究出多种人工钝化膜处理工艺，包括无机钝化技术（如磷酸盐处理技术、硅酸盐处理技术、硅氧烷处理技术等）、有机钝化技术（如 8-羟基喹啉处理技术、三乙烯四胺处理技术、三乙烯四胺二硫代氨基甲酸钠处理技术等）和基于有机硅化合物的钝化技术。

（1）磷酸盐处理技术 磷酸盐处理技术使用一定浓度的 H_2O_2、KH_2PO_4、NaAc 溶液处理硫铁矿，该技术钝化机理如下。H_2O_2 作为氧化剂与硫铁矿类矿物磁黄铁矿发生反应 [式(6-1)]。

$$Fe_{1-x}S + 3.5H_2O_2 \longrightarrow (1-x)Fe^{3+} + SO_4^{2-} + H^+ + 3H_2O \tag{6-1}$$

反应生成 Fe^{3+}，可以直接与硫铁矿发生氧化反应，这使式(6-1)的反应转变为自催化反应。随着反应的进行，硫铁矿中的铁元素转化为 Fe^{2+} 进入液相，因此可以利用酸性磷酸盐溶液与铁离子在黄铁矿表面反应生成复合磷酸盐膜来防止硫铁矿氧化 [式(6-2)]。

$$Fe_{1-x}S + 3.5H_2O_2 + (1-x)H_3PO_4 \longrightarrow (1-x)FePO_4 + SO_4^{2-} + (3-2x)H^+ + 3H_2O \tag{6-2}$$

磷酸盐钝化技术的效果在一定程度上取决于磷酸盐的饱和程度，因此体系中应维持较高的磷酸盐浓度。根据 Georgopoulou 等人的研究结果，H_2O_2、KH_2PO_4、NaAc 的最佳浓度有两种，分别为 0.2mol/L、0.2mol/L、0.2mol/L 和 0.01mol/L、0.2mol/L、0.2mol/L。

(2) 硅酸盐处理技术　除磷酸盐外，硅酸盐也被用于 AMD 的源头控制。硅酸盐处理技术利用 $Na_2SiO_3 \cdot 5H_2O$、NaAc、H_2O_2、NaCl 钝化硫铁矿，其中 $Na_2SiO_3 \cdot 5H_2O$ 为钝化剂，NaAc 为 pH 缓冲剂，H_2O_2 为氧化剂，NaCl 为沉淀剂。与磷酸盐处理技术部分机理相似，H_2O_2 作为氧化剂氧化硫铁矿并释放 Fe^{3+} [式(6-3)]，酸性条件下 Fe^{3+} 可以直接与硫铁矿反应生成更多的酸性物质和 Fe^{2+} [式(6-4)]。当环境 pH>4 时，硫铁矿表面生成的三价铁-氢氧化物沉淀便可以与含硅物质发生反应 [式(6-5)]，形成三价铁-氢氧化物-二氧化硅屏障。式(6-5)中生成的含硅聚合物可以充当后续二氧化硅沉淀的反应位点 [式(6-6)] 进一步促进屏障的形成，从而抑制 AMD 的产生。

$$FeS_2 + 7.5H_2O_2 \longrightarrow Fe^{3+} + 2SO_4^{2-} + H^+ + 7H_2O \tag{6-3}$$

$$FeS_2 + 14Fe^{3+} + 8H_2O \longrightarrow 15Fe^{2+} + 2SO_4^{2-} + 16H^+ \tag{6-4}$$

$$
\begin{array}{c}
{-}Fe{-}OH \\
| \\
O \quad + \ Si(OH)_4 \longrightarrow \\
| \\
{-}Fe{-}OH
\end{array}
\quad
\begin{array}{c}
{-}Fe{-}O \quad OH \\
| \quad \diagdown / \\
O \quad Si \quad + \ 2H_2O \\
| \quad \diagup \diagdown \\
{-}Fe{-}O \quad OH
\end{array}
\tag{6-5}
$$

$$
\begin{array}{c}
{-}Fe{-}O \quad OH \\
| \quad \diagdown / \\
O \quad Si \quad + \ 2Si(OH)_4 \rightleftharpoons \\
| \quad \diagup \diagdown \\
{-}Fe{-}O \quad OH
\end{array}
\quad
\begin{array}{c}
{-}Fe{-}O \\
| \quad \diagdown \\
O \quad Si \quad Si \quad Si \quad + \ 4H_2O \\
| \quad \diagup \quad \diagdown \diagup \quad \diagdown \\
{-}Fe{-}O \quad\quad OH \quad OH
\end{array}
\tag{6-6}
$$

(3) 有机钝化技术　除无机钝化技术外，有机钝化技术对 AMD 也有很好的抑制作用。Shu 等人用三乙烯四胺基双（二硫代氨基甲酸钠）（DTC-TETA）对硫铁矿进行钝化处理。结果表明，DTC-TETA 中的—CS_2H 可与硫铁矿发生共价配位作用而形成疏水钝化层。经DTC-TETA 处理的硫铁矿即使暴露在酸性环境中，Fe 浸出率也分别降低了 99.8%（pH=6）和 98.5%（pH=3）。此外，铜、锌、镉、铅的浸出率也降低了 90% 以上。除 DTC-TETA 外，8-羟基喹啉也可以通过在硫铁矿表面形成 8-羟基喹啉铁涂层从而有效阻止 AMD 的形成。

虽然这些技术对 AMD 均有不错的抑制效果，但是使用过程中仍存在许多问题，例如磷酸盐处理技术中磷酸盐的添加使环境有富营养化的风险，有机钝化剂如二乙烯三胺和三乙烯四胺等后来被证明具有生物毒性而被禁止使用。在此背景下，基于有机硅化合物的钝化技术逐渐受到更多关注。有机硅烷不仅无毒、无害、绿色环保，而且其钝化性能优异。研究表明，有机硅烷经水解后与硫铁矿表面的羟基反应形成氢键，之后发生缩聚反应脱水脱醇形成共价键，最后这些共价键构成了一个致密的共价键网络，该网络可以有效限制水、氧气、微生物对硫铁矿的作用从而抑制 AMD 的形成。

6.1.1.2 物理隔离法

物理隔离法主要是通过阻隔氧气、水与硫铁矿接触而达到抑制 AMD 产生的目的。目前物理隔离法主要有无机覆盖技术、有机覆盖技术、湿式覆盖技术三种。

（1）无机覆盖技术　无机覆盖技术通过利用粉煤灰、石灰泥、黏土等渗透性较低的材料，将其铺设在金属硫化物矿物表面以形成渗透系数较低的防渗层，有效阻止其与空气和水接触，从而抑制 AMD 的产生。

作为火电生产过程的主要工业废物，粉煤灰的年产量已从 1995 年的 1.25 亿吨增长到 2020 年的 7.81 亿吨，预估到 2024 年将达到 9.25 亿吨。粉煤灰中含有的 Al_2O_3、CaO 可以消耗酸性物质，提高体系 pH，限制 Fe^{3+} 以离子态存在从而抑制自催化反应的进行。此外 CaO 组分与环境中的 SO_4^{2-} 接触后可以生成石膏 $CaSO_4$，它可以有效填充防渗层中微小缝隙，更好地抑制金属硫化物氧化。此外，滤液渣和石灰泥作为抑制 AMD 形成的覆盖材料也有不错的效果。

近些年，除粉煤灰外，其他工业废弃物，如磷矿开采过程中产生的碱性磷酸盐废弃物（alkaline phosphate waste，APW）、赤泥、锰砂等也被研究证实可以用于控制 AMD 的形成。Hakkou 等人将来自露天磷酸盐矿的碱性磷酸盐废料以 15% 的比例（质量分数）与磁黄铁矿尾矿混合，与对照组相比，经磷酸盐废料处理后的尾矿浸出液的酸度和金属浓度明显降低。

（2）有机覆盖技术　与无机覆盖技术材料不同，有机覆盖技术主要使用经堆肥处理的生活垃圾和污水处理厂剩余污泥作为覆盖材料。和无机覆盖技术不同，这些材料具有较强的持水能力，在一定条件下可以形成水膜从而阻断氧气与尾矿的接触。此外，此类隔绝层中的微生物也会消耗进入隔绝层中的氧气，进一步抑制硫铁矿的氧化作用。

Nason 等人在瑞典北部克里斯蒂娜贝里（Kristineberg）硫化矿用剩余污泥对尾矿进行了为期 8 年的中试实验以验证污泥作为隔绝材料的有效性。结果表明，污泥不但可以作为物理屏障，而且发挥了有机反应屏障的作用，有效阻止了氧气的流通。国内研究实践证明，经污泥隔绝层处理后的尾矿没有发生硫化物的氧化和 AMD 的形成，排水中 Cd、Cu、Pb、Zn 等重金属含量均低于 $10\mu g/L$，硫酸盐含量也仅为 $38mg/L$，均低于《生活饮用水卫生标准》对重金属和硫酸盐的要求。

（3）湿式覆盖技术　湿式覆盖技术利用水体隔绝氧气从而达到抑制硫铁矿氧化的目的，实际施工过程中通常利用混凝土将废水封存在矿山内部，因此该技术也被称为水罩法。湿式覆盖技术可根据矿山结构和施工方式的不同进一步分类。

地下开采、露天开采和地下与露天联合开采是开采硫铁矿的三种主要方式，不同的开采方式可以使矿山具备不同的结构。因此湿式覆盖技术可根据矿山结构的不同而分为三类：完全封闭型、溢出型、隔绝空气型。

① 完全封闭型。地下开采使得部分矿山具有较好的密闭特性，可将矿山废水完全封存在矿山内部，水体中的溶解氧经微生物和矿物氧化消耗大量减少，可创造厌氧环境从而抑制

酸性废水的产生（图 6-1）。

　　② 溢出型。对于含有多个坑口且彼此联通的矿山，矿坑被封闭后，矿山废水通常会从其他坑口溢出（图 6-2）。在这种情况下，存留的矿坑水可以抑制矿床的氧化，提升出水的水质。

图 6-1　完全封闭型　　　　　　图 6-2　溢出型　　　　　　图 6-3　隔绝空气型

　　③ 隔绝空气型。在某些无法安装水泥栓或地表溢水无法密封矿坑的条件下，需要采用隔绝空气型湿式覆盖技术对矿坑进行处置。该方法将矿坑内留存部分积水作为水隔绝层，该水隔绝层可以阻止空气进入从而导致矿坑内处于厌氧环境（图 6-3）。虽然该技术仍会使矿坑水不断排出，但由于矿床不会被氧化，因此可以使矿坑出水 pH 和污染物浓度维持在正常水平。

　　除上述分类方式外，该技术也可以根据施工方式的不同分为两类：第一类是将金属硫化物直接投入天然水体中；第二类是在废弃矿坑上建立永久性水库以达到湿式覆盖的目的。遗憾的是，该方法不仅无法完全隔绝硫铁矿与氧气接触，而且前者由于可能导致严重的环境问题而被弃用，后者也因工程量巨大、受环境条件限制且易受极端自然灾害影响而逐渐淡出人们的视线。

6.1.1.3　杀菌法

　　除氧气、水等因素外，氧化亚铁硫杆菌等微生物的存在也是 AMD 形成的重要原因。研究表明，氧化亚铁硫杆菌生物催化作用显著促进了硫铁矿中 Fe^{2+} 至 Fe^{3+} 的转化过程，使该反应速率增加了 10^6 倍。因此限制此类微生物的生命活动也可以有效抑制硫铁矿氧化。

　　杀菌法最早在 1953 年被 Leathen 等人提出，经过数十年的发展已经成为一种抑制 AMD 的有效手段。目前已知的杀菌剂包括十二烷基硫酸钠（SDS）、苯甲酸钠（SBZ）、呋喃酮 C-30（furanone C-30）和多种有机酸等，研究证明它们对氧化亚铁硫杆菌等微生物均有较强的抑制作用。付天岭等人对十二烷基硫酸钠和苯甲酸钠对 AMD 形成的抑制效果进行研究，结果发现这两种杀菌剂都有效抑制了 Fe^{2+} 至 Fe^{3+} 的转化过程，浸出液酸度、EC（电导率）、硫酸根等关键指标均显著降低。此外，多种低分子量有机酸和呋喃酮 C-30 也被证实可以有效抑制氧化亚铁硫杆菌的活性。

　　尽管该方法抑制效果显著，但在工程运用中仍存在局限性。首先，杀菌剂需要维持一定浓度才可保证抑制效果，但是降水等环境因素可能会使杀菌剂浓度降低而导致其失效，因此工程后期需要补充药剂；其次，虽然十二烷基硫酸钠等杀菌剂被证明可以有效降低环境中硫氧化细菌的活性，从而抑制 AMD 的形成，但是其具有生物毒性，使用不当可能导致二次污染；最后，该技术存在细菌耐药性风险。

6.1.2　大气污染源头治理

　　硫铁矿区的大气污染物主要包括矿区粉尘和生产过程中产生的废气。

6.1.2.1　矿区粉尘

矿区粉尘大量出现在爆破、运输、破碎等开采环节。此外，尾矿经风化作用后，受大风等环境因素影响也会产生粉尘。粉尘含量较大不仅会诱发肺尘埃沉着病，而且这些粉尘通常携带重金属物质，经过大气干湿沉降进入土壤或水体会给环境带来严重污染。因此从源头控制矿区粉尘污染显得尤为重要。在开采过程中提高原矿表面含水率能够极大程度地降低粉尘的产生量，在原矿的存放环节也需要定期洒水除尘以尽可能控制粉尘产生。此外，在控制扬尘的同时，需要采取一定的监测于段实现污染物的实时监测，并及时对防治措施进行改进。比如，对于开采过程中产生的井下颗粒污染物进行实时监控，建立空气监测系统，由专人负责监管，并监控井下气体的排放。

对于运输过程中颗粒污染物的防治，包括两方面的措施：一方面，在政府宏观利民设施及企业经济条件允许的前提下，尽可能改汽车运输为铁路运输，不仅能减少人员配置，提高运输效率，而且能够减少扬尘及尾气排放；另一方面，可对现有运输设施设备进行积极改进，在运输过程中，实现封闭化贮存，同时对车辆进行喷洒清洗，减少车辆行驶过程中的扬尘。

废弃矿场、排土场、尾矿库中存放的尾矿经风化后产生的扬尘是大气污染物的主要来源。可通过在堆积物表面覆盖一定厚度的碎石，避免风对尾矿的直接作用，从而达到抑制扬尘的目的。此外，在堆积物上复垦、铺设管道喷淋降尘也是有效抑制扬尘的方法。

6.1.2.2　生产废气

除矿区粉尘外，矿区炼硫产生的有害气体也是矿区大气污染物的主要来源。优化炼硫炉结构，将生产过程改为封闭生产，且产生的废气经处理后再高空排放，这些措施均可从源头抑制有毒有害气体产生。事实证明，改小炉为大炉，有利于防治土法炼硫引起的环境污染。奉节、兴文等地的实践证明，加大炉容量（装矿石量提高到 20 吨），改变装料程序，可缩短冶炼周期，提高硫得率（据报道，可由 48% 提高到 59.6%），减少污染物排放量，便于采取尾气制酸等综合利用措施，有利于管理，能改善劳动条件。另外，据调查分析，采用密闭、防漏的多炉方式集中废气，汇集到总烟道，在总烟道增建吸收室，让废气由下而上地穿过石灰石组成的填料层，并与喷淋而下的石灰水接触，使二氧化硫、硫化氢、三氧化硫等与石灰水反应，生成亚硫酸钙、亚硫酸氢钙、硫代硫酸钙、硫化钙等化合物，最后随吸收液排出，呈固态物质沉淀下来，比总烟道出口浓度下降 80% 左右，比尾气孔浓度下降 90% 左右。采用半封闭吸收法废气治理装置后，废气排放基本符合标准，对生态环境的破坏基本可以忽略。

6.1.3　固废源头治理

硫铁矿的开采和利用活动是硫铁矿区固体废物的主要来源。据不完全统计，硫铁矿开采过程中每生产 1 吨硫精砂大约会产生 4～5 吨的尾矿废渣；若将原材料制酸，每生产 1 吨硫酸则会产生 0.7～1 吨烧渣。相较于煤矸石、秸秆、建筑垃圾等一般固废，硫铁矿尾矿不仅硫化物含量较高，而且尾砂粒度较小导致重金属元素易于析出，因此硫铁矿固废源头治理意义重大。

6.1.3.1　减量化技术

（1）有价元素提取　我国硫铁矿尾矿和烧渣以赤铁矿（Fe_2O_3）、磁铁矿（Fe_3O_4）、氧化亚铁（FeO）和二氧化硅（SiO_2）为主，中间含有少量的金红石（TiO_2）以及铜（Cu）、金（Au）、银（Ag）、钴（Co）等元素，提取有价元素前景巨大。国外硫铁矿固废有价元素提取领域的专业化程度较高。德国鲁奇公司和杜伊斯堡炼铜厂采用中低温氯化焙烧-竖炉球团浸出法处理硫铁矿烧渣，Cu、Zn、Co、Au 等金属回收率分别可达 80%、75%、50%、45%，每天至少产 Cu 50 吨、Zn 100 吨、Co 4 吨、Au 0.15 吨。与中低温氯化焙烧不同，日本同和矿业公司尼崎厂采用高温氯化焙烧法处理硫铁矿烧渣可得到更高的金属回收率，Cu 可达 95%，Zn 95%，Ag 90%，Au 95%，四种金属年回收量分别达 1122 吨、1172 吨、0.184 吨和 6.4 吨。

相较于国外，国内该领域技术较为滞后，主要技术方法有稀酸直接浸出法、硫酸化焙烧浸出法、氯化焙烧法、生物浸出法及选矿法等，这些方法回收率较低，一般只有 50% 左右。提高国内硫铁矿尾矿及烧渣回收工艺水平，不论是对我国硫铁矿产业发展，还是环境保护均有重要意义。

（2）尾矿充填采空区　利用尾砂作为矿山充填料的胶结充填技术已广泛应用于国内外矿山，一般应用在使用阶段选用"充填法"的矿山，是尾矿大量减排的主要措施之一。尾矿充填不仅能够控制矿山地压活动，避免地表塌陷，保障采矿安全，还能够消耗大量的固体废物。常用的尾矿充填工艺有两种：一是粗尾砂充填，该工艺投资少，易于管理，充填体强度相对较高；二是全尾砂充填，该充填工艺复杂，对生产管理要求较高，投资和运行成本更高，但是有条件实现开采充填平衡和矿山零排放。尾矿减量化可大幅消纳尾矿和废石，是尾矿处理和综合利用的首要选择。尾矿再选与有价元素回收的经济效益显著，近年来，在尾矿回收工艺技术和回收设备上都有很大进展，但该利用途径受尾矿本身特性及回收技术的影响较大，需要因地制宜地进行深入研究，而且再选和回收有价元素后，仍然会产生大量尾矿或二次污染。尾矿充填工艺技术成熟，但大部分矿山的选矿比较高，难以在采空区和全部尾矿之间实现充填平衡，且露天开采的矿山不具备充填条件，必须联合其他尾矿利用技术，才能从根本上解决尾矿排放问题。

6.1.3.2　资源化技术

德国、丹麦等发达国家最早尝试将硫铁矿矿渣与石灰等材料混合，经细磨造球、还原渗碳、磁选分离等工序生产水泥等建筑材料，均取得了不错的效果。我国从 20 世纪 50 年代开始研究矿渣的综合利用，截至目前成果斐然。据统计，我国水泥行业每年消耗硫铁矿烧渣约占总量的 20%～25%。含铁量低或含硫、砷等杂质较多的硫铁矿烧渣可作为原料用于水泥生产。此外，含铁量较高的矿渣和烧渣均可作为矿化剂参与水泥的烧制过程。

6.2　硫铁矿区尾矿渣堆场管控技术

2020 年我国尾矿产量可达 12.95 亿吨，而尾矿利用量仅为 4.41 亿吨，利用率 34.05%，其余近 60% 的尾矿均在尾矿渣堆场堆置。尾矿渣堆场是堆存金属或非金属矿山矿石选别后排出尾矿或其他工业废渣的场所，作为一项重要的生产设施在矿山生产中必不可少。2022年生态环境部统计，全国共有尾矿库近万座，数量居世界第一。虽然根据 2020 年 2 月应急管理部印发的《防范化解尾矿库安全风险工作方案》，自 2020 年起，在保证紧缺和战略性矿产矿山正常建设开发的前提下，全国尾矿库数量原则上只减不增，但是全国尾矿库数量依旧庞大。而选矿和生产过程中投加的多种药剂使堆场中的矿渣含有各种各样的有毒物质，若不及时有效地加以管控，必然给环境带来严重危害。

因此本节将详细介绍物理拦截、生态皮肤无土复绿和重金属固化/稳定化等三类技术在硫铁矿区尾矿渣堆场管控方面的应用。

6.2.1 物理拦截技术

物理拦截是利用钢筋水泥、黏土固化浆液、高密度聚乙烯（high density polyethylene，HDPE）防渗土工膜和膨润土防渗毯（geosynthetic clay liner，GCL）等材料在地下构建物理屏障以限制污染物扩散的一类技术。

6.2.1.1 黏土固化注浆技术

黏土固化浆液由主成分、结构剂、添加剂和水四部分构成。其中颗粒极细的结晶质黏土（<1~2μm）作为固化浆液的主成分，黏土类型对注浆帷幕的性能影响巨大，因此选择材料时需要重点考虑材料的物理化学稳定性，包括抗水能力、抗酸能力等。由于高岭土结石体具有很好的结构稳定性和抗侵蚀能力，因此常选用高岭土作为固化浆液的主要成分。结构剂为 32.5R 复合硅酸盐水泥，添加剂是模数为 3、相对密度为 1.38 的水玻璃。在实际施工过程中，黏土含量应占整个固相的 60%~80%，且浆液的固液比在 1:2~1:3 之间为最佳。研究表明，黏土固化注浆技术的固化过程分为三个阶段：水泥熟料矿物的开始水化阶段、强力水化阶段、体系结构强度的缓慢增长和抗渗性的增长阶段。实际工程中改变药剂类型和添加量可以对这三个阶段的持续时间进行调整以满足具体施工要求。

作为一种新型技术，黏土固化技术相比于其他传统物理拦截技术具有以下优势：第一，该技术以黏土、硅酸盐水泥等为主要材料，较低的材料成本使工程成本较低；第二，该技术由于细小黏土颗粒的存在使浆液具有较好的流变性和可灌性，并且可根据施工目的和环境特征调整浆液的流变参数以满足工程需要；第三，该技术使用的黏土成分为硅氧六面体和铝氧八面体，它们具有优良的化学稳定性，扩大了技术的使用范围并延长了其使用寿命；第四，较细的黏土颗粒使黏土固化浆液具有较好的流动性，容易和岩层缝隙结合提升拦截效果。

黏土固化注浆技术的工程设计实施流程如图 6-4 所示。首先在施工前选择合适的注浆材料，并对配比和浓度进行选择。浆液浓度一般按照由低到高的原则逐级变换，灰水比也遵循相同原则由 1:8 至 1:2 进行选择。为了保证经济高效，干灰中黏土与水泥的比例通常在 2:1 至 3:1 之间，二级搅拌阶段水玻璃的添加量通常为水量的 1%~3%。之后根据场地条件和设计要求，分段分序进行施工。若地势平缓可增加分序次数；若地势起伏、坡度较大，在保证注浆质量的前提下，可适当减少分序次数。需要注意的是，在注浆过程中应选择合适

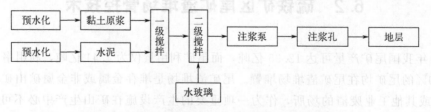

图 6-4 黏土固化注浆技术的工程设计实施流程

的注浆方式、段长和压力。段长一般不超过 10m，注浆压力则需要根据地层性质进行选择，若基岩稳定可适当增加注浆压力，反之则需要减少压力，避免冒浆和浆液的不必要扩散。注浆结束后，孔口需用水泥封堵。

6.2.1.2　人工复合屏障技术

人工复合屏障技术利用 HDPE 防渗土工膜、GCL 等材料在尾矿渣堆场构建人工物理屏障从而对堆场实现管控。作为国内外环保领域的通用材料，HDPE 防渗土工膜即高密度聚乙烯防渗土工膜具有优良的机械强度、耐热性和环境稳定性（抗化学物质、抗微生物、抗紫外线），并且《一般工业固体废物贮存和填埋污染控制标准》（GB 18599—2020）5.3.1 条规定，应用于Ⅱ类场地的人工合成材料应采用 HDPE 膜，若使用其他人工合成材料，其防渗性能至少相当于 1.5mm HDPE 的防渗性能，因此 HDPE 膜被广泛应用于填埋场、尾矿库等场所的防渗工程中。GCL 即钠基膨润土垫，由于 HDPE 膜抗穿刺能力较差，GCL 一般作为 HDPE 膜的膜下保护层使用。钠基膨润土是一种防渗性能优异的蒙脱石类黏土矿物。它具有较小的渗透系数 K，受材料品质差异影响，一般不超过 1.0×10^{-9} cm/s，此外其遇水膨胀可形成不透水的凝胶状屏障进一步抑制污染物扩散。人工复合屏障技术根据衬层结构可分为单层人工复合屏障技术和双层人工复合屏障技术。

（1）单层人工复合屏障技术　单层人工复合屏障技术分为 a 型单层人工复合防渗结构层（HDPE 膜＋天然黏土层）和 b 型单层人工复合防渗结构层（HDPE 膜＋GCL）两种，二者的基本结构如图 6-5 所示。若某些库区存在黏土层结构，且黏土层结构满足防渗要求，即可采用 a 型单层人工复合防渗结构层。a 型单层人工复合防渗结构在很

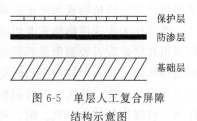

图 6-5　单层人工复合屏障结构示意图

多尾矿库阻隔防渗工程中都有广泛的应用：①中国铝业公司中州分公司台马沟赤泥库采用 HDPE 膜＋膜下 600mm 厚压实黏土层等构成阻隔屏障；②福建紫金山金铜矿大柴背尾矿库在 300mm 厚压实黏土层上采用 2.0mm 厚 HDPE 膜等材料构成单层人工复合防渗结构层；③西藏玉龙铜矿尾矿库选用 1.5mm 厚 HDPE 膜配合 300mm 厚压实黏土层形成阻隔层。但是在实际工程应用中，部分库区没有黏土层结构，或黏土层结构存在粒径大于 36mm 的尖锐石块，阻隔性能差的同时易对 HDPE 膜造成损伤，这种情况下需要考虑采用 b 型单层人工复合防渗结构层。b 型单层人工复合防渗结构层较好结合了 HDPE 膜和 GCL 的优点，不仅具有较强的阻隔防渗能力，而且膨润土的加入使整个人工屏障具有一定的自修复能力。

（2）双层人工复合屏障技术　双层人工复合屏障结构如图 6-6 所示，由主防渗层（HDPE 膜）＋渗漏监测层＋次防渗层（HDPE 膜）构成。该技术主要用于地处环境敏感区域的尾矿库或当作危险废物库的Ⅱ类尾矿库的阻隔处理。值得注意的是，双层人工复合屏障技术的主防渗层 HDPE 膜厚度应不小于 2mm，次防渗层 HDPE 膜厚度应不小于 1.5mm。次防渗层下应采用渗透系数小于 1×10^{-5} cm/s，且厚度不小于 0.5m 的压实黏土层作保护层，若压实黏土层不满足要求可使用 GCL 代替。

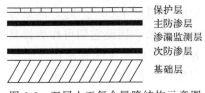

图 6-6　双层人工复合屏障结构示意图

人工复合屏障技术施工过程主要分为剪裁铺设、压膜定型、擦拭尘土、焊接、检测、修补、复检、验收等环节。在剪裁铺设环节应保证场地平整，压实度大于 95%，纵、横向坡度宜在 2% 以上，垂直深度 2.50cm 内不得有树根、石块等尖棱杂物。铺设、焊接以在温度

为 5～40℃下为宜，且应避免在大风或雨天施工。铺设时应从低到高延伸，保证有 1.5% 的余幅以备下沉拉伸。此外，铺设时应力求焊缝最少，这样不仅节约原料，而且可以保证阻隔效果。铺设结束后尽量避免在膜上走动、搬运东西，以免对膜造成损伤。焊接时，使用双驱动自行式土工膜焊接机，焊接方式采用双轨热熔焊接，焊接工序为调节压力、设定温度、设定速度、焊缝搭接检查、装膜入机、启动发动机。当焊接机无法操作时，应使用焊枪作业，最终所有焊缝应保证平整、洁净、牢固。焊接完成后进行成品检测，及时弥补施工缺陷，保证工程效果。

6.2.2　生态皮肤无土复绿技术

生态皮肤无土复绿技术是近些年矿渣堆场管控技术的研究热点，受到越来越多的关注。尾矿渣堆营养贫瘠、污染严重、少土缺水的特点不但使诸多超富集植物生长受限，也使传统植物稳定技术的效果较差。如何保证植物能在尾矿渣堆等恶劣环境下生存，且对环境污染物取得良好的管控效果，是当前植物稳定技术研究的重点。

作为某区域群落演替中最先出现的植物，先锋植物拥有极其顽强的生命力，能在严重缺乏土壤、水分和营养的地区生长。此外先锋植物生长迅速、繁殖较快、扩散能力较强。上述诸多优势使先锋植物成为尾矿渣堆的理想修复材料。

苔藓作为先锋植物的重要组成部分，拥有极强的环境适应能力和较短的生长周期，大量苔藓可在尾矿废石表面形成苔藓结皮，实现无土复绿。苔藓结皮对改善尾矿渣堆理化性质、促进环境向适宜大型植物生长转化意义重大。首先，苔藓结皮大多为丛状结构，表面粗糙，有利于水分保持；其次，苔藓假根及其分泌物可以固定大量较细颗粒，且苔藓植物存在毛细作用，可减少基质水中氮、磷、钾等元素迁移，有效抑制水土流失；最后，苔藓生长发育过程中会分泌多种有机酸，加速尾矿成土，而且死亡的苔藓会成为有机质改善尾矿渣堆环境，使其逐渐适宜植物生存。

该技术的操作流程如下：首先选择合适的苔藓品种，保证其适应所在地环境条件，苔藓接种材料利用碎茎法将苔藓及苔藓结皮风干后破碎成较细颗粒获得；之后配制苔藓营养液，营养液原料来源广泛，可以使用人工苔藓培养液，也可以利用生活污水、餐厨废水、豆渣等废弃物制备；最后将接种材料与营养液混合组合接种至尾矿渣堆表面，接种培养期间不仅需要使用保水材料以保证基质表面湿度，而且需要进行遮光处理以保证光强合适。

除苔藓外，其他先锋植物如银合欢（*Leucaena leucocephala*）、白茅（*Imperata cylindrical*）、高山嵩草（*Kobresia pygmaea*）、狗牙根（*Cynodon dactylon*）等也作为生态皮肤无土复绿技术材料应用于尾矿渣堆中（图 6-7）。赵玉红等针对西藏某矿区重金属污染严重、传统修复植物无法长期生长的区域特点，以矿区尾矿库生长的 6 种先锋植物为研究对象，对其土壤重金属含量进行了分析测定，结果表明尼泊尔酸模（*Rumex nepalensis*）和紫羊茅（*Festuca rubra*）属于富集型植物；高山嵩草（*Kobresia pygmaea*）、高原荨麻（*Urtica hyperborea*）、珠芽蓼（*Polygonum viviparum*）属于根部囤积型植物；垂穗披碱草（*Elymus nutans*）属于重金属规避型植物。其中尼泊尔酸模对 Zn 的吸收超过 1000mg/kg，高原荨麻对 Cd 的吸收超过 50mg/kg，且两种植物均可在尾矿库区适应生长，因此它们可作为修复该地区尾矿库的理想材料。此外，雷东梅、段昌群等对云南尾矿库区本土先锋植物齿果酸模（*Rumex dentatus*）及其重金属耐受机理进行分析，结果表明齿果酸模已形成对重金属污染的耐受性生态型，是理想的修复材料和景观复绿材料。

(a) 苔藓   (b) 银合欢

(c) 白茅   (d) 高山嵩草

图 6-7 几种常见的先锋植物

6.2.3 重金属固化/稳定化技术

重金属固化/稳定化修复技术（solidification/stabilization，S/S）是通过运用物理或化学手段固定有毒重金属元素，或者将重金属污染物转化成化学性质不活泼的形态，阻止其在环境中迁移、扩散等过程，从而降低重金属毒害程度的修复技术。该技术主要通过沉淀作用、吸附作用、配位作用、有机络合作用和氧化还原作用实现对重金属的固化、稳定化。

S/S 技术的起源可以追溯到 20 世纪 50 年代对放射性物质的固化处置，因其具有快速、有效、经济等优点，如今在很多领域已被广泛应用。常见的固化/稳定化技术主要有以下几类：①无机材料固化技术；②有机材料固化技术；③药剂稳定化技术；④塑性材料包容固化技术。

6.2.3.1 无机材料固化技术

无机材料固化技术中常使用硅酸钙类、磷酸钙类、黏土矿物等材料作为固化剂。

水泥是一种无机水硬性胶结材料，其主要成分为硅酸二钙和硅酸三钙，通过水化反应可以形成坚硬固体进而实现固化/稳定化。水泥之所以可以作为无机固化材料，是因为重金属物质可以通过化学吸收、吸附、离子交换、沉降、包封等多种方式与水泥发生水化反应，最终以稳定氢氧化物或配合物的形式固定在水化硅酸盐胶体（C-S-H）表面，此外水泥可以提高环境 pH，抑制重金属的迁移和转化。值得一提的是，虽然水泥作为固化剂具有廉价、高效的优点，但是在实际使用过程中仍存在一些问题。首先，该材料抗酸能力较差；其次，水泥固化后会存在较多的毛细孔结构，长时间使用会导致重金属析出。因此，在使用过程中需要补充活性氧化铝助凝剂、高炉渣、人造砂或蛭石等材料，在提升固化效果的同时，提高固化材料的抗酸能力和机械强度。除水泥外，石灰、粉煤灰和火山灰也是常见的硅酸钙固化材料。石灰作为碱性材料可以提高环境 pH，促进重金属形成硅酸盐、氢氧化物等沉淀从而达到稳定重金属的目的。此外，石灰中存在的 Ca^{2+} 对 Cd^{2+} 具有拮抗作用，可以有效抑制环境中 Cd^{2+} 的活性。粉煤灰和火山灰同属硅酸盐或硅铝酸盐体系，当体系有水存在时便会发生火山灰反应（pozzolanic reaction）固化重金属元素。由于火山灰反应产物结构强度小于水合反应产物，因此在实际应用中常常将粉煤灰/火山灰与石灰联用以达到更好的效果。

磷酸钙材料包括各类磷酸盐类材料。此类材料稳定重金属的机理有三个，分别是：磷酸盐诱导重金属吸附、磷酸盐和重金属生成沉淀及磷酸盐表面吸附重金属。目前此类材料多用于治理 Pb、Cd、Zn、Cu 等重金属污染。

黏土矿物类材料主要包括海泡石、沸石、膨润土等。这些黏土矿物具有较大的比表面积，且结构层存在电荷，依靠吸附作用、配位反应可显著降低环境中重金属离子的迁移、转化能力。但是此类材料种类繁多且含有较多杂质，导致其在实际使用过程中存在缺陷，因此通过改性提高其性能也是当前的研究重点。

6.2.3.2　有机材料固化技术

有机材料固化技术利用有机物料对尾矿渣堆进行钝化、改良。该技术使用的有机物料主要有有机堆肥、生物质秸秆、畜禽粪便、城市污泥等。这些有机物料组分复杂，其中某些物质例如腐殖酸等可以与尾矿渣堆中的重金属离子发生络合反应，进而起到固化/稳定化作用。但是相较于其他固化/稳定化技术，该技术的优势和缺陷均较为明显。该技术的优势在于所用材料来源广泛、成本低廉，而且在稳定重金属的同时可以改良尾矿渣堆，有利于改善环境营养状况，促进尾矿渣堆的生态恢复。除此之外，该技术所用大部分材料均是待资源化的固体废物，将该技术运用到尾矿渣堆真正实现了"以废治废"。但是相较于其他固化/稳定化技术，该技术更偏重于改良而非固化/稳定化。这导致与水泥等无机材料的稳定技术相比，该技术稳定效果较差且受环境影响较大，重金属容易重新释放，存在一定环境风险。

6.2.3.3　药剂稳定化技术

加入药剂的目的是改变土壤的物理、化学性质，通过 pH 控制技术、氧化还原电势技术、沉淀技术、吸附技术、离子交换技术等改变重金属在土壤中的存在形态，从而降低其生物有效性和迁移性。该技术所使用的化学药剂可以分为无机药剂和有机药剂。目前，常用的稳定化药剂有氢氧化钠、硫化钠、碳酸盐、磷酸盐、硅酸盐、硫酸亚铁、氯化铁和高分子有机稳定剂等。

笔者课题组针对硫铁矿尾矿渣，研发了"原位钝化＋微生物固结＋生态被覆"矿渣堆原位稳定技术体系，即先利用化学质-生物质钝化材料对矿渣内部重金属进行内源稳定，降低重金属的迁移能力和生物有效性；再利用微生物矿化作用在矿渣堆表面构筑矿化稳定层，隔绝矿渣内部的氧气，防止矿渣内部重金属被氧分子重新活化。其中微生物诱导碳酸盐沉淀（MICP）效果尤其明显，所筛选出具有诱导碳酸盐沉淀能力的矿化菌株 kp-22，经过 16S rDNA 鉴定为巴氏生孢八叠球菌。kp-22 对 Cu、Zn、Cd、Ni 均有良好的去除效果，特别是对重金属 Cd，其去除率能达到 98%。针对硫铁矿渣，通过施加 MICP 菌液和胶结液，对矿渣中重金属的去除率能达到 62%，同时，能增大矿渣颗粒间的内摩擦角（26%），增加颗粒间的黏聚力（10kPa），从而提高矿渣堆体的抗震、抗滑坡和抗渗透能力。将 MICP 技术应用于矿渣堆体表面，利用微生物形成的碳酸盐结晶可构建渣堆表面固结稳定层。

目前用于尾矿渣堆的无机药剂以磷酸盐类物质居多，既有水溶性的磷酸二氢钾、磷酸二氢钙及过磷酸钙、磷酸氢二铵、磷酸氢二钠、磷酸等，也有难溶于水的羟基磷灰石、磷矿石等。磷酸盐稳定重金属的作用机理主要有四类：①络合作用；②重金属与磷酸盐的共沉淀作用；③重金属与磷酸盐表面的离子交换作用；④重金属进入磷酸盐无定形晶格中被吸附固定。磷酸盐进入环境中可以很好地促进重金属从有效态向残渣态转化。研究发现，过磷酸钙、钙镁磷肥、磷矿粉均可以显著降低 Pb 的各种非残渣形态含量，其主要机理是通过磷与各种非残渣形态铅反应形成溶解度极小的磷氯（羟基/氟）铅矿沉淀，从而降低 Pb 的溶解性。Wang 等利用磷灰石、磷酸钙镁和磷酸二氢钙修复尾矿场，处理 90 天后可利用态 Pb、Cd 和 Zn 含量均明显下降。

有机修复剂种类庞杂，在重金属污染修复中起到络合、截留、固定重金属污染物的作用。现阶段，有机修复剂多以螯合型药剂为主，例如聚天冬氨酸螯合剂、多胺类螯合剂、聚乙烯亚胺类螯合剂等，已被证明对多种重金属污染物均有较好的稳定效果。

6.2.3.4　塑性材料包容固化技术

塑性材料包容固化技术主要利用沥青、聚乙烯等热塑性有机材料和脲醛树脂、聚酯树脂等热固性有机材料固化尾矿渣堆中的重金属元素，阻止重金属迁移转化。热固性有机材料指在加热时会从液体变成固体并硬化的材料，即使以后再次加热也不会重新液化或软化。目前使用较多的材料是脲醛树脂、聚酯树脂、聚丁二烯、酚醛树脂、环氧树脂等。研究表明，使用不饱和聚酯树脂、环氧树脂、酚醛树脂胶结材料，催化剂为助剂，废弃固体物质为集料拌和而成的树脂混凝土，其固化物不仅有很高的强度，而且耐腐蚀性、抗渗性、抗冻性良好。在热固性塑料中，脲醛树脂使用方便，固化速度快，与有害物质形成的固化体有较好的耐水性、耐腐蚀性，价格也较便宜，使用较广泛。热塑性材料指那些在加热/冷却时能反复软化和硬化的有机材料，如沥青、聚乙烯、聚氯乙烯、聚丙烯、石蜡等，这些材料在常温下为坚硬的固体，而在较高温度下具有可塑性和流动性，因此可以利用这种特性对固体废物进行固化处理。

第**7**章 硫铁矿区污染过程阻断

对污染源进行管控虽能有效减少矿区污染物的产生量，但并不能完全抑制污染的产生。过程阻断技术指在污染物向水体或其他敏感受体迁移的过程中，通过一些物理、化学、生物以及工程手段等对污染物进行拦截阻断和强化净化，延长其在陆域的停留时间，最大化减少进入各敏感受体的污染物量。在源头控制的基础上，进一步实施过程阻断技术，高效阻断污染物输移是硫铁矿区污染治理技术中不可或缺的一环。

7.1 清污分流

清污分流是将污染程度较低的或可以直接排放或回用的水同污染较为严重、需要处理的水分别用不同的设施收集起来加以处理，按系统排放或回用。该技术通常采用拦、截、排、泄等方式区分地面未受污染的水体和酸性矿区排水，清污分流后的干净水体可直接外排，酸性矿区排水则通过堆浸利用、中和处理等多种手段进行处理和利用。在某些雨水充沛的矿区，雨水汇集并长期放置导致酸化，这使得废水体量大大增加，为避免天然降水进入矿区水处理系统导致废水量和处理成本增加，配置矿区清污分流系统显得尤为重要。

为保证矿区清污分流系统经济有效，该技术需结合矿山地形，充分利用水流高差产生的势能来节约工程成本。此外，充分利用矿山现有的排水处理系统，并进行疏通、加固等改造也可以有效减少工程投资。在实际操作过程中，需要收集整理以下资料：矿区水文地质、工程勘探等矿山地质资料；矿区土壤类型、植被状况、山体面积、周边敏感用地等基础环境资料；采矿场、选矿场、排土场等基础设施资料；废水来源及其去向、水量及其随时间季节波动情况。根据上述资料制定多种可行的清污分流方案，经优选评估后方可运行。

7.2 渗透性反应墙

渗透性反应墙（permeable reactive barrier，PRB）已广泛应用于原位修复矿区受污染的地下水中，该技术具有反应时间长、处理能力强、维护成本低的特点。PRB由堆置了反应材料的可渗透处理区组成，受污染的地下水羽垂直流经放置在地下的反应材料，处理过的水从另一侧流出（图7-1）。

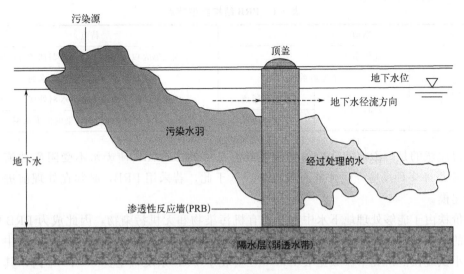

图 7-1　渗透性反应墙原理图

PRB 技术处理的基本目标是直接降解或固定地下水中的目标化学物质，或通过改变地下水系统的地球化学条件，从而促进目标化学物质的降解或固定。该技术主要利用反应墙的渗透性使污染物通过水力梯度流经反应材料，并在反应材料作用下发生沉淀、吸附、催化还原或催化氧化以及络合反应，从而转化为低活性物质或无毒成分，以达到净化、拦截污染物的目的。对于大多数 PRB，反应材料与周围含水层物质直接接触。反应材料包括零价铁、石灰石、堆肥、沸石、活性炭和磷灰石。该技术能够有效地处理大量不同的成分，包括放射性核素、痕量金属和阴离子污染物。所处理的痕量金属包括六价铬、镍、铅、铁、锰、铜、钴、镉和锌等。所处理的阴离子污染物包括硫酸盐、硝酸盐、磷酸盐和砷。

目前 PRB 一般包括两种结构类型——连续墙式和隔水漏斗导水门式（结构示意图与特点分别见图 7-2 和表 7-1）。向系统加入反应材料的较新技术包括浆料注入、水力压裂和轴心驱动。可将 PRB 安装为永久性或半永久性处理单位。最常用的 PRB 类型是连续墙式，可将处理材料回填。墙体与地下水羽垂直并相交。隔水漏斗导水门式 PRB 的设计使用封闭的片桩或泥浆墙作为"漏斗"，从而将污染物羽流引导到包含反应介质的"导水门"。相反，连续墙式设计完全以反应介质横切羽流流路。由于有隔水漏斗，与连续墙式相比，隔水漏斗导水门式设计对地下水流量的影响更大。在这两种设计中，都必须将 PRB 安装在基岩上，并保持反应性区域的渗透率等于或大于含水层的渗透率，以避免水流在反应区周围改向。

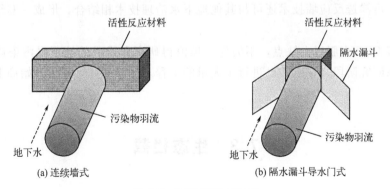

(a) 连续墙式　　(b) 隔水漏斗导水门式

图 7-2　PRB 结构示意图

表 7-1 PRB 结构类型特点

结构			特点
连续墙式			必须足够大以确保整个污染水羽都通过反应墙
隔水漏斗导水门式	单通道系统		用低渗透性墙引导污染水羽
	多通道系统	并联多通道	适用于宽污染地下水羽处理
		串联多通道	适用于同时含多种类型污染的地下水羽处理

值得注意的是，添加的反应材料需要具有足够的渗透性，使废水不受阻碍地流动，且 PRB 需要添加多种反应介质才能有效反应。基于此，若采用 PRB，必须在处理前进行详细调研和建模。

零价铁由于能够处理地下水中的常见有机污染物和无机污染物，因此成为 PRB 中应用最广泛的反应材料。其他铁基或非铁基材料有的应用于中试场地规模的 PRB 系统中，有的正处于小试规模的研究中。数据表明，一旦安装了 PRB 系统，至少 5～10 年内，其维护成本都会较低（除了常规的性能监测之外，一般不含任何运营成本）。

PRB 法作为污染地下水的原位修复技术，与传统的抽出处理法相比，其主要优点是无需泵抽和地面处理系统，无需外加动力，且反应材料消耗很慢，技术运行费用低，具有长达几年甚至几十年的处理能力，日常仅需长期监测，几乎不需要运行费用，能够长期有效运行，不影响生态环境。当然 PRB 技术也存在一定局限性。①PRB 技术修复机理研究还不够。很多研究都着眼于如何在理想条件下，利用活性物质处理污染物，然后探讨进一步推广的可能性，基本不涉及吸附机制的研究。深入研究吸附机理对于正确评价污染物原位修复处理非常关键。②活性材料选取与改进研究必须加强。目前活性材料以 Fe^0 研究和应用最多。其实石灰、磷矿石、沸石、活性炭、泥煤、稻草、锯末、高锰酸钾晶粒以及泥炭和砂的混合物等都是合适的活性材料，这些材料大部分都是工农业材料的残料或价值低廉的产品，不仅处理效果好，而且达到了废物再利用的目的。③施工技术还需进一步研究、改进和提高。常规的开挖深度一般限制在 10.0m 以内，但随着地下水水位的下降及污染的扩散，10.0m 深度已经远远不够。新兴的地质技术如大口径垂直钻孔法、泥浆墙法、水压致裂法、泥浆喷射法和深土混合法等极大地拓展了 PRB 处理深度，这些创新技术还需要更多的研究和实践。④PRB 技术应用范围还应继续扩展。虽然基于 Fe^0 的 PRB 技术已经由处理传统的重金属离子、四氯乙烯（PCE）以及三氯乙烯（TCE）扩展到处理 N、P 等营养元素和三氯乙酸（TCA）等其他氯代有机物，但其处理对象还可进一步扩展，如石油类污染物也可尝试采用该技术处理。可渗透反应墙技术还可与其他地下水治理技术相结合，形成一套综合的地下水处理系统。

总之，若 PRB 克服以上缺点，不失为一项值得研究和推广的地下水污染修复技术，目前国内尚处在研究阶段，在欧美已进行了大量的工程及试验研究，并已开始商业应用。

7.3 生态拦截

生态拦截是指在植物稳定技术的基础上，结合区域环境特征和地形地貌现状构建生态隔离带,以降低地表径流的水流速度,增加水力滞留时间,促进流动中的悬浮物质及颗粒物沉积,同时利用植物和土壤对水体中的污染物进行吸附、交换等,达到有效拦截污染物扩散及迁移的目的。生态拦截可兼顾生态、环境与景观功能,在提高污染物拦截效率的同时,实现硫铁矿区生态系统的恢复与重建。

7.3.1 植物稳定技术

近年来,植物稳定技术凭借绿色环保、经济安全等优势,逐渐成为国内外矿区修复的研究热点。植物稳定技术主要包括植物提取、植物固定、植物挥发和根部过滤四个方面。在矿区环境修复中,现有研究以植物提取和植物强化稳定技术居多。

7.3.1.1 植物提取技术

植物提取技术通过利用超富集植物对土壤重金属的吸收积累,将环境中的污染物转运至植物体内,并对植物进行收集和处理,以达到降低环境中重金属含量的目的。植物固定技术则利用植物根际微环境改变土壤中重金属的化学形态,将环境中的重金属污染物转化为无毒或毒性较低的物质,从而降低环境中重金属的迁移能力和生物有效性以实现管控的目的。

植物提取的核心是选择合适的植物物种。首先,所选物种要能在污染严重、营养贫瘠的矿渣土壤上稳定生长;其次,所选植物针对污染区域的重金属应拥有较好的吸收积累能力。铅(Pb)、铜(Cu)、镉(Cd)、锌(Zn)、砷(As)、镍(Ni)等元素是硫铁矿区的典型污染元素,根据所在地环境选取适宜的针对上述污染元素的富集植物物种是植物提取技术的关键。

目前全球已知的重金属超富集植物有 700 余种。其中对 Pb 有较强富集能力的植物有禾本科植物香根草(*Vetiveria zizanioides*),该植物对 Pb 的吸附量为 2458~4069mg/kg;禾本科植物金丝草(*Pogonatherum crinitum*)地上部 Pb 吸附量可达 4639.4mg/kg;十字花科植物圆锥南芥(*Arabis Paniculata* L.)地上部对 Pb 的吸附量最高可达 14769mg/kg;石竹科植物春山漆姑(*Minuartia verna*)对 Pb 的吸附量最大为 11400mg/kg。此外,菊科植物羽叶鬼针草(*Bidens maximovirziana*)和密毛白莲蒿(*Artemisia sacrorum* var.)、香蒲科植物香蒲(*Typha orientalis*)等植物对 Pb 也有不错的富集能力。

常见的 Cu 超富集植物主要有唇形科植物海州香薷(*Elsholtzia splendens*)、鸭跖草科植物鸭跖草(*Commelina communis* L.)、十字花科植物印度芥菜(*Brassica juncea* L.)等,其中印度芥菜(*Brassica juncea* L.)对 Cu 的富集能力最强,温室土培试验表明其地上部 Cu 含量最高可达 13696mg/kg。我国本土特征种海州香薷(*Elsholtzia splendens*)和鸭跖草(*Commelina communis* L.)对 Cu 有不错的富集能力,研究表明二者对 Cu 的吸附量可分别达到 7626mg/kg 和 7789mg/kg。

Cd 作为强毒性重金属污染元素,其高毒性、隐蔽性和积累性的特点给环境带来巨大的风险。目前国内外对 Cd 超富集植物的研究取得了诸多进展,Cd 超富集植物主要有十字花科植物天蓝遏蓝菜(*Thlaspi caerulescens*)、商陆科植物商陆(*Phytolacca acinosa*)、茄科植物龙葵(*Solanum nigrm* L.)、堇菜科植物宝山堇菜(*Viola baoshanensis*)、景天科植物东南景天(*Sedum alfredii* H.)等。此外,研究表明,印度芥菜(*Brassica juncea*. L)、芸薹(*Brassica rapa* var. *oleifera de Candolle*)、蔓菁(*Brassica rapa* L.)三种植物对 Zn 的吸收能力较强,可作为 Zn 超富集植物;凤尾蕨科植物蜈蚣草对 As 和 Ni 均有较强的富集能力。

值得一提的是，当前用于植物提取技术的植物绝大多数为草本植物，此类植物不仅生物量较小而且抗逆性也较差，本身易受环境因素限制而影响处置效果。相较于草本植物，木本植物根系庞大、生长迅速，具有更大的生物量和更强的抗逆性，正因为如此，以木本植物为主要材料的植物提取技术具有更高的研究价值。

研究表明，刺槐（*Robinia pseudoacacia*）、毛白杨（*Populus tomentosa*）、垂柳（*Salix babylonica*）、马尾松（*Pinus massoniana*）、雅榕（*Ficus concinna*）、接骨木属（*Sambucus* L.）、臭椿（*Ailanthus altissima* Swing.）、油松（*Pinus tabuliformis*）等木本植物对重金属均有一定富集能力且抗性优异。其中，柳树品种无性系毛枝柳（*S. dasyclados*）BOKU 03 CZ-002 对 Cd 具有较强的富集能力，其叶片中 Cd 含量可达 315mg/kg；另一个品种（*S. smithiana*-1）BOKU 03 DE-005 对 Zn 的富集能力较强，叶片中 Zn 含量高达3180mg/kg。除柳树外，杨树对 Cd 和 Zn 也有较强的富集能力。研究表明杨树物种毛果杨（*P. trichocarpa*）×美洲黑杨（*P. deltoides*）的叶片中 Cd 含量可达到 209mg/kg，物种银白杨（*P. alba*）AL 35 的叶片中 Zn 含量可超过 2500mg/kg。

7.3.1.2 植物强化稳定技术

相比其他技术，虽然植物稳定技术具有绿色、经济、环保、安全等优点，但是在实际操作过程中仍存在一定缺陷，例如：尾矿污染严重且缺乏营养元素导致植物生长缓慢，且目前大多数耐性植物根系短小且生物量低，使植物稳定技术修复过程耗时较长；大多数耐性植物对环境重金属具有一定的选择性，修复元素单一，导致技术效率低下。鉴于以上原因，为了提高植物稳定技术的效率，植物强化稳定技术应运而生。

植物强化稳定技术的基本原理有以下两种：促进超富集植物生长与促进植物对重金属的吸收和稳定。前者主要关注如何提高植物生物量或缩短植物生长周期；后者主要关注如何改变重金属污染物的形态，提高重金属的可利用性，进而有利于重金属的植物提取。

（1）基质强化修复技术 基质强化修复技术是通过人为干预改良植物生长基质，提高尾矿 pH、保水能力和肥力，进而促进植物生长和提高修复效率的技术方法。目前已经有多种无机和有机材料应用于基质强化修复技术中。无机材料包括石灰、沸石、粉煤灰、赤泥、石膏、磷酸盐材料等，其中石灰、沸石、石膏可以降低尾矿的全盐量，调节基质 pH；粉煤灰、赤泥等无机废料可以提高尾矿孔隙度，增强尾矿持水能力；磷酸盐材料可以固定基质Pb、Cd 等重金属污染物。相较于无机材料，绿肥、秸秆、污泥、畜禽粪便等有机改良材料不但可以调节基质 pH，而且材料本身富含有机质，可以促进团聚，降低尾砂容重，提高基质保水能力。此外，材料本身所含物质可能会和环境中重金属污染物发生吸附或络合作用降低重金属的迁移转化能力。除上述天然有机改良剂外，人工合成有机物如木质素磺酸盐、聚丙烯酰胺、羧甲基纤维素等材料也被证明可以改善尾矿基质。

（2）化学强化植物修复技术 化学强化植物修复技术是通过向尾矿中施加化学物质，通过改变重金属的形态，提高重金属的可利用性，进而促进植物提取的技术。目前已知的化学强化剂以螯合剂为主。研究证明，乙二胺四乙酸（EDTA）、羟乙基乙二胺三乙酸（HEDTA）、二乙基三胺五乙酸（DPTA）、乙二醇-双-(2-氨基乙醚)四乙酸（EGTA）等螯合剂可以与重金属发生螯合反应形成水溶螯合物，促使重金属污染物由残渣态向可溶态转变，提高植物对重金属的吸附效果。例如，将 3mmol/kg 的 EDTA 和氨三乙酸（NTA）施加进尾矿∶土壤＝1∶1 的人工培养基质中，可以显著促进蓖麻幼苗对 Pb 和 Zn 的富集能力；将 2mmol/kg 的 EDTA 和柠檬酸施加进种植有喜盐鸢尾的尾矿基质中可以显著促进喜盐鸢尾对 Pb 和 Cd 的吸收；施加 EGTA 可以显著提升苎麻对 Cd 的吸收。

（3）微生物诱导强化修复技术　微生物诱导强化修复技术是利用土壤微生物协助植物稳定技术，借助微生物的作用促进耐性植物对尾矿重金属的富集、稳定的技术。该强化技术主要有两种机制：①通过微生物自身代谢作用活化重金属元素，促进其由残渣态向有效态转变，进而提高植物对重金属污染物的吸收能力；②微生物生长代谢活动改善植物生长环境，促进植物生长发育，通过提高生物量来达到强化植物稳定效果的目的。

目前已有研究揭示了抗性微生物促进植物富集重金属机制（机制①）。以假单胞菌属细菌、Pb、Cd 为例，假单胞菌属细菌可以将钴胺素转变为甲基钴胺素，甲基钴胺素可以作为甲基的供体，在三磷酸腺苷（ATP）和特定还原剂共同存在的条件下，Pb 和 Cd 可与甲基络合形成甲基铅、甲基镉等易被植物吸收的络合物，促进植物对 Pb 和 Cd 的吸收。邓平香等人研究发现，从东南景天（*Sedum alfredii* H.）根系提纯的内生菌荧光假单胞菌（*Pseudomonas fluorescens*）的生命活动会释放苹果酸、琥珀酸、乙酸、柠檬酸、草酸等有机酸，这些有机酸可以活化 ZnO 和 PbO 沉淀，使植物易富集 Zn、Pb 金属元素。

除机制①外，抗性微生物促进植物生长（机制②）也是微生物诱导强化修复技术的重要机制。由于尾矿渣堆营养物质缺乏，植物生长受限，抗性微生物的存在可以为植物提供其生长必需的营养元素，同时植物的根际环境也为微生物提供糖类、氨基酸等多种物质，促进细菌生长繁殖。氮是植物生长发育的必需营养元素，若环境中缺乏氮素，拥有固氮能力的抗性内生细菌则对植物促生意义重大，在植物根际接种自生固氮的抗性内生细菌可以为植物提供氮素供给，促进植物生长。同样作为植物发育过程中的必需元素，铁、磷在环境中多以沉淀态存在，不利于植物吸收，但是若环境中存在抗性内生细菌，抗性内生细菌可以通过络合、离子交换和分泌有机酸的方式活化环境中难以利用的铁、磷元素，保证元素的有效供应。不仅如此，抗性内生细菌还可以通过合成生长素（IAA）、细胞分裂素等植物激素来促进植物生长。

笔者课题组从川南地区某硫铁矿区受污染农田土壤中分离筛选到 1 株耐重金属镉的植物根圈促长菌株。对该菌株的相关促生指标进行测定分析，发现该菌株不仅具有产 IAA 和铁载体的能力，还具有溶磷作用，表现出一定的促生能力。通过 16S rDNA 测序发现该菌株与伯克霍尔德菌菌株的同源性达 99%，可判定该菌株为伯克霍尔德菌。通过茶皂素强化 PGPR 促进了富集植物黑麦草的生长，并加快了黑麦草对重金属镉的富集能力。

7.3.2　生态隔离带

生态隔离带的构建要素主要由两个方面组成：一是植物群落模式，即植被的种类构成及其配置方式；二是生态隔离带的形状和面积大小。构建要素不同的生态隔离带对径流、泥沙及其他污染物的阻断效果是不同的，径流中的沉积物含量、污染物特性、生态隔离带内的土壤特征与植被的生物学特征、周围所处的水文条件等，均为污染阻断效果的重要影响因素。硫铁矿区及其周边土壤有机质含量、植物养分含量和 pH 值较低，毒性元素含量较高，往往缺乏适宜的土壤特征来建立植被，因此，植物群落模式的构建又是生态隔离带设计的重中之重。

生态隔离带建设的最终目标是乔、灌、草混生的拟自然环境，由此形成的植物群落水土保持功能强、生物量大、生物学稳定性高，并具有近自然的生态结构、生态功能和很强的自我恢复能力。在此基础上，添加一些花草可增强景观效果。而藤本植物主要应用于坚硬岩石边坡或土石混合边坡的垂直绿化，在边坡绿化中的运用充分发挥了其独特的优势，既能配合其他类型植物较快地实现景观成型，又能充分发挥其生态防护功能。将乔、灌、草、藤、花合理组合，不仅可以恢复生态平衡，而且有助于实现人工强制绿化向自然植被的自我演变。植物种类的选择应遵循以下几个原则。

（1）遵从植物生态习性，因地制宜　通过立地类型划分和对植物特性的掌握，选择适应当地立地条件的植物品种，尤其要考虑立地条件下的限制性因子。同时还要从坡面稳定的角度考虑，选择地上部分较矮、根系发达、生长迅速、能在短期内覆盖坡面的植物品种。

（2）先锋性、可演替性及持续稳定性原则　矿山废弃地植被恢复需要尽快实现植被覆盖并发挥固土作用，所以需要选择一些适应立地条件、生长迅速的先锋植物。随着植被恢复实施时间的推移，原先的先锋植物品种随着生命的衰退成为弱势品种，甚至退出群落，而侵占能力强、生命力旺盛、寿命长的植物品种慢慢会占据主导地位，形成目标群落，实现自然演替。

（3）具有较好的土壤改良能力，能互利共生　生态防护要考虑植物个体与群体的关系，既要快速达到绿化效果，也要有持久不衰、保持植物多样性、多物种构成的立体植被结构。植物有各自的生物学特性，多数物种间会出现拮抗性和侵占性，而争水、争光、争肥都可能导致某些植物品种的衰亡、消失。因此，植物种类选择应考虑植物物种间互利共生关系，尽量选择落叶量较大的或固氮能力较强的植物，以改良边坡土壤，为其他植物生长创造条件。

（4）物种选择必须考虑乔、灌、草有机结合　选择植物品种时还需考虑生物品种的多样性，由多种植物品种形成的植物群落的生态稳定性明显好于单一的植被群落。而乔木、灌木、草本等多层次、多品种的组合，有助于形成综合稳定的复合植物生态系统。

（5）选择抗性强、耐贫瘠的植物　矿山废弃地边坡生境恶劣，水肥缺乏，养护相对困难，所选植物应能靠自然条件维持生长。因此，所选植物必须具备抗干旱、耐贫瘠、防污染、抗病虫害、适于自然生长的特点，特别是注意那些具有固氮能力的豆科树种。

7.4　污染过程阻断效果评价

7.4.1　单一植物污染阻断效果评价

目前多以生物富集系数、生物转运系数以及土壤重金属的前后浓度差异来评价单一植物的修复效果，然而这些指标都偏向于单种植物的修复效果评价。

生物富集系数（BCF）是评价植物累积重金属能力强弱的常用指标之一，计算公式为：

$$BCF = C/S \qquad (7-1)$$

式中　BCF——生物富集系数；
　　　C——地上部植物样品的重金属质量分数，mg/kg；
　　　S——对应土壤样品重金属质量分数，mg/kg。

忽略其他因素的前提下，可以利用生物富集系数来评价植物的综合累积能力。

生物转运系数（BTF）计算公式为：

$$BTF = C_{ab}/C_{un} \tag{7-2}$$

式中　BTF——生物转运系数；

C_{ab}——植物地上部位重金属元素的浓度，mg/kg；

C_{un}——植物地下部位（根）相应重金属元素的浓度，mg/kg。

1970 年 Patterson 提出，植物对某一金属元素的吸收是在其他金属元素相互作用下进行的，它们之间可以相互促进，也可以彼此抑制。近年来，复合污染（combined pollution）的概念被提出，也称为相（交）互作用（interactive effect）。复合污染的表征基本上是以 Bliss 提出的表征方法进行的，即将多元素之间的相互作用分为以下三种形式：①加和作用（addition），可用 $\sum T_i = T_1 + T_2 + \cdots + T_n$ 表示；②拮抗作用（antagonism），可用 $\sum T_i < T_1 + T_2 + \cdots + T_n$ 表示；③协同作用（synergism），可用 $\sum T_i > T_1 + T_2 + \cdots + T_n$ 表示。式中，$\sum T_i$ 为复合污染综合效应；$T_1, T_2, \cdots, T_n$ 为各污染物单独的污染效应。

在未来，对重金属阻断效果的评价必将更多从复合污染的角度进行。

7.4.2　多种植物综合污染阻断效果评价

当生物量不变时，植物比例的不同会影响植物的重金属富集能力，说明植物比例是影响重金属富集能力的重要因素。Wu 等对植物间种的研究表明，植物共同种植时，Pb 富集量高于单独种植。Li 等的研究发现，玉米与羽扇豆、鹰嘴豆等共同种植可以比单独种植富集更多的 Cd。植物对重金属的富集量受生物量的影响较大，即植物长势与其重金属富集能力相关性较大。

$$W = \sum C_i M_i \tag{7-3}$$

式中　W——某组合模式下全部植物对重金属元素的富集量，mg；

C_i——第 i 种植物体内重金属的质量分数，mg/kg；

M_i——第 i 种植物地上部分的干重，kg。

此外，在生态隔离带的设计过程中，不同因素对沉积物和污染物截留效率的影响是极其复杂的，生态隔离带坡度、土壤特性、降雨强度、入流污染物的浓度和性质、入流流量、植被属性和规模、土地利用类型等多种因素均会对污染物的阻控效率产生影响，数学模型是对其进行研究的重要工具。

土壤和水评价工具（soil and water assessment tool，SWAT）是常用于模拟面源污染的模型之一，因其模拟效果较好已被广泛应用。但 SWAT 在模拟隔离带截留效果方面有一定的缺陷，即不能模拟地表径流路径，仅考虑了隔离带宽度对截留效率的影响。

目前世界上已初步开发出了生态隔离带拦截径流中泥沙等固体污染物的模型。最早出现的 GRASSF 模型是由肯塔基大学的研究人员开发的，基于径流过程特征、泥沙输移和沉积形态计算生态隔离带对泥沙等固体颗粒物的拦截效率，Wilson 等改进了 GRASSF 模型并将其整合到 SEDTHLEOT Ⅱ模型中，基于水力学和沉积学特征计算径流出流曲线。

不少学者使用 CREAMS 模型来估算生态隔离带对面源污染物的过滤效果，但 Dillaha 和 Hayes 指出，该模型并没有能够模拟泥沙在生态隔离带中运移的物理过程。

Overcash 等人基于入渗和其他污染物的去除机理提出 Overcash 模型，该模型能够较好地预测生态隔离带去除径流中动物粪便的效果，但不适用于计算诸如悬浮物、颗粒有机碳、细菌以及其他一些不以溶解形式输移的污染物。

佛罗里达大学的研究人员开发了一款面向设计的计算机模型系统——VFSMOD-W，该模型主要包括两个部分：一是估算径流汇流区的流量和污染物负荷，二是估算隔离带对径流流量和污染物负荷的削减量，目前在国外的应用已较为成熟。

7.4.3　整体生态效益评价

在重金属污染场地生态修复中，复合植物模式在生态系统结构功能稳定性、生物多样性、植物覆盖率、群落景观效应以及系统重金属去除能力方面都优于单一植物模式，植物模式的修复效果与模式中各物种之间相互作用产生的生态效应密切相关。

可见，在对植物群落的整体污染阻断效果评价中，仅知道物种个体生物富集系数、生物转运系数等数据尚不够，还需引入生态学相关评价指标，如场地内单位面积上某物种的生物量、密度，以及与其他物种之间的竞争、共生、抑制、互利等相互作用的关系行为。因此，在描述和评价生态系统的结构功能和物种的生态学特性时，需使用包含个体和群体尺度指标综合信息的复合变量指标。常见主要评价指标如下。

（1）植物优势度　优势度指标常用于评价植物生长势，代表植物在群落中的扩繁能力。

$$优势度＝（相对多度＋相对频度＋相对盖度）/3 \tag{7-4}$$

式中　相对多度——某物种的个体数占群落中所有物种总个体数的比例，%；

相对频度——某物种在统计样方中出现的次数占所有物种出现总频数的比例，%；

相对盖度——某物种的盖度占所有物种总盖度的比例，%。

（2）辛普森指数（Simpson index）　在生态系统中，植物多样性是植被恢复过程中群落变化的重要指标。多样性越高，生态服务功能越强，抗干扰能力越强。能反映物种多样性的指标有很多，但在报道中常用辛普森指数。

$$D_i = 1 - \sum P_i^2 \tag{7-5}$$
$$P_i = n_i / N \tag{7-6}$$

式中　D_i——物种i的辛普森指数；

P_i——物种i的个体数占群落中总个体数的比例，%；

n_i——样地中物种i的株数；

N——样地中所有植物的总株数。

（3）植物群落多样性指数　Margalef 丰富度指数是在物种数量和多度的基础上评价一个群落或生态环境内物种的丰富程度的指数，该指数越大物种多样性越好。计算公式为：

$$M = (S-1)/\ln N \tag{7-7}$$

式中　M——Margalef 丰富度指数；

S——物种数目；

N——所有物种多度之和。

Pielou 均匀度指数 [式(7-8)] 是评价一个群落或生态环境内物种的均匀程度的指数，该指数越大，则物种个体数量的分配越均匀。Shannon-Wiener 指数 [式(7-9)] 是在物种数量的基础上评价一个群落或生态环境内物种的多样性程度的指数，该指数越大表示这个群落中未知的因素越多，群落复杂程度越高，生物多样性越高。

$$J = -\sum P_i \ln P_i / \ln S \tag{7-8}$$
$$H = -\sum P_i \ln P_i \tag{7-9}$$
$$P_i = IV_i / \sum IV_i \tag{7-10}$$

$$\mathrm{IV}_i = (H_i/\textstyle\sum H + C_i/\textstyle\sum C + A_i/\textstyle\sum A + W_i/\textstyle\sum W)/4 \times 100\% \tag{7-11}$$

式中　J——Pielou 指数；

$\quad H$——Shannon-Wiener 指数；

$\quad P_i$——第 i 种植物的相对重要值；

$\quad S$——物种数目；

$\quad \mathrm{IV}_i$——第 i 种植物的重要值；

$\quad \sum H$——样方植物总高度；

$\quad \sum C$——样方植物总盖度；

$\quad \sum A$——样方植物总多度；

$\quad \sum W$——样方植物地上总生物量（总干重）；

$\quad \sum \mathrm{IV}_i$——样方植物总重要值；

$H_i/\sum H$——第 i 种植物的相对高度；

$C_i/\sum C$——第 i 种植物的相对盖度；

$A_i/\sum A$——第 i 种植物的相对多度；

$W_i/\sum W$——第 i 种植物的相对地上生物量。

为揭示群落多样性特征与土壤理化性质的耦合关系和协调程度，可采用分析系统多因素交互作用的灰色关联度模型，先用区间标准化法对数据进行无量纲化处理，再按式（7-12）计算关联系数。

$$\xi_i(j)(k) = \frac{\underset{i}{\min}\underset{j}{\min}\,|Z_i^L(k) - Z_j^l(k)| + \rho\,\underset{i}{\max}\,\underset{j}{\max}\,|Z_i^L(k) - Z_j^l(k)|}{|Z_i^L(k) - Z_j^l(k)| + \rho\,\underset{i}{\max}\,\underset{j}{\max}\,|Z_i^L(k) - Z_j^l(k)|} \tag{7-12}$$

式中　$\xi_i(j)(k)$——第 k 个样本点的土壤指标 i 和植物群落多样性指标 j 的关联系数；

$\quad Z_i^L(k)$——第 k 个样本点土壤指标 i 的标准化值；

$\quad Z_j^l(k)$——第 k 个样本点植物群落多样性指标 j 的标准化值；

$\quad \rho$——分辨系数，通常取 0.5。

将关联系数按样本数求平均值，可以得到一个 $m \times n$ 关联度矩阵 $\boldsymbol{R} = (r_{ij})$，它能够从整体上反映土壤因子单个指标和群落多样性单个指标之间的关联程度。其中，m 代表土壤指标数，n 代表多样性指标数。当 $0 < r_{ij} \leqslant 1$ 时，说明存在关联性，r_{ij} 值越接近 1，表明两者的关联度越大，耦合作用越强。当 $0 < r_{ij} \leqslant 0.35$ 时，关联度为弱；当 $0.35 < r_{ij} \leqslant 0.65$ 时，关联度为中；当 $0.65 < r_{ij} \leqslant 0.85$ 时，关联度为较强；当 $0.85 < r_{ij} \leqslant 1$ 时，关联度为极强。在关联度矩阵 $\boldsymbol{R}$ 基础上，依据式（7-13）与式（7-14）按行或列求平均值，可以识别出主要影响因素和反馈情况。

$$d_i = \frac{1}{m}\sum_{i=1}^{m} r_{ij}\ (i = 1, 2, \cdots, m;\ j = 1, 2, \cdots, n) \tag{7-13}$$

$$d_j = \frac{1}{n}\sum_{j=1}^{n} r_{ij}\ (i = 1, 2, \cdots, m;\ j = 1, 2, \cdots, n) \tag{7-14}$$

式中　d_i——土壤理化性质（L）第 i 个指标对植物群落多样性（l）的影响关联度；

$\quad d_j$——植物群落多样性（l）第 j 个指标对土壤理化性质（L）的影响关联度。

为从整体上定量评判硫铁矿区植物群落多样性与土壤理化性质的耦合协调发展程度，可进一步构建两者相互关联的系统耦合度模型，耦合度（C）的计算公式为：

$$C = \frac{1}{mn} \sum_{i=1}^{m} \sum_{j=1}^{n} \xi_i(j)(k) \tag{7-15}$$

各参数含义同前。

系统耦合协调程度评价标准见表 7-2。

表 7-2 系统耦合协调程度评价标准

耦合度	$0 \leqslant C < 0.4$	$0.4 \leqslant C < 0.5$	$0.5 \leqslant C < 0.6$	$0.6 \leqslant C < 0.7$	$0.7 \leqslant C < 0.8$	$0.8 \leqslant C < 0.9$	$0.9 \leqslant C < 1.0$
协调评价	严重不协调	中度不协调	轻度不协调	弱协调	中度协调	良好协调	优质协调

资料来源：世界经济合作与发展组织，2003。

第**8**章 硫铁矿区影响区治理与修复

8.1 硫铁矿区受污染水体末端治理与修复

前文对硫铁矿区受污染酸性废水治理思路中的源头控制进行了详细叙述，若 AMD 在源头控制后效果不佳且在未经严格处置的情况下排出，则很可能会通过地表径流和地下渗透等方式进入并污染地下水或地表水。这时就需要另一种治理思路——硫铁矿区 AMD 的末端治理。

国内外针对硫铁矿区 AMD 的末端治理技术一般可分为"主动治理"和"被动治理"两种技术。"主动治理"技术可以划分为非生物处理系统（化学法、物理法）和生物处理系统；"被动治理"技术也可以划分为地球化学处理系统（或非生物处理系统）和生物处理系统。"主动治理"技术处理 AMD 最先在国外发展起来，因其成本比较高，所以在 20 世纪 90 年代逐步被"被动治理"技术所取代。目前，国外利用"被动治理"技术治理 AMD 的实践相对成熟，已有诸多成功的应用实例。而国内对于低成本"被动治理"技术的应用还相对较少，采取的手段大多仍以封堵矿井和修建污水处理厂为主。硫铁矿区 AMD 的末端治理技术框架如图 8-1 所示。

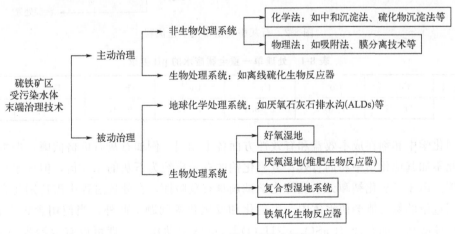

图 8-1 AMD 末端治理技术框架

8.1.1 "主动治理"技术

"主动治理"技术一般需要人为操作和定期维护，适用于正在运行的矿山和大水量的酸性矿山废水处理。该技术类似传统的废水处理厂，具有去除效果好、效率高等优点。目前AMD治理最广泛的方法之一就是"主动治理"技术，主要可以分为非生物处理系统（化学法、物理法、物化法）和生物处理系统。

8.1.1.1 非生物处理系统

（1）中和沉淀法（LDS法） 化学主动治理技术通常需要通过添加化学药剂来确保出水符合规定排放标准。中和沉淀法（LDS法）又称氢氧化物沉淀法，是目前国内酸性矿井水处理最常用的方法。其基本原理就是通过在 AMD 中添加碱性化学中和剂如石灰石（$CaCO_3$）、生石灰（CaO）、熟石灰 [$Ca(OH)_2$]、氢氧化钠（$NaOH$）、氧化镁（MgO）、氢氧化镁 [$Mg(OH)_2$] 和无水氨（NH_3）等以调节其 pH 值，加快亚铁离子的化学氧化速度，并使溶液中生成许多金属氢氧化物和碳酸盐沉淀。

常用的工艺有石灰乳法、滚筒中和法、升流式膨胀过滤法、曝气流化床法、高密度泥浆法。以石灰或石灰石作为中和剂的工艺应用最为广泛，相关工艺有直接投加石灰沉淀法、石灰中和法（图 8-2）、升流式变滤速中和法（将细颗粒石灰石或白云石装入中和塔，水流自上而下通过滤料，发生中和反应）。采用石灰法处理只含一类重金属离子的酸性矿山废水时，投加的碱量可根据废水的 pH、重金属离子浓度和石灰的纯度计算确定。重金属酸性废水投加石灰后要求达到的 pH，可根据重金属氢氧化物的溶度积和处理后的水质标准要求来计算确定。对于一些两性重金属，污水的 pH 控制还要考虑羟基络合离子的干扰。常温下处理单一重金属废水的 pH 要求可参照表 8-1 中的数值。然而，含多种重金属离子的废水，无论是一步沉淀还是分步沉淀，控制 pH 都需要试验或参考类似废水处理的实际运行数据确定。

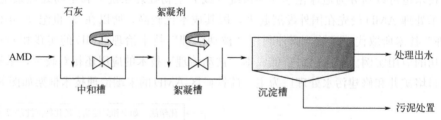

图 8-2　石灰中和法常规工艺流程

表 8-1　处理单一重金属废水的 pH 要求

单一重金属	Cd^{2+}	Co^{2+}	Cr^{3+}	Cu^{2+}	Fe^{3+}	Fe^{2+}	Zn^{2+}
pH 要求	11～12	7～8.5	7～8.5	7～12	9～13	>4	9～10

不同化学中和剂在成本效益和有效性方面各不相同。例如石灰石价格低廉，但水溶性较差，因此不如其他化学中和剂有效；氢氧化钠的有效率约为石灰的 1.5 倍，但成本大约是石灰的 9 倍。由于氢氧化钠和无水氨等化学试剂具有危险性，在处理过程中需特别注意。还要注意使用过量的氨可能会使水体中产生硝化和反硝化等问题。此外，当使用含钙中和剂时，可以去除硫酸盐 [如石膏（$CaSO_4 \cdot 2H_2O$）]。虽然主动化学治理可以有效治理 AMD，但存在运营成本昂贵和处理过程产生大量含有重金属的含水污泥（含水率大于 90%）等问题，且污泥脱水需投入额外费用。主动化学治理在其基本概念中是 AMD 治理与修复中的低技术方法，但在当下的大量研究中已经得到了很多改进，旨在提高该过程的效率并解决产生的大块污泥等相关问题。例如，在控制 pH 的情况下，逐步添加中和剂可以选择性地去除一些

AMD 组分，如砷和钼。

中和沉淀法的优点是工艺简单、处理成本较低，但该方法存在泥渣产量大、易造成二次污染、在管道和构筑物内壁结垢现象比较明显等缺点。为了克服这些缺点，在中和反应以后加入絮凝剂，如聚丙烯酰胺、三氯化铝等，这些絮凝剂可以加快沉降速率，降低中和反应泥渣的含水率。中和-絮凝沉淀法处理效率高，但需不断地投加化学试剂，并且易产生大量富含 Fe、Mn 等重金属的污泥，富含水分，通常仅含有 2％～4％的固体，处置难度大、成本高，从而限制了其实际应用。对该技术的有效改进包括将污泥部分再循环到石灰保持罐中，以产生含有约 20％固体的污泥，在脱水时进一步提高到约 50％。中和沉淀法处理 AMD 技术成熟，应用较为广泛。废水经处理后一般回用于矿区井下或地面洒水、防尘、洗车及机修厂设备清洗用水，其一般工艺流程见图 8-3。

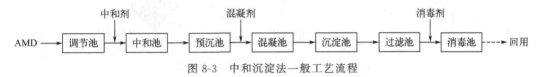

图 8-3　中和沉淀法一般工艺流程

中和沉淀法还可以对酸性废水与选矿废水或尾矿坝溢流液进行中和处理，或者直接将熟石灰投加到尾矿库中进行中和处理。以上都是传统的中和处理方法，研究人员通过不断的改进和探索，从每个处理工艺单元着手深入研究，再结合试剂的选择研发出一种新型的中和处理方法，即高密度泥浆法。

（2）高密度泥浆法（HDS 法）　高密度泥浆法（HDS 法）是处理矿区酸性废水的先进实用技术，作为传统 LDS 法的衍生技术及替代工艺，已在国内外得到较广泛的应用，在新桥硫铁矿、德兴铜矿等均有成功应用。HDS 法是利用 Ca（OH）$_2$ 与废水中 H$^+$ 反应，得到石膏沉淀物，酸性废水中重金属污染物也形成各类氢氧化物沉淀。HDS 法将传统中和沉淀法中生成的稀疏底泥（一般固含率为 1％～4％）回流，先与石灰乳液混合后再与废水进行反应，沉淀后返回。通过底泥的多次循环往复，充分利用了底泥中的碱性物质，有效降低石灰消耗量；循环过程中，底泥中生成的硫酸钙和氢氧化物等沉淀物出现晶体化、粗颗粒化现象，易于底泥降解；同时，反应器中保持较高的底泥浓度，底泥中的颗粒物可为反应物、产物等提供附着、沉积的场所，可大大减少、延缓设备和管路的结垢，延长使用寿命，利于操作维护和实现自动化控制，有利于矿山工程生态污染的防控。HDS 法的主要优点是大大降低了最终产品的处置和储存成本。

HDS 法处理 AMD 的工艺流程（图 8-4）如下：AMD 通过管网汇入酸性水调节池，在水质、水量调节的基础上，废水从调节池底部自流至 HDS 反应池（2 个系列），与石灰乳和回流底泥的混合液进行中和反应，通过自动控制石灰乳投加量自动调节反应液的 pH 值，使其稳定在目标值附近；反应后的泥水混合液进入絮凝池，在絮凝池中与聚丙烯酰胺（PAM）发生凝聚反应产生絮体，经自流进入沉淀池沉淀，实现泥水分离，上清液经溢流出水管网外排；沉淀池底泥一部分回流至底泥-石灰混合槽，多余底泥排至污泥池。污泥主要成分为硫酸钙和金属氢氧化物等，通过排泥渣浆泵从沉淀池底部直接泵至压滤机房压滤后排至排土场堆存。

HDS 法具有以下优点：①使石灰得到充分的利用，处理同体积量废水可减少石灰消耗 5％～10％；②在原有废水处理设施基础上，将常规低密度石灰法改为高密度泥浆法，可提高水处理能力 1～3 倍，且技术改造简单，投资少；③产生的污泥固含率高，通常污泥固含

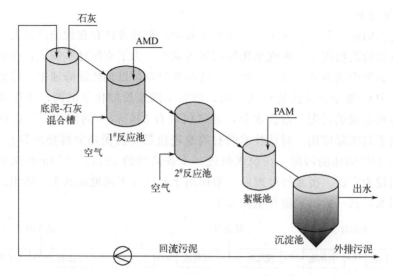

图 8-4　HDS 法处理 AMD 的工艺流程

率可达 20％～30％，与常规低密度石灰法产生固含率约 1％的污泥相比，污泥体积大幅度减小，可节省大量的污泥处理处置费用或输送费用；④能够大大减缓设备和管道结垢，常规低密度石灰法通常一个月停产清垢一次，而高密度泥浆法一般一年清垢一次，可节省大量设备维护费用，并提高了设备的运转率；⑤常规低密度石灰法通常采用手动操作，高密度泥浆法可实现全自动化操作，药剂的投加更加合理和准确，可有效降低运行费用。

（3）硫化物沉淀法　AMD 中的重金属离子与沉淀剂反应后产生难溶性化合物，沉淀过滤后被脱除，其中硫化物沉淀法应用最为广泛。其原理与氢氧化物沉淀法类似，即通过投加硫化物使金属离子生成难溶的金属硫化物沉淀从而被去除（其原理如图 8-5 所示）。常用的硫化剂有 Na_2S、H_2S 和 NaHS 等。金属对 S^{2-} 的亲和力顺序为 $Cd>Hg>Ag>Ca>Bi>Cu>Sb>Sn>Pb>Zn>Ni>Co>Fe>As>Ti>Mn$，前面的金属比后面的易形成硫化物。大多数金属硫化物的溶解度远小于金属氢氧化物，且硫化物沉淀不属于两性化合物，使重金属去除得较为完全。因此，与氢氧化物沉淀法相比，硫化物沉淀法可以在更宽 pH 范围内达到高效去除金属的效果，同时金属硫化物污泥也表现出更高的致密度和脱水率。此外，硫化物沉淀法对重金属处理更彻底，可以有效地回收金属硫化物产品，其收益可部分抵消废水处理成本。但是硫化物本身有毒且价格昂贵，在水中的反应复杂，为保证金属污染物的完全去除常常加入过量的硫化物，容易使出水中硫离子超标，而且酸性条件下可能会产生毒性气体

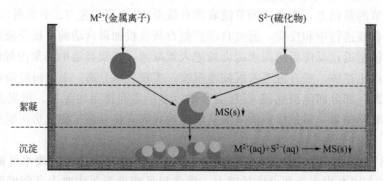

图 8-5　硫化物沉淀法原理图

H_2S，造成二次污染。

（4）铁氧体共沉淀法 铁氧体，即磁铁矿石（Fe_3O_4）。在 Fe_3O_4 中有三个铁离子，其中两个是 Fe^{3+}，另一个是 Fe^{2+}，即 $FeO \cdot Fe_2O_3$。铁氧体共沉淀法是近年来根据湿法生成铁氧体的原理发展起来的一种新型处理方法，由日本 NEC 公司提出。该方法通过向废水中投加铁盐使废水中的各金属离子形成铁氧体晶粒，再通过铁氧体的包裹与夹带作用，使重金属离子进入其晶格中形成复合铁氧体，因为铁氧体不溶于水，也不溶于酸、碱、盐溶液，所以有害的重金属离子不会浸出，最后利用磁力进行分离从而达到去除重金属的目的。复合铁氧体是一类复合的金属氧化物，其化学通式为 M_2FeO_4 或 $MOFe_2O_4$（M 代表其他金属），约有百种以上。

铁氧体法又分为氧化法和中和法两种。氧化法是将 $FeSO_4$ 加入重金属废水中，用 NaOH 调节溶液的 pH 到 $9 \sim 10$，加热并通入空气进行氧化，从而形成铁氧体晶体；中和法是将二价和三价的铁盐加入重金属废水中，用碱中和到适宜的条件从而形成铁氧体晶体。铁氧体氧化法处理工艺流程如图 8-6 所示。

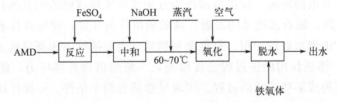

图 8-6 铁氧体氧化法工艺流程

在含有亚铁和高铁的混合废水中，其反应生成物为 $FeO \cdot Fe_2O_3$ 铁氧体［式(8-1)］。

$$Fe^{2+} + 2Fe^{3+} + 8OH^- \longrightarrow FeO \cdot Fe_2O_3 \cdot nH_2O + (4-n)H_2O \tag{8-1}$$

铁氧体法工艺流程技术的关键在于：①Fe^{3+}：$Fe^{2+} = 2$：1，因此，Fe^{2+} 的加入量应是废水中除铁以外各种重金属离子物质的量的 2 倍或 2 倍以上；②NaOH 或其他碱的投入量应等于废水中所含酸根的物质的量的 $0.9 \sim 1.2$ 倍；③碱化后应立即通蒸汽加热，加热至 $60 \sim 70℃$ 或更高温度；④在一定温度下，通入空气氧化并进行搅拌，待氧化完全后再分离出铁氧体。如果废水是碱性的，就不需要再加碱。上述具体分反应过程遵循以下化学反应。

在含有 Fe^{2+} 的废水中，投入碱性物质后即形成氢氧化物［式(8-2)］。

$$Fe^{2+} + 2OH^- \longrightarrow Fe(OH)_2 \tag{8-2}$$

为阻止氢氧化物沉淀，在投入中和剂的同时，需要鼓入空气进行氧化，使氢氧化物变成铁磁性氧化物［式(8-3)］。

$$3Fe(OH)_2 + \frac{1}{2}O_2 \longrightarrow FeO \cdot Fe_2O_3 + 3H_2O \tag{8-3}$$

在这种状态下，废水中的许多重金属离子取代 Fe_3O_4 晶格里的金属位置，形成多种多样的铁氧体。例如向含有重金属铅的废水中投加铁氧体，水中的铅离子会通过置换反应进入铁氧体晶格中，并将铁磁络合物中的 Fe^{2+} 置换出来，自身填充在晶格的格子间隙中，生成十分稳定的磁铅石铁氧体 $PbO \cdot 6Fe_2O_3$，而像 Fe_3O_4 这一类具有较大的颗粒尺寸的铁磁性氧化物，可以很轻易地从废水中沉淀下来，并通过过滤的方式与废水分离，通过这一系列反应就可以将废水中的有害重金属离子分离出来。为了达到处理废水的目的，在反应过程中需对悬浮胶体不断搅拌促进氧化，这一步通常是在一定温度下将氧化剂通入废水中，使加入废

水的 Fe^{2+} 最终氧化成 Fe^{3+} 混合物沉淀。

铁氧体法处理含重金属的废水效果良好，能够一次性脱除废水中的多种金属离子，处理后的废水中各离子浓度均能达到污水的综合排放标准，沉淀物具有磁性，并具有颗粒大、易分离、投资省、沉渣量少且产物化学性质比较稳定的特点，无返溶现象。该方法的缺点是铁氧体沉淀颗粒的形成及反应过程需要氧气，且反应温度要求在 $60\sim80℃$。为克服这些缺点，出现了改进铁氧体法，即"GT 铁氧体法"，其原理是在废水中加入 Fe^{3+}，然后将含 Fe^{3+} 的部分废水通过装有铁屑的反应塔，在常温条件下，反应塔中 Fe^{3+} 与铁屑反应生成 Fe^{2+}，将反应塔中废水与原废水混合，常温下加碱，数分钟后即生成棕黑色的铁氧体。该方法适用于处理重金属离子浓度较高的废水。国内外已经有了许多相关的研究，并且取得了较好的效果。

(5) 膜分离技术 膜分离技术主要是利用一种特殊的半透膜，在外界给予压力作用和不改变溶液中溶质化学形态的前提下，在膜的两侧对溶剂和溶质进行分离或浓缩的方法。膜分离工艺的方法有多种类型，包括电渗析、扩散渗析、反渗透、液膜、纳滤等，其中应用最为广泛的是反渗透法和电渗析法。反渗透法作为近年发展比较成熟的膜分离技术，可以用于处理 AMD 中的重金属。随着该技术的发展、高效膜组件的开发，膜分离技术应用领域不断扩大，在有色金属矿山废水处理回用、有色金属物质分离和浓缩方面都发挥了重要的作用。

① 反渗透法。渗透作用的逆过程是反渗透，一般指借助外界压力，使溶液中的溶剂透过半透膜而阻留某种或某些溶质的过程。实现反渗透有两个条件：a.操作压力必须比溶液的渗透压大；b.必须有一种半透膜具有高选择性、高透水性。在处理重金属废水时，反渗透的作用机理主要是筛分机理和静电排斥的截留机理，因此重金属离子的截留效果与重金属离子的价态有关。反渗透处理矿山废水是很有前景的方法，通过半透膜的作用可以回收有用物质，水得到重复利用。矿山废水多呈酸性，含有多种金属离子和悬浮物，经过滤后，抽入反渗透器，处理水加碱调节 pH 值后即可作为工业用水，浓缩水部分循环，部分用石灰中和后沉淀，沉淀池上清液再回流入处理系统，沉淀污泥可以送回矿坑，整个处理系统出来的只有水和污泥。为防止反渗透膜被沉淀玷污，原废水量与上清液量之比应控制在 10：1，同时应使水流处于满流状态。实验结果表明，在 $4.2\sim5.6MPa$ 的操作压力下，溶质去除率达 97% 以上，水回收率为 $75\%\sim92\%$。

② 电渗析法。电渗析法是在直流电场的作用下，溶液中的带电离子选择性地透过离子交换膜的过程。在电渗析膜装置中同时包含一个阳离子交换膜和一个阴离子交换膜，在电渗析过程中金属离子通过膜而水仍保留在进料侧，依靠金属离子与电极膜之间的相互作用实现分离。该方法较成功地应用于处理含有 Cd^{2+}、Ni^{2+}、Zn^{2+} 等金属离子的矿区废水。根据废水性质及工艺特点，电渗析法操作主要有两种类型：一种是普通的电渗析工艺，阳极膜与阴极膜交替排列，主要用于从废水中单纯分离污染物离子，或者把废水中的非电解质污染物与污染物离子分离开，再应用其他工艺加以处理实现回用；另一种电渗析工艺是由复合膜与阳极膜构成的特殊工艺，利用复合膜的极化反应和极室中的电极反应产生 H^+ 和 OH^-，从废水中制取酸和碱。

③ 液膜。液膜是以浓度差或 pH 差为推动力的膜，界面膜的作用机理由萃取与反萃取两个步骤构成。液膜分离过程中膜的两侧界面分别发生萃取与反萃取，溶质从料液相萃入膜相并扩散到膜相的另一侧，再被反萃入接收相，由此实现萃取与反萃取的"内耦合"，非平衡传质过程是液膜的特点。

④ 纳滤。纳滤膜的表面由一层非对称性结构的高分子与微孔支撑体结合而成，通过膜的物质不是离子而是水，这是纳滤与电渗析显著的不同点。从溶剂中分离出高化合价离子和有机分子是纳滤膜的特点。纳滤膜有多孔膜和致密膜两种，多孔膜主要是无机膜，而致密膜主要是聚合物膜。在分离过程中，纳滤膜溶质损失少，因此纳滤是一种很好的分离废水的方法。为进一步提高分离精度，还需研究和完善纳滤膜的传质机理。

膜分离技术由于去除率高、选择性强，已经广泛地应用于重金属废水处理，并产生了很高的经济效益。其优点是常温操作无相态变化、能耗低、污染小、自动化程度高等，但膜分离工艺在运行中可能会遇到电极极化、结垢和腐蚀等问题。

（6）物理吸附法　吸附法是通过吸附沉淀去除 AMD 中的重金属，例如利用赤泥、膨润土等。有学者对粉煤灰改性前后处理 AMD 进行研究，发现改性后的粉煤灰吸附率显著提升，Cu^{2+} 去除率高达 91.85%；还有学者研究用铁改性沸石处理 AMD，结果显示出水 pH 约为 7，重金属离子的去除率高达 99%。吸附法的相关技术和理论基本都是围绕着吸附剂展开的，各种类型吸附剂的研制又会对吸附法的理论和技术起到促进作用。在 20 世纪以前，炭为主要的吸附剂；20 世纪上半叶主要以活性炭和硅胶作为吸附剂；第二次世界大战后，新材料不断出现，新技术层出不穷，加快了对更好更高效吸附剂的研制。同时，在追求研发高吸附容量吸附剂的基础上，低成本吸附剂的研制越来越受到重视。寻找和选择成本低廉、生物量大、取材容易且吸附能力良好的吸附剂成为当今吸附领域研究的热点和重点。目前常用的吸附剂及其作用机制见表 8-2。

表 8-2　常用吸附剂及其作用机制汇总

吸附剂类型	定义	主要代表物质（化学成分）	作用机制
沸石类吸附剂	沸石是一种含水的架状结构铝硅酸盐矿物，可用作吸附剂	二氧化硅、氧化铝、水及碱、碱土金属等	细微孔穴及通道构成较大的表面积和微孔体积；孔穴内具有金属阳离子
黏土矿物类吸附剂	黏土是硅酸盐矿物在地球表面风化后形成的一种矿物原料，常用作吸附剂	高岭土、蒙脱土等	具有很大的比表面积；晶体边缘带正电荷，阴离子基团可以靠静电引力吸附在黏土矿物的表面上；具有不饱和电荷（电中性原理）
生物类吸附剂	凡是能从水体中分离重金属的生物体或者它们的衍生物统称为生物类吸附剂	藻类、真菌、细菌等微生物与细胞提取物等	细胞壁具有多种可与重金属离子相结合的官能团（配位络合作用）；本身具有氧化还原能力（改变吸附在细胞壁上的金属离子的形态）；细胞外表面带有负电荷（静电吸附）
甲壳素类吸附剂	甲壳素（甲壳质、壳蛋白），是一种直链状含氮多糖，可以提取壳聚糖，也可用作吸附剂	虾、蟹壳以及低等植物（藻类）的细胞壁	依靠其分子中的羟基、氨基与吸附质分子或离子作用，可与重金属离子形成稳定的配合物
工业固体废物类吸附剂	工业固体废物是指人类在工业过程中取用目的成分之后，丢弃的固体物质和泥浆状物质，可用作吸附剂	污泥、粉煤灰、水淬渣、煤矸石等	多孔结构；表面积大；改性后释放出具有混凝作用的无机高分子絮凝剂等

（7）离子交换技术　离子交换技术是利用离子交换剂上的交换基团，与废水中的重金属离子进行交换反应，将重金属离子置换到交换剂上的处理方法，主要用于去除废水中的溶解

性离子。离子交换法比较特殊，其对重金属进行吸附的过程属于化学吸附，酸性矿山废水中存在不少重金属离子，大部分以离子状态存在。常用的离子交换树脂有阳离子交换树脂、阴离子交换树脂、螯合树脂和腐殖酸树脂等。去除重金属离子一般采用阳离子交换树脂，因为无论是合成还是天然阳离子固体树脂，都具有与特定重金属离子交换的能力。一般使用时首选合成树脂，例如碱型聚苯乙烯三乙醇胺树脂对水中的镉离子有良好的吸附效果。国内还利用不溶性淀粉黄原酸酯作离子交换剂，可以有效处理废水中的镉离子。国外最近研究将亚氨基二乙酸基团引入苯乙烯-二乙烯基苯共聚物制备出一种弱酸阳离子交换树脂，在最佳条件下，对水中镉离子有 28% 的去除率。

总体来说，用离子交换技术处理后出水中的重金属离子浓度远远低于化学沉淀法处理后出水中的重金属离子浓度，不仅可以对废水中重金属离子进行选择性分离，还可以实现重金属离子的回收；但离子交换剂易氧化失效，再生频繁，且会产生大量再生废液，操作费用高。该方法可以有效去除矿山废水中的重金属离子，实现废水的循环再利用，具有容量大、水质好等优点。

（8）还原法　　还原法是通过含重金属离子的废水和还原剂接触反应，将重金属离子由高价还原至低价的一种废水处理方法。国内外使用的还原剂包括二氧化硫（SO_2）、硫酸亚铁（$FeSO_4$）、亚硫酸氢钠（$NaHSO_3$）、焦亚硫酸钠（$Na_2S_2O_5$）、亚硫酸钠（Na_2SO_3）、硼氢化钠（$NaBH_4$）、连二亚硫酸钠（$Na_2S_2O_4$）、水合肼（$N_2H_4 \cdot H_2O$）、铁屑、锌粉等。目前废水处理的预处理方法一般使用还原法。使用该方法时，应注意控制还原剂的用量以避免二次污染，同时要考虑试剂的价格及来源。

（9）曝气/沉淀组合工艺　　曝气/沉淀可促使铁、锰等重金属氧化沉淀。该方法对于处理总悬浮固体（TSS）含量较高且酸碱度接近于中性的矿区排水尤其有效。曝气可以通过扰动水进行，需要使水处于流动状态，可沿陡坡、粗糙坡面（如乱石或大岩石两侧的水沟等）或利用一连串小水滴或小瀑布式水流将矿区排水分流。曝气可以提高流入静态沉淀池水的含氧量。随后，金属将在静态沉淀池中逐渐析出。沉淀池应位于曝气通道的底部。理想情况下，沉淀池应位于自然地势较低的区域，但不能在水边或在流动的水中。沉淀池位于较低区域的堤岸可保持水源，这使清洁水源可以通过堤岸顶部流回到主干流，而不会腐蚀堤坝。堤岸通常由岩石和土的混合体构成，较大的岩石排列在上游侧，较小的岩石放在顶层以防止水流动到顶层时发生腐蚀。

该系统由于是由曝气通道和沉淀池两部分构成的，因此对空间的要求更高。设计沉淀池时，应使进入池中的水在排出之前至少在池中停留一天，以保证氧化的金属充分沉淀。为了保证一天的停留期，必须先测量流入沉淀池的预计水流量，通常可利用相应流速计算一天内流入池中的水量。

8.1.1.2　生物处理系统

生物处理系统主要指的是微生物法，其对反应条件要求较高，在我国大都处于实验室研究阶段，还没有得到广泛应用。目前已知的两种常用微生物种类为氧化亚铁硫杆菌（*Thiobacillus ferrooxidans*，T. f）和硫酸盐还原菌（sulfate-reducing bacteria，SRB）。由于AMD中存在的大量重金属离子难以去除，因此国内外许多研究机构从自然界中分离出古细菌——SRB，将其应用到含重金属AMD的治理中，取得了良好的效果。一般来说，微生物与重金属离子的相互作用过程包括生物体对金属的自然吸附、生物体代谢产物对金属的沉淀作用、生物体内的蛋白与金属的结合以及重金属在生物体内酶作用下的转化。有研究用土壤渗滤液作为 SRB 的碳源处理 AMD，废水中重金属去除率可达 $80\% \sim 99.9\%$。

（1）生物吸附法　生物吸附法主要是生物体借助物理、化学作用来吸附金属离子，又称生物浓缩、生物积累、生物吸收。作为近年来发展起来的一种新方法，该方法具有成本价廉、节能、易于回收重金属等优点，对 $1 \sim 100 mg/L$ 的重金属废水表现出良好的重金属去除性能。

由于细胞组成的复杂性，目前对生物吸附的机理研究尚待深入，普遍认同的观点是生物吸附金属的过程由两个阶段组成。第一个阶段是金属在细胞表面的吸附，在此过程中，金属离子可能通过配位、螯合、离子交换、物理吸附及微沉淀等作用中的一种或几种吸附至细胞表面，该阶段中金属和生物物质的作用较快，典型的吸附过程数分钟即可完成，不依赖能量代谢，称为被动吸附；第二阶段为生物积累过程，在该阶段，金属被运送至细胞内，速度较慢，不可逆，需要代谢活动提供能量，称为主动吸附。活性细胞两者兼有，而非活性细胞则只有被动吸附。值得注意的是，重金属对活性细胞具有毒害作用，故能抑制细胞对金属离子的生物积累过程。目前的研究仅局限于游离细菌、藻类及固定化细胞对含重金属 AMD 的处理，处理废水的浓度范围一般为 $1 \sim 100 mg/L$，而且工业化扩大还存在许多亟待解决的问题。

（2）生物沉淀法　生物沉淀法指的是利用微生物新陈代谢产物使重金属离子沉淀固定的方法。用 SRB 处理含重金属的 AMD 是近年来发展很快的方法，该方法利用 SRB 在厌氧条件下产生的 H_2S 和废水中的重金属反应，生成金属硫化物沉淀以去除重金属离子。大多数重金属硫化物的溶度积常数很小，因而重金属的去除率较高。该技术对含铅、铜、锌、镍、汞、镉等的 AMD 处理在实验室研究方面取得了较好的效果，国内已有相关工程应用。

（3）活性污泥 SRB 法　活性污泥法主要是利用污泥作为微生物生长的载体，快速促进微生物的生长和代谢，其中微生物以 SRB 为代表。污泥在厌氧条件下能促进 SRB 还原硫酸盐，将硫酸根转化为硫离子，从而使重金属离子生成不溶的金属硫化物沉淀而被去除。由于代谢产物与水中的金属离子发生作用，因此与生物吸附法不同，该方法能处理高浓度重金属废水，废水中的金属离子浓度可达 g/L 级水平。另外，该方法还具有处理重金属种类多、处理彻底、处理潜力大等优点。活性污泥 SRB 法在处理高硫酸盐 AMD 方面的研究取得了较大进展。

（4）微生物电解法　微生物电解法是 AMD 处理领域的新兴技术之一。某些微生物（如脱硫弧菌或大肠杆菌）的代谢活性较强，微生物燃料电池可将有机残留物和木质纤维素生物质转化为电能。通过该方法，可以发电并获得其他金属基产品，从中获利以平衡整个过程中的收支。有研究者利用该方法形成的铁矿床生成了具有很大商业价值的针铁矿，可以高价出售。有学者利用微生物电解池的双室，从酸性矿井水的多组分溶液中回收了 Cu^{2+}、Ni^{2+} 和 Fe^{2+}，通过产生的 H_2 以及获得的 CuO 和 NiO 产品抵消了能源成本。

（5）离线硫化生物反应器　离线硫化生物反应器（off-line sulfidogenic bioreactors）代表了一种完全不同的 AMD 治理技术。该系统具有三个潜在优势：①性能可预测且易于控制；②可选择性回收及再利用 AMD 中的重金属，例如 Cu 和 Zn；③处理后的水体中硫酸盐浓度显著降低。但是该系统的建造及运行成本相当高。

硫化生物反应器利用生物作用产生硫化氢以提高碱度，并将金属转化为不溶性硫化物去除（发生于被动生物处理系统的堆肥生物反应器和渗透性反应屏障的处理过程中）。不同的是，离线硫化生物反应器的构建与运行是为了优化硫化氢的生产过程。目前在这些反应器中使用的 SRB 对中等酸度很敏感，因此该系统需保证 AMD 与微生物直接接触。具有代表性的离线硫化生物反应器技术包括生物硫化法和 THIOPAQ 工艺。

生物硫化法是由加拿大 BioteQ 生物环境技术公司研究开发的处理 AMD 的先进实用技术。该技术将废水中有价金属的提取与废水达标处理有机结合起来，已经在多个矿山企业中应用，在保护环境的同时，创造了可观的经济效益。生物硫化技术主要包括生物阶段和化学阶段两个阶段，彼此独立运行。生物阶段：产生源于生物的硫化物，在生物反应器中培养还原菌，用还原菌还原单质硫或硫酸盐产生 H_2S。化学阶段：AMD 进入化学回路，谨慎控制反应条件（pH、硫化物浓度），H_2S 与废水中金属在气液接触反应器中反应生成金属硫化物沉淀，浓缩分离后运到冶炼厂冶炼回收有价金属，处理后水回用或排放。为了使该工艺良好运行，可能需要在超出 SRB 生产碱的基础上添加更多的碱（以化学形式添加）。

THIOPAQ 工艺则不同于生物硫化法，因为它利用的是两种不同的微生物群体和过程：①通过硫酸盐还原菌将硫酸盐转化为硫化物和金属硫化物沉淀；②利用硫化物氧化细菌将多余的硫化氢转化为单质硫。THIOPAQ 工艺流程如图 8-7 所示，生物硫化法工艺流程如图 8-8 所示。

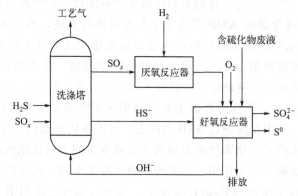

图 8-7　THIOPAQ 工艺流程

图 8-8　生物硫化法工艺流程

8.1.2 "被动治理"技术

与"主动治理"相比，"被动治理"被认为是一种更加有效的修复方法。"被动治理"适合在低酸负荷、流量较小且波动不明显的情况下使用，与在作业中源源不断大量产生酸性废水相比，"被动治理"技术更适合在废弃硫铁矿区酸性废水中应用。AMD 的"被动治理"技术主要是依靠自然的物理过程、地球化学和生物过程中和 AMD 的酸度并去除伴生污染物，其运行和维护成本比较低，因此在 20 世纪 90 年代后，欧美等地区开始广泛应用"被动治理"技术，"主动治理"技术逐渐被取代，而国内的应用则相对滞后。

8.1.2.1　地球化学处理系统

地球化学处理系统借助水动能使 AMD 与碱性材料发生中和反应。当下最为主流的地球化学处理技术就是厌氧石灰石排水沟法（ALDs 法）。

ALDs 法是向 AMD 添加碱度的替代方法，即在 AMD 中添加碱，同时保持还原性条件，以避免因在氧化铁和石灰石上产生氢氧化铁沉淀而导致中和剂的有效性大幅度降低。ALDs 法是将石灰石埋在厌氧沟渠中，并将矿山废弃物输送到这些沟渠中进行处理的方法。该方法主要是通过挖掘深沟，填充石灰石并隔绝氧气，再引入 AMD 进行中和反应。该方法要求在 ALDs 后设置一个工作单元，如曝气池或好氧湿地，用来氧化并去除沉淀的金属。

ALDs 由包含石灰石的沟渠组成，石灰石密封在塑料衬里中，由黏土或压实土覆盖（横截面如图 8-9 所示）。用不透水的塑料衬里包裹石灰石，有助于维持反应沟中的厌氧状况。用来覆盖塑料的土壤必须由细粒级材料组成并被压实，以限制氧气向反应沟扩散。在 pH 大于 3.5 且存在 O_2 的情况下，Fe^{2+} 易被氧化并生成 $Fe(OH)_3$，厌氧条件可防止 Fe^{2+} 被氧化成 Fe^{3+}。覆盖层可以防止水渗入，并有助于防止二氧化碳逸出。从理论上讲，ALDs 在建造后就能以最低限度进行维护，因此这类系统的使用被认为是矿井水的被动治理。在排水沟内，二氧化碳分压增加，石灰石

图 8-9　ALDs 横截面示意图

溶解的速度加快，从而导致碱度增加，可能达到 275mg/L。而开放系统在平衡状态下，碱度只能达到 50～60mg/L。在 ALDs 中，矿井水流经的石灰石砾石床与排水沟均不受空气和水的影响。排水沟的直径从窄（0.6～1.0m）到宽（10～20m）不等，通常深约 1.5m，长约 30m。

尽管 ALDs 已被证明可以成功地提高多种矿区废水的 pH，但是矿井水多变的化学特性仍可能会导致产碱效率和金属处理效率发生变化，而且其产生碱度的成本虽然低于人工湿地，但并不适合处理所有的 AMD。ALDs 适用于处理含有低浓度三价铁、溶解氧和铝的矿区废水。然而，当这三个参数中的任何一个升高时，就可能使石灰石表面被沉淀覆盖，导致溶解速率降低。氢氧化铁和氢氧化铝的积聚会堵塞孔隙空间，缩短水流停留时间，并减小石灰石的反应表面积。

然而，国内外的实践都发现厌氧石灰石排水沟仍存在很多问题，其中值得注意的有：①AMD 通过石灰石沟渠时，AMD 中 Fe^{3+} 易生成 $Fe(OH)_3$ 絮状沉淀而包覆在石灰石等介质表面，一方面阻止石灰石与 AMD 的中和反应，导致石灰石需求量增大或金属的去除率降低，使处理效能低下，另一方面产生的大量 $Fe(OH)_3$ 絮状沉淀和废石膏等沉渣会堵塞过滤介质，降低水力传导度，随时间的延长，系统性能将逐渐变差直至崩溃，大大缩短了该系统的使用寿命；②直接石灰中和会导致大量的毒渣产生，由于 AMD 中铁和硫酸根浓度相比有毒金属浓度要高几个数量级，因此，毒渣中有毒金属品位低，无法利用，安全处置难度大；③AMD 中的溶解性 Fe 仍有部分以 Fe^{2+} 形式存在，完全沉淀所需 pH（一般在 8.5 以上）要比 Fe^{3+}（pH 为 3.5 左右即可生成相应沉淀）高得多，因此，常规的石灰石排水沟处理系统会导致排水中亚铁离子浓度较高而影响水质。故 AMD 的高浓度可溶性铁和硫酸根是制约

石灰石排水沟系统良好运行的根本因素。若能在 AMD 本身 pH 较低的酸性环境中原位去除溶解性铁并消减部分的硫酸根，再使其进入石灰石沟渠被动处理系统，则既可有效去除有毒金属，又能从根本上解决传统石灰石排水沟被动处理系统存在的上述弊端，真正发挥出简便且有效消减 AMD 污染的功效。

在设计 ALDs 时，需要考虑的因素包括矿区排水中存在的溶解金属含量、提高 pH 所需的停留时间以及可用于施工的场地面积。ALDs 尺寸通常为 1m 深，1～7m 宽，25～100m 长，系统的精确尺寸取决于所需的停留时间、进水流量和金属浓度、石灰石的纯度、排放限值和系统寿命。一旦石灰石耗尽，就需要立即补充。用表土和植被来覆盖系统可防止侵蚀。总之，以 ALDs 为代表的这一类非生物"被动治理"系统经济实用且操作容易，经常作为调节 AMD 酸碱度的预处理技术。

除 ALDs 之外，还有其他相似的技术，例如石灰石渗滤床（LLBs）、好氧石灰石排水沟（OLDs）、开放式石灰石沟渠（OLCs）和石灰石导流井（LDWs）等。

8.1.2.2 生物处理系统

生物"被动治理"系统修复 AMD 的基础来源于某些微生物产生碱以及固定金属的能力在一定程度上逆转了产生 AMD 的反应过程。自然界中的细菌分为两类：一类是异养细菌，它们从有机物中摄取自身活动所需的能源构成细胞所需的碳源；另一类是自养细菌，它们通过氧化无机化合物取得能源，从空气所含的 CO_2 中获得碳源。自养细菌与重金属之间有多种关系，利用这些关系，可对含有重金属的 AMD 进行处理。主要机理有：①氧化作用，利用能氧化重金属的细菌，如铁氧菌可将 Fe^{2+} 氧化成 Fe^{3+} 等；②吸附、浓缩作用，利用能把重金属吸附到生物体表面或体内的细菌、藻类等。

微生物产生净碱度的过程大多是还原过程，主要是利用两类微生物的活性去除硫酸盐和金属污染物：一是通过好氧微生物（如氧化亚铁硫杆菌）催化铁、锰的氧化；二是厌氧微生物（如 SRB）还原生成碱度。除此之外，生成碱度的过程还有甲烷生成、反硝化过程、氨化（利用含氮的有机物生产氨）等。由于某些必要成分（如硝酸盐）相对稀缺，所以其中一些工艺在 AMD 影响的环境中往往是次要的。然而，由于铁和硫酸盐在 AMD 中是高度丰富的，因此这两种成分的减少所产生的碱度在 AMD 影响水域中具有潜在的重要意义。光合微生物通过消耗弱碱（碳酸氢盐）产生强碱（氢氧根离子），同时也产生净碱度 [式(8-4)]。虽然可溶性铁的还原不会使溶液酸度降低，但会减少固相（结晶和非晶态）铁化合物 [式(8-5)]，其中 e^- 代表电子供体，通常由无机底物提供。有关细菌通过催化硫酸盐异化还原为硫化物将强酸（硫酸）转化为相对较弱的酸（硫化氢）[式(8-6)，其中 CH_2O 代表糖类等有机碳源]。除了 pH 值升高对 AMD 的产生具有抑制作用外，硫酸盐还原也是将 AMD 中有毒金属去除的重要机制，因为硫化氢会和许多金属元素（如 Zn、Cu、Cd 等）形成难溶的硫化物 [式(8-7)]。

$$6HCO_3^- + 6H_2O \longrightarrow C_6H_{12}O_6 + 6O_2 + 6OH^- \tag{8-4}$$

$$Fe(OH)_3 + 3H^+ + e^- \longrightarrow Fe^{2+} + 3H_2O \tag{8-5}$$

$$SO_4^{2-} + 2CH_2O + 2H^+ \longrightarrow H_2S + 2H_2CO_3 \tag{8-6}$$

$$Zn^{2+} + H_2S \longrightarrow ZnS + 2H^+ \tag{8-7}$$

现有工程应用中大多数 AMD 的生物修复方案都是"被动治理"系统，其中，人工湿地和堆肥生物反应器是最早被全面应用的处理系统。常用的生物"被动治理"系统还有好氧人工湿地、厌氧人工湿地和生物反应器等。生物"被动治理"系统的主要优点是维护成本相对较低，且处理后的固相产物可以保留在湿地沉积物中。缺点则是，其建造成本通常相对昂贵，性能比化学处理系统更难预测，并且其内部长期积累的沉积物的稳定性是不确定的。

（1）人工湿地　人工湿地处理技术是利用生态工程的方法，在一定的填料上种植特定的湿地植物，建立起一个人工湿地生态系统，当水通过系统时，其中的污染物和营养物质被系统吸收或分解，使水质得到净化。经过人工湿地系统处理后的出水水质可以达到地表水水质标准，因此它实际上是一种深度处理方法。

人工湿地建设在地表，由土壤或粉碎的岩石（人工介质）和湿地植物组成，主要通过植物吸收、挥发和生物还原来消除污染物。其中，土壤微生物和水基微生物可清除酸性矿山废水中溶解态及悬浮态的金属。根据水流流动方式的不同，人工湿地可分为表面流人工湿地和潜流式人工湿地。表面流人工湿地水流深度较浅，水直接暴露在大气中，在植物的茎叶之间循环，与天然湿地较为相似。根据植物的生长类型，其可进一步划分为挺水植物型、沉水植物型、漂浮植物型和浮叶植物型人工湿地。潜流式人工湿地是人工湿地中的常用技术，由密闭的水池组成，水流主要在基质中渗流，底部呈厌氧状态，因植物根系有泌氧作用，根系附近呈好氧状态。根据进水的流向，其又可分为水平潜流人工湿地（HFCW）和垂直潜流人工湿地（VFCW），其中 VFCW 又可分为上向流和下向流两种。HFCW 指污水在基质层表面以下从池体进水端水平流向出水端的人工湿地。VFCW 指污水垂直通过池体中基质层的人工湿地。与 HFCW 相比，VFCW 有更小的面积需求和较简单的控制条件，底部的厌氧状态更有利于 SRB 的生存。近年来，在这些流态基本型的基础上出现了一些流态改进型，如垂直上向潜流和下向潜流结合的上下折流人工湿地，以及通过"进水-充满-放空-闲置"方式交替运行的垂直流人工湿地（又称潮汐流湿地）等。

人工湿地系统的流态主要有推流式、阶梯进水式、回流式和综合式。阶梯进水式可以避免填料床前部的堵塞问题，有利于床后部硝化脱氮作用的发生。回流式可以对进水中的生化需氧量（BOD）和悬浮物（SS）进行稀释，提高进水中的溶解氧浓度并减轻出水中可能出现的臭味。出水回流还可以促进填料床中的硝化和反硝化脱氮作用。综合式则是一方面设置出水回流，另一方面还将进水分布到填料床的中部以减轻填料床前端的负荷。对于人工湿地系统的运行方式，一般可根据其处理规模的大小及处理目的不同，对表面流、潜流、垂直流三种湿地类型进行多种形式的有机组合，一般有单一式、并联式、串联式和综合式四种。

用于处理 AMD 的人工湿地设计随场地特点的不同而有所不同，人工湿地常规设计的横截面见图 8-10。设计中考虑的最重要因素包括生化反应过程、负荷率和停留时间、坡度、基底、植被、泥沙控制、几何构型、季节性以及监管要求。如果水是碱性的，则可以利用好氧湿地实现曝气，从而增强金属氧化过程；如果水是酸性的，可能需要使用ALDs 或其他预处理工序来中和 AMD；如果水的酸性过强，或者三价铁、铝或溶解氧含量过高，则可采用堆肥湿地增大碱度。

人工湿地污水处理系统是一个综合的生态系统，具有如下优点：①建造和运行费用

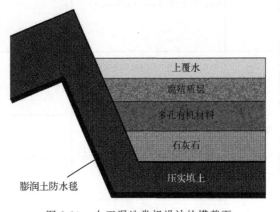

图 8-10　人工湿地常规设计的横截面

便宜；②易于维护，技术含量低；③可实现有效可靠的污水处理；④可缓冲水力和污染负荷的冲击；⑤可直接和间接提供效益，如水产、畜产、造纸原料、建材、绿化、野生动物栖息、娱乐和教育。人工湿地系统也存在一些限制：①处理单位体积水量需要的土地面积较大；②需要稳定而充足的供水来维持湿地；③矿山废水可能需要预处理才能进入湿地；④在高流量期间或植物分解期间，如果发生 pH 变化、再溶解或脱附时，可能会定期释放所收集的污染物。地区季节性是湿地设计的重要考虑因素，特别是在气候波动较大的地区。在寒冷的冬季，湿地的清除效率可能会下降。

　　人工湿地技术现已被用于处理部分矿区 AMD，但更多的研究仍处于实验室研究中，以寻求更好的条件提高金属的去除效率。表 8-3 总结了人工湿地处理 AMD 中重金属的应用研究报告，从表中可以看出不同类型的人工湿地处理虽取得了一定的效果，但处理效能各有差异。有些湿地对某些重金属的去除为负效果；有些实验室规模的湿地只讨论了对某种重金属的去除，并没有考虑 AMD 中高硫酸盐、低 pH 值的特点，难以指导工程实践。此外，一些研究侧重于分析水样中金属的去除，而忽略了对湿地组成成分（植物、基质、微生物等）的分析。因此，人工湿地处理 AMD 的作用机理及在复杂环境条件下的运行稳定性有待进一步研究。

表 8-3　人工湿地处理 AMD 中重金属的应用类型及去除效果

人工湿地类型	植物类型	进水指标			每种植物对重金属的去除率/%
		pH	SO_4^{2-}/(mg/L)	重金属/(mg/L)	
表面流人工湿地	灰株薹草（*Carex rostrata*）、东方羊胡子草（*Eriophorum angustifolium*）、芦苇（*Phragmites australis*）	2.65±0.02	1336±5.0	Fe(260.5±23.7)	Fe(−0.8～0.4)
				Zn(5.9±0.3)	Zn(−3.4～8.5)
				Cu(1.44±0.1)	Cu(36～57)
				Cd(0.006±0.0)	Cd(−)
	宽叶香蒲（*Typha latifolia*）	2.6	500～1000	Al(30～100)	Al(23～30)
				Fe(200～250)	Fe(25～31)
				Mg(30～100)	Mg(17)
				Mn(30～100)	Mn(18～19)
	北美薰草（*Scirpus cyperinus*）、宽叶香蒲（*Typha latifolia*）、灯心草（*Juncus effusus*）	6.3～7.2	—	Fe(44～205)	Fe(97～98)
				Mn(5.9～7.4)	Mn(47～79)
				Zn(0.009～0.03)	Zn(33)
				Cd(0.006～0.02)	Cd(100)
				B(0.01～1.17)	B(52)
				As(0.0009～0.1)	As(99～100)
潜流式人工湿地	宽叶香蒲（*Typha latifolia*）、水葱（*Scirpus validus*）、鬼针草（*Bidens pilosa*）	3.38±0.45	—	Al(12.6±4.1)	Al(95.8)
				Fe(787±121)	Fe(99.9)
				Mn(10.9±2.1)	Mn(98.4)
	宽叶香蒲（*Typha latifolia*）、芦苇（*Phragmites australis*）	8.96	—	B(187)	B(30～37)
				Ca(54.9)	Ca(20～25)
				Mn(19.6)	Mn(30～34)
				Na(318)	Na(30～33.5)
	西伯利亚鸢尾（*Iris sibirica*）	7.0～7.5	—	Cd(1～6)	Cd(91.80)

人工湿地的类型还可以划分为好氧湿地、厌氧湿地。人工湿地可以作为单项技术使用，也可作为综合处理方法的一部分使用，即第三种类型——复合型湿地系统。下面将对这几种湿地类型进行介绍。

① 好氧湿地。好氧湿地一般用于处理微酸性或纯碱性废水，因为它们内部发生的主要补救反应是亚铁的氧化与三价铁的水解 [式(8-8)及式(8-9)]。

$$4Fe^{2+} + O_2 + 4H^+ \longrightarrow 4Fe^{3+} + 2H_2O \tag{8-8}$$

$$4Fe^{3+} + 12H_2O \longrightarrow 4Fe(OH)_3 + 12H^+ \tag{8-9}$$

若矿井水碱度不足，导致 pH 值显著下降，则可以通过联合引入厌氧石灰石排水沟等地球化学处理系统进行修正。为了维持氧化反应的基本条件，好氧湿地通常是一个浅水盆地，通过地表流动运行，水深一般小于 30cm，金属 Fe 和 Mn 在微生物的催化下在表层氧化和水解，吸附重金属或与重金属共沉淀。在专为治理微酸性或纯碱性废水而建造的好氧湿地中，最常见大型植物有宽叶香蒲和芦苇等。这些植物可以调节水流（例如防止窜道或使水流缓慢流动）、提供絮体附着点和改善生态环境。湿地植物从微酸性或纯碱性废水中去除重金属的两种主要机制是植物提取和渗滤。此外，氧气通过地上部分流向根系，可能使一些水生植物提高铁氧化的速度。

② 厌氧湿地（堆肥生物反应器）。"堆肥生物反应器"一词可以很好地描述此类系统，如在某些应用过程中，它们完全封闭在地面以下，并且没有种植任何大型植物，因此它们往往不会被描述为"湿地"。事实上，在很多情况下大型植物是否用于堆肥生态系统通常仅取决于美学的考虑，因为植物根部的穿透可能会导致氧气进入厌氧区，这对还原过程有不利的影响。

堆肥生物反应器发生微生物催化反应，从而产生净碱度和生源性硫化物，因此，这些系统可用于处理强酸性和富含金属的矿井水，例如来自硫铁矿的 AMD。厌氧湿地的处理机制包括表层微生物的好氧生化作用、底层微生物的厌氧生化作用、植物的吸收作用及基质的吸附和过滤作用。与好氧湿地相反，在厌氧湿地内发生的还原反应是由堆肥本身的有机基质衍生的电子供体驱动的。厌氧湿地的水深通常大于 30cm，底部铺设厚度约 50cm 的有机材料。一般情况下，堆肥的有机材料是通过将相对容易生物降解的材料（例如牛粪、马粪）与更难降解的材料（例如锯末、泥炭、稻草）混合制备而来。后者的缓慢生物降解通常是为铁细菌和硫酸盐还原菌长期提供适当的底物，而这些细菌在堆肥生物反应器治理 AMD 的过程中具有重要作用。厌氧湿地整体建造、运行和管理成本都相对较低，主要是基于天然物质和自然的物理化学、生物化学过程，不需要持续投入化学药剂，并且可以带来直接或间接的经济和环境效益，因此在欧美地区被优先广泛应用于 AMD 的处理。

③ 复合型湿地系统。复合型湿地系统是利用好氧和厌氧湿地组合而成的被动生物修复系统，已经被用于 AMD 的全面治理，例如早期研究使用的"微生物酸还原（ARUM）"系统。该系统包括两个氧化槽，铁在其中被氧化和沉淀；之后，AMD 首先通过一个保持槽，然后通过两个"ARUM"槽，在其中产生碱和硫化物。促进"ARUM"槽中硫酸盐还原的有机物来源于漂浮的大型植物（例如香蒲）。在高纬度和亚热带地区，"ARUM"系统已被证明可有效治理 AMD。

（2）碱性基质中和 碱性基质中和是处理矿山酸性废水最常规和最传统的方法，包括厌氧石灰石排水沟法（anoxic limestone drains，ALDs）、敞口石灰石沟法（open limestone channels，OLCs）及连续碱度产生系统（successive alkalinity producing systems，SAPS）

等。AMD 的主要危害是废水的强酸性及其中的金属离子,因此大部分处理技术都从这两方面着手。添加碱性基质如石灰石、石灰等可以中和废水中的酸度,沉淀其中大部分的金属离子,是一种有效的处理方式。厌氧石灰石排水沟法在运行过程中,进入系统的水质也需要严格控制,溶解氧(DO)必须小于 1mg/L。若进水中含有浓度过高的 Fe^{3+} 和 Al^{3+},这些金属离子会形成相应的沉淀附着在石灰石上,或者堵住石灰石之间的缝隙,导致处理效果变差,因此这些金属离子的质量浓度必须小于 1mg/L。在实际工程中,因为进水水质通常比较复杂,经常会出现溶解氧、Fe^{3+} 和 Al^{3+} 浓度过高的情况,此时厌氧石灰石排水沟法不能很好适用,所以常常将厌氧石灰石排水沟法与其他处理技术相结合以达到更好的出水效果。

关于基本复合生物反应器的一个重要工程变体是还原产碱系统(RAPS)布局,也称为连续碱度产生系统(SAPS)(其中使用多个 RAPS)。该系统结合了 ALDs 与厌氧湿地二者共同的优点,即低成本、适用性强、无二次污染、操作管理简单等,将 ALDs 和可渗透的有机基底组合成一个系统,在水接触石灰石之前创造厌氧条件,见图 8-11。SAPS 法在国外已经大量应用于废弃尾矿的修复和各类含重金属酸性废水的净化处理,并取得了良好的效果,在国内也有学者开始对其进行初步研究。在该类型的系统中,AMD 首先流经堆肥层(去除溶解氧并促进铁和硫酸盐的还原),随后穿过石灰石砾石床(补充额外碱度,类似 ALDs)。通常,将 SAPS 排出的水通过沉淀池或好氧湿地,以沉淀并保留氢氧化铁。

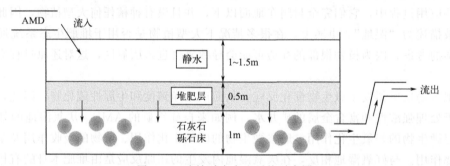

图 8-11 连续碱度产生系统示意图

典型的 SAPS 包含石灰石和有机质组合层,通常情况下,有机堆肥层上方覆盖有 1~3m 的酸性废水,下方垫有 0.5~1m 的石灰石(截面见图 8-12)。有机质可刺激硫酸盐还原菌和铁还原菌的生长,并创造或增强还原条件,防止石灰石层在随后出现包壳。随后由石灰石下方的排水管将水输送到好氧池内。水流过有机堆肥层时,可将铁和硫酸盐还原,继而流入下面的石灰石来提高碱度。石灰石的溶解提高了水的 pH,使铝、铜和铁沉淀,沉淀的金属将被收集在 SAPS 的底部和下游沉淀池中。

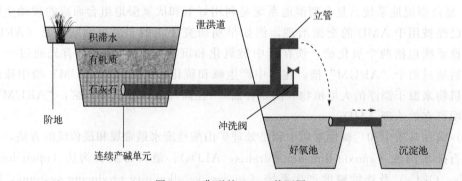

图 8-12 典型的 SAPS 截面图

SAPS需要进行定期维护以防止系统堵塞，同时还要定期补充堆肥材料，通常在系统运行两三年后添加新的堆肥材料；还需监控溢流以及系统进水侧的压力以指示系统堵塞情况，并可作为是否需要更换石灰石介质的指标。此外，进水的溶解氧浓度通常是SAPS设计的限制因素。更复杂的系统需要进行额外设计、施工和管理，成本更高，并且还需要更大的占地面积。

（3）铁氧化生物反应器　目前微生物法中研究最多的是铁氧化菌和硫酸还原菌，进入实际应用最多的是铁氧化菌。铁氧化菌是生长在酸性水体中的好气性化学自养型细菌的一种，可氧化硫化型矿物，其能源来自二价铁和还原态硫的氧化。该细菌的最大特点是它可以利用酸性矿井水（pH<4）中Fe^{2+}氧化成Fe^{3+}产生的能量将空气中的CO_2固定下来从而实现生长繁殖。与常规化学氧化工艺比较，该法可以廉价地氧化Fe^{2+}。这些铁氧化菌中被研究得最充分的是嗜酸氧化亚铁硫杆菌（*Acidithiobacillus ferrooxidans*），它是一种专性嗜酸菌，也能氧化各种还原态无机硫化合物。就AMD处理工艺而言，直接处理Fe^{2+}与先将Fe^{2+}氧化为Fe^{3+}再处理这两种方法相比，后者可以在pH值较低的条件下进行中和处理，能减少中和剂使用量，并可选用廉价的碳酸钙作为中和剂，且还具有减少沉淀物产生量的优点。

黄铁矿型酸性废水的细菌氧化机理有直接作用和间接作用两种，以下为主要反应。

$$2FeS_2 + 7O_2 + 2H_2O \xrightarrow{\text{细菌}} 2Fe^{2+} + 4SO_4^{2-} + 4H^+ \tag{8-10}$$

$$4Fe^{2+} + O_2 + 4H^+ \xrightarrow{\text{细菌}} 4Fe^{3+} + 2H_2O \tag{8-11}$$

$$FeS_2 + 2Fe^{3+} \xrightarrow{\text{细菌}} 3Fe^{2+} + 2S \tag{8-12}$$

式（8-12）中的硫被铁氧化菌进一步氧化，反应如下：

$$2S + 3O_2 + 2H_2O \xrightarrow{\text{细菌}} 2SO_4^{2-} + 4H^+ \tag{8-13}$$

对于微生物的直接作用，有研究者认为是以电化学反应的相互作用为基础，细菌增强了这种作用。细菌借助于载体被吸附至矿物颗粒表面，物理上借助于分子间的相互作用力，化学上借助于细菌的细胞与矿物晶格中元素之间形成的化学键。当细菌与这些矿物颗粒表面接触时，会改变电极电位，消除矿物表面的极化，使S和Fe完全氧化，并且提高介质标准氧化还原电位（E_h），产生强的氧化条件。式（8-10）、式（8-11）为细菌直接氧化作用的结果。如果没有细菌参加，在自然条件下这种氧化反应是相当缓慢的；相反，在有细菌的条件下，反应被催化快速进行。式（8-12）、式（8-13）为细菌间接氧化的典型反应式。从物理化学因素上分析，pH值低时，氧化还原电位高，高E_h值适合好氧微生物生长，生命力旺盛的微生物又促进了氧化还原过程的催化作用。总之，伴有微生物参加的氧化还原反应是一个包括物理、化学和生物现象相互作用的复杂工艺过程，微生物的直接作用和间接作用同时存在，有时以直接作用为主，有时以间接作用为主。上述分析表明，硫化型酸性矿山废水的氧化反应以微生物的间接催化作用为主。

对于铁氧化生物反应器，Fe^{2+}在固体基质上形成填充床生物反应器（packed bed bioreactors）或生物接触器的基础。根据前人研究，在填充床生物反应器中，铁的氧化率可高达3.3g/（L·h）。这一领域的研究主要围绕不同介质对细菌的感应优势展开，并专门集中于单一种类的铁氧化物嗜酸氧化亚铁硫杆菌。可以发现有些种类的铁氧化物在某些情况下会比其他种类更能适应，例如，中度嗜酸的硫单胞菌在pH>3的矿区废水中可加速铁的氧化。因此，在优化填充床生物反应器中的铁氧化过程时，生物学方面的考虑可能比固定策略更为重要。

8.1.3　硫铁矿区废水处理与修复的发展趋势

"末端治理"往往不能从根本上消除污染，污染物在不同的介质中都可能发生转移，有毒有害物质往往在新的介质中会转化为新的污染物，形成"治不胜治"的恶性循环。这不仅会浪费大量资源，也会对自然环境的保护形成新一轮的反噬。在未来，人们势必要加强源头管控，通过源头控制技术、过程调控技术、废水处理回用技术的综合研究，开发出以硫铁矿为代表的矿山废水集成控制技术，这是未来矿山废水处理最根本的落脚点。三者不仅具有各自的特定功能，而且互相联系，是典型的系统工程，从整体上体现出清洁生产的研究思路和方法。因此，综合各方面的资源，对金属矿山废水进行批量化、集成化、系统化的处理以提高废水处理的效率和效果是根本发展方向。

8.2　受污染农用地土壤治理与修复

硫铁矿在开采、选矿和冶炼等生产过程中产生的尾矿渣在占用大量土地资源的同时，还会给周边的农用地带来生态风险。硫铁矿伴生的铜、镍、镉等重金属可随着工矿业活动迁移转化进入周边农用地。而大量堆存的矿渣由于长期暴露在环境中，在雨水、风化作用下产生大量酸度较高、含有有毒重金属离子的渗滤液。这些滤液会通过地表径流进入周边农田土壤中，不但导致周边农田土壤酸化，还会使重金属在土壤中持续积累，给农产品质量安全和人民群众的生命健康带来严重的威胁。因此，对受污染农用地土壤进行治理与修复是顺应人民对良好生态环境热切期盼的必要举措。

在《中华人民共和国土壤污染防治法》（2018年）、《农用地土壤环境管理办法（试行）》（2017年）、《农用地土壤环境质量类别划分技术指南》（2019年）等的指导下，根据农用地土壤环境质量分类要求和风险评估结果，结合本书第4.3.3节——矿区周边农田土壤风险评价，按污染程度将农用地划分为三个类别，其中，未污染和轻微污染的为优先保护类，轻、中度污染的为安全利用类，重度污染的为严格管控类，并针对不同类别的农用地因地制宜采用不同的措施。

8.2.1　优先保护类

优先保护类农用地土壤重金属含量低，土壤及其周边环境状况对农作物产品质量基本没有影响，土壤环境质量风险可忽略，农作物产品中重金属含量符合食品卫生要求，具体划分依据见表8-4。对该类农用地土壤应实施严格优先保护，加强污染源的管控，降低重金属的累积量防止新增污染，维护农用地土壤与农作物的安全状态。

表 8-4　优先保护类农用地划分依据

质量类别	划分依据
优先保护类	① 根据土壤污染程度划分为优先保护类
	② 根据土壤污染程度划分为安全利用类且农产品不超标

8.2.1.1 加强灌溉水的水源地、水质保护

根据硫铁矿区地形地貌及堆场情况，掌握农用地灌溉水的水质情况，并强化农用地灌溉水来源、水源灌溉区域、污水灌溉情况等信息和水质监测，建立灌溉水水源名录，定期更新，并严格按照农用地灌溉水质标准，替换不符合标准水源。

8.2.1.2 加强污染源管控

针对矿区重金属污染问题，通过资料查询、实地踏勘调研和现场取样监测分析测试判断等多种方法综合确定出矿区土壤污染源。联合相关部门（如生态环境和农村农业等部门），加强监督检查，定期巡查，严防污染物违法排放、倾倒行为。统筹考虑水、肥、药等生产要素使用和畜禽粪便、秸秆、农田残膜等农业废弃物产排状况。根据《农用地土壤环境管理办法（试行）》（2017年），应严格控制在优先保护类农用地集中区域新建有色金属冶炼、石油加工、化工、焦化、电镀、制革等行业企业，专项检查工矿企业废水废料废渣、畜禽养殖粪便占地倾倒，建筑垃圾、医疗垃圾排放堆放等违法行为，综合运用行政、市场、技术、法律等手段严格保护该类农用地，防止进一步污染。

对于划分为永久基本农田的优先保护类农用地，实行严格保护，确保其面积不减少、土壤环境质量不下降，除法律规定的重点建设项目选址确实无法避让外，其他任何建设项目不得占用。其区域内不得新建可能造成土壤污染的建设项目；已经建成的，应当限期关闭拆除。

8.2.1.3 开展宣传教育

联合相关部门，制定土壤环境保护宣传教育工作方案，通过电视、网络、报纸、微博、微信公众号等，普及土壤污染防治相关知识；采取播放宣传短片、发送宣传短信等方式，利用微信、微博等社交媒体，发布常用土壤环保相关法规知识，加强法律法规政策宣传解读，解答群众困惑，营造保护土壤环境的良好社会氛围，推动形成绿色发展和生活方式。

8.2.2 安全利用类

安全利用类农用地及其周边环境重金属已有轻微积累，含量稍微高于相关限量标准，产地环境具有一定的潜在安全风险，但尚未对农作物生长和人体健康构成威胁，具体划分依据见表8-5。此区域应切断污染源并进行综合监控，采取一定措施修复治理，适当调整农作物种类，优化农艺调控措施，确保安全利用。

表8-5 安全利用类农用地划分依据

质量类别	划分依据
安全利用类	① 根据土壤污染程度划分为安全利用类且农产品轻度超标
	② 根据土壤污染程度划分为严格管控类且农产品不超标

8.2.2.1 农艺调控类技术

农艺调控是指利用农艺措施减少污染物从土壤向作物特别是可食用部分的转移，从而保障农产品安全生产，实现受污染农用地的安全利用。根据《轻中度污染耕地安全利用与治理修复推荐技术名录（2019年版）》，农艺调控技术措施主要包括石灰调节、优化施肥、品种调整、水分调控等。

（1）石灰调节　土壤酸化和重金属污染是硫铁矿区农用地土壤面临的两个突出问题。石灰是碱性物质，在硫铁矿区的酸性土壤中适量施用石灰，可以提高土壤 pH 值，促使土壤中重金属阳离子发生共沉淀作用，降低土壤中重金属阳离子的活性，还可为作物提供钙素营养。施用时采用人工或机械化的方式，将石灰均匀地撒施在耕地土壤表面（建议施用量见表8-6），同时补施硅、锌等元素。

影响石灰及石灰类物质对土壤重金属钝化效果的因素有很多，主要概括为以下三点。①石灰及石灰类物质本身的特性，如生石灰、熟石灰、石膏等的特性各不相同。生石灰主要成分为氧化钙，在施入土壤后与土壤水反应生成熟石灰（氢氧化钙）并释放大量热量，因此不适合在作物种植期间施用。②土壤性质，如土壤有机质含量、pH 值、阳离子交换量、氧化还原电位等。在 pH 值较低的酸性土壤中，石灰类物质对土壤酸度的调节能力强，对重金属生物有效性的影响更为显著。③污染类型，如单一污染或复合污染，以及污染重金属的种类。重金属的生物有效性在不同的 pH 值条件下是不同的，不同种类重金属对 pH 值变化的响应也存在差异。因此，利用石灰钝化土壤重金属时，需要综合考虑以上三个方面的实际情况，施用合适剂量的石灰或石灰类物质，以期达到安全利用的目的。

石灰施用频率为1次/年，且稻田土壤 pH 值达到7.0后，需停施1年。连年过量施用石灰容易破坏土壤团粒结构，导致土壤出现板结现象。

表8-6　治理酸性镉污染稻田石灰（CaO）的建议施用量

单位：kg/(亩·a)

土壤镉含量范围	土壤 pH 值	土壤质地		
		砂壤土	壤土	黏土
1~2 倍筛选值(含)	<5.5	100	150	200
	5.5~6.5	75	100	150
2 倍筛选值以上	<5.5	150	200	250
	5.5~6.5	100	150	200

（2）优化施肥　在传统农艺中，施肥可以增加土壤肥力，提高农作物产量和品质。在硫铁矿区受污染土壤修复中，施肥一方面可增加土壤肥力，促进重金属积累植物生长，提高生物量；另一方面，可以改变土壤的某些理化性质，通过提高或降低土壤 pH 值改变土壤溶液中重金属的生物有效性，降低污染物的流动性，从而影响植物根系和地上部分的生理代谢过程或重金属在植物体内的转运等，进一步影响重金属元素的吸收。

不同肥料由于所含营养成分的差异与土壤重金属元素的作用机制也存在区别，导致其对植物修复污染土壤的效果也不同。施肥应根据土壤环境状况与种植作物特征，结合当地耕作制度、气候、土壤、水利等情况，选择适宜的氮、磷、钾肥料品种，避免化学肥料活化重金属污染物。如施用氮肥时，优化铵态氮与硝态氮的施用比例，可以提高稻田土壤 pH 值，降低重金属活性；施用磷肥时，推荐施用钙镁磷肥；施用钾肥时，推荐施用硫酸钾。肥料施用应把握适度原则，防止过量施肥引起土壤盐化、土壤酸化、养分不平衡等问题以及可能的二次污染。常用的肥料有氮肥、磷肥、钾肥、有机肥和生物肥料等。

①叶面肥。在通常情况下，植物主要通过根系吸收土壤或营养液中的营养。除根系外，植物的茎叶（尤其是叶片）也可以吸收各种营养成分，且吸收效果比根系更好。叶面肥是以作物叶面吸收为途径，将植物需要的肥料或营养成分按比例制成一定浓度的营养液使作物吸

收利用的肥料。其具有针对性强、吸收快、效果好、易于施用、环境污染风险小等优点。向叶面喷施叶面肥能提高作物抗逆性，抑制作物根系向可食部位转运重金属，降低可食部位重金属含量。根据功能和主要成分等，可把叶面肥大概划分为营养型、调节型、生物型、复合型、肥药型以及其他型六大类。

以硅肥为例，硅肥是一种很好的品质肥料、保健肥料和植物调节型肥料，也是其他化学肥料无法比拟的一种新型多功能肥料。硅肥还可用作土壤调理剂，矫正土壤酸度，改良土壤，减轻重金属污染。更为重要的是，硅肥是一种效果良好、广泛施用的叶面阻隔剂，对水稻、玉米等作物的重金属污染防治效果极佳，向水稻叶面喷施，可改变重金属在植株体内的分配，抑制重金属由叶片向籽粒运输，有效减少农产品中重金属积累，可大面积应用于农产品重金属污染防治，对粮食产量大的地区意义尤其重大。

② 其他肥料。主要介绍有机肥和微生物肥。

有机肥：有机肥中含有多种有机酸、肽类以及氮磷钾等营养元素，不仅可以为作物提供全面营养，肥效期长，还可以增加和更新土壤有机质，改善土壤理化性质，促进微生物繁殖。在植物修复方面，有机肥可以影响重金属在土壤中的形态，提高土壤的缓冲能力，减少植物对重金属的吸收量，还可以有效降低植物籽粒中重金属的含量。

微生物肥：重金属污染土壤中存在许多具有重金属抗性的细菌和真菌。这些微生物可以通过固氮作用（固氮菌）、产生植物激素和特定的活性酶、提高植物抗病能力等促进植物生长。将此类微生物肥应用在植物修复中，可有效增加植物生物量，提高修复效率。

（3）品种调整　不同作物种类或同一种类作物的不同品种间对重金属的积累有较大差异。在安全利用类农用地污染土壤上种植可食部位重金属富集能力较弱，但生长和产量基本不受影响的作物品种，可以抑制重金属进入食物链，有效降低农产品的重金属污染风险。当前实践中已筛选出多种单一污染源下的重金属低累积作物品种，如镉低积累水稻、玉米、菜薹、苋菜、小白菜、芥菜、番茄、豇豆、小麦等。可结合矿区作物实际情况，有序更替作物品种，选用低积累作物品种替代现有作物品种，在不影响产量和产品质量的前提下保证农产品的安全生产。

（4）水分调控　土壤水分条件影响土壤的物理、化学和生物学性质，影响重金属在土壤中的形态，可改变重金属对植物的生物有效性和环境风险。在水稻种植过程中，水分管理是影响水稻对重金属吸收的关键因素。水稻根系具有较强的氧化能力，使稻田土壤中大量的 Fe^{2+} 等还原性物质在根表被氧化而形成铁氧化物胶膜，铁氧化物胶膜紧密包被在水稻根表，可发生离子的吸附与解吸反应，对重金属离子进入水稻体内起着重要的作用。因而在水稻全生育期设置田间水层，保持全程淹水，直到收割前 7 天左右自然落干，尤其是在抽穗前后 20 天期间的 40 天内保证田间水层，可有效降低水稻对 Cd、Zn、Cu 等多种重金属元素的吸收和富集。

硫铁矿区酸性土壤在淹水条件下，土壤环境呈还原状态，土壤 pH 值显著升高，镉容易形成硫化物沉淀，活性也随之降低，从而能够减少作物对镉的吸收。淹水灌溉期间，应加强灌溉水质监测，确保灌溉水中重金属含量达到农田灌溉水质标准要求。同时，在日常巡查时应加强水稻病虫害的观察与防控。

8.2.2.2　土壤改良类技术

通过向土壤中添加钝化材料，如海泡石、坡缕石、蒙脱土、黏土矿物粉、铁锰氧化物、泥炭等，将土壤中有毒有害重（类）金属离子由有效态转化为化学性质不活泼形态，降低其在土壤环境中的迁移性、植物有效性和生物毒性。钝化技术效果和稳定性与土壤类型、土壤理化性质、重金属种类及污染程度、种植农作物品种以及当地降雨量等密切相关。在大面积应用前，必须加强该技术的适应性试验研究，做到先小规模示范，再大面积推广应用。一方面，在实际大田推广应用中，要正确选择钝化材料种类，精准把握施用剂量，避免过度钝化和造成二次污染；另一方面，要避免对土壤理化性质及环境质量等带来负面影响。同时，钝化后需继续跟踪监测土壤重金属有效态含量及农作物可食部位重金属含量的变化，以及土壤质地、理化性质、微生物群落结构及生物多样性的变化情况，评估钝化的长期效应与可能产生的负面影响。

采取土壤改良措施，增施有机肥或土壤钝化剂能够有效增加土壤有机质及矿质元素含量，保证土壤 pH 值的长期稳定，提高土壤阳离子交换容量，增强土壤缓冲能力，促进重金属离子吸附、沉淀等，使其不容易被作物吸收。另外，某些营养元素（例如锌、硅）与部分重金属元素（如镉等）存在拮抗作用，作物在吸收这些营养元素时会占用重金属的吸收、积累通道，从而降低作物对于重金属的吸收。重金属污染土壤常用改良材料如表 8-7 所示。

表 8-7 重金属污染土壤常用改良材料

材料类型	材料名称	目标金属
磷化合物	磷酸盐、磷肥、钙镁磷肥等	Pb、Cd
碱性物质	硅酸钙、石灰、石灰石、碳酸钙镁等	Zn、Pb、Cu、Cd
黏土矿物	海泡石、坡缕石、沸石、硅藻土、膨润土等	Pb、Zn、Cu、Cd
有机物料	有机堆肥、城市污泥、腐殖酸、畜禽粪便等	Zn、Pb、Cu、Cd、Cr、Ni
金属及其化合物	零价铁、硫酸铁、硫酸亚铁、针铁矿、赤泥等	Pb、As
炭材料	椰壳炭、秸秆炭、黑炭等	Pb、Zn、Cu、Cd、As
新材料	介孔材料、多酚材料、纳米材料、有机无机多孔杂化材料	Pb、Cu、Cd

在目前实际开展的农用地重金属污染修复中，以钝化修复为主，辅以农艺调控措施等，以实现重金属污染农用地的安全利用，避免稻米等农产品重金属超标问题的发生，达到"边生产边修复"的目的。土壤钝化剂具有修复速率快、稳定性好、费用低、操作简单等优点，尤其适用于修复大面积中、轻度重金属污染农田土壤，国内外有较多的土壤钝化技术应用案例。土壤经钝化剂修复后，重金属镉、铅等有效态含量一般可降低 30%～60%，农作物（稻米、蔬菜地上部）中镉、铅等含量可降低 30%～80%；一般土壤中镉、铅等钝化修复稳定性可以达到 3 年以上。但该项修复技术可能会影响土壤环境质量，且只是改变重金属在土壤中的存在形态，重金属元素仍保留在土壤中，在自然条件下，很容易再度活化危害植物。因此修复长期稳定性需要进行长期监控评估。

8.2.2.3 生物类技术

生物类技术是利用天然或人工改造的生物的生命代谢活动来降低土壤中污染物浓度或者使污染物达到无害化的技术，主要包括微生物修复和植物提取等。

（1）微生物修复 利用天然或人工驯化培养的功能微生物（藻类、细菌、真菌等，具体见表 8-8），通过这些生物对重金属的吸收、沉淀、氧化还原等作用降低硫铁矿区土壤重金属的毒性，防控生态风险。微生物修复包括生物吸附和生物转化两方面。微生物修复材料包括微生物菌剂、微生物接种剂、复合微生物肥料和生物有机肥等，施用种类和施用量需根据当地土壤类型和作物类型确定。

表 8-8　去除土壤中重金属的微生物种类

技术类型	微生物	重金属种类
生物吸附技术	柠檬酸杆菌	Cd
	真菌	Hg
	根霉	Cd、Cu
	大肠杆菌 K212	除 Li、V 以外的其他 30 多种金属离子
	木霉、小刺青霉和深黄被孢霉	Cd、Hg
	钝顶螺旋藻、普生轮藻等多种藻类	Pb、Cd
	绿藻和小球藻	Pb、Cd
生物转化技术	自养细菌（如氧化铁硫杆菌、氧化亚铁硫杆菌）	As、Cu、Mo、Fe
	假单胞菌	As、Fe、Mn
	褐色细球菌	As、Se、Cu、Mo
	原孢子囊杆菌、含铜杆菌和钩端螺旋菌	As、Cr、Fe、Mn

真菌可以通过分泌氨基酸、有机酸以及其他代谢产物来溶解重金属与含重金属的矿物。根霉对 Cd^{2+} 和 Cu^{2+} 的最大吸附量达 820mmol/kg 和 1210mmol/kg；大肠杆菌 K212 的细胞外膜能吸附除 Li、V 以外的其他 30 多种金属离子；木霉、小刺青霉和深黄被孢霉在 pH 很低的条件下，都仍对 Cd、Hg 有很强的富集作用；钝顶螺旋藻、普生轮藻等多种藻类对 Pb、Cd 的吸附力很强；绿藻和小球藻对 Pb 的最大吸附量达初始浓度的 90%，对 Cd 的最大吸附量达初始浓度的 98%。研究发现藻类对 Pb 的高忍耐力可能是 Pb^{2+} 容易从细胞壁排出或是高浓度的 Pb^{2+} 易于在溶液中沉淀所致。

该方法成本低、安全性高、无二次污染，但是微生物的生物体很小、吸收量较少、专一性较强，加之该技术目前处于实验室或模拟实验阶段，限制了其在大面积重金属污染土壤修复中的应用。

（2）植物萃取　植物萃取是当前受污染农用地土壤治理修复主要采用的一类修复技术。植物萃取分为两类：一类为持续型植物萃取，直接选用超富集植物吸收积累土壤中的重金属；另一类是诱导性植物萃取，在种植植物的同时添加某些可以活化土壤重金属的物质，提高植物萃取重金属的效率。《农用地污染土壤植物萃取技术指南（试行）》（2014 年）规定，植物萃取技术一般适用于中、轻度重金属污染农用地土壤修复。植物萃取的关键在于筛选具有高产和高去污能力的植物。

根据萃取植物的选择和萃取方式的使用，植物萃取还可分为植物萃取组合技术（富集植物与农作物间套作、轮作）、经济作物萃取以及超富集植物萃取。超富集植物萃取应用于严格管控类农用地修复。

① 植物萃取组合技术（富集植物与农作物间套作、轮作）。间套作是精耕细作、集约多熟种植的一种传统农业种植方式，也是实现我国农业可持续发展的重要途径。间套作指在同一田地上于同一生长期（不同生长期）内，分行或分带相间种植 2 种或 2 种以上作物的种植方式。在现代集约农业中，间套作可以提高土地资源利用率，充分利用光能、水、热量等自

然资源，充分利用植物生长的空间和时间，可以在不提高成本甚至降低成本的同时增加收入、提高产量、减少病虫害、保持水土和防止环境退化。在植物修复重金属污染土壤时，间套作可以改变植物根系分泌物、土壤酶活性和土壤微生物等，间接改变重金属的有效性，影响植物对重金属的吸收。

近年来，围绕"边生产，边修复，边收益"的理念，植物间套作修复技术的研究越来越多。在植物修复重金属污染中应用间套作模式，可实现对污染土壤的边修复边治理，同时收获符合一定食品标准的农产品，具有很好的市场前景和开发潜力，符合我国农业可持续发展的规划。此外，间套作模式还可以有效降低作物重金属含量，收获符合卫生标准的产物。

在植物修复中应用间套作模式确实可以提高植物对土壤重金属污染的修复，有利于土壤重金属污染的治理，但是对于边修复边种植的治理方式，不同的间套作模式对作物吸收重金属的影响不同，在确保作物重金属含量不超标的前提下，需要选择合适的超富集植物与之间套作，保证修复效果的同时也要保证作物的重金属含量不超标。

根据矿区气候、土壤等环境条件和农作物种植习惯，选择适宜植物品种进行间作、套作或轮作也能降低农田土壤的重金属含量。例如，湖南省的定位试验结果表明，与冬闲模式相比，采取冬种轮作模式可显著降低土壤中 As、Cd、Hg、Pb 等重金属含量，对土壤重金属污染具有一定的消减作用，其中冬种紫云英-双季稻轮作模式可同时降低 Cd、Hg、As 含量，具有较好的削减效果，并且在土壤重金属污染程度较为严重时，冬种轮作模式还可减少大米中重金属的富集量。此外，该模式还可以提高水稻产量，提升大米品质。

② 经济作物萃取。农田重金属污染危害在于重金属向食物链中迁移富集，从而危害粮食安全和人体健康。在现有粮食作物和低积累品种无法满足需要的条件下，可在污染区将粮食作物替换为棉麻作物（棉花、黄麻、苎麻、剑麻）、能源作物（麻风树、蓖麻、漆树）等非食用经济作物，并大力发展纺织和生物质能源工业，创造新的经济增长点。

8.2.2.4 综合类技术

农田作物生长期间，田间环境因素复杂多变，加之土壤污染的复杂性，当单一措施难以保障农作物可食部位污染物含量达标时，需要结合农产品产地土壤污染类型、污染程度，集成优化物理-化学-生物联合技术措施，建立适合当地实际情况的农田安全利用模式。

对于重金属污染以镉污染为主、农业耕作形式以旱地为主的矿区周边农用地土壤，在安全利用类农用地上可选用改良版"VIP"技术集成进行多技术联合修复。具体内容如下。

① 技术构成。a."VIP"技术模式。该技术是低积累农作物品种选择（varieties，V）、淹水灌溉（irrigation，I）（如不适用，可由水分管理代替）、施用石灰等调节土壤酸度（pH，P）组成的组合降镉技术，可有效减少农产品对镉的吸收，降低对镉的累积。b."VIP+n"技术模式。在"VIP"控镉技术的基础上增施土壤调理剂、钝化剂、叶面调控剂、有机肥等降镉产品或技术（n）形成的组合降镉技术，可有效减少农作物对镉的吸收，降低镉的累积。

② 技术要点。品种选择（V）主要是选择种植稳定低镉型品种，以玉米为例，有隆玉58、正红 532 等品种。淹水灌溉（I）主要指实施全生育期淹水灌溉（可依据实际情况对该项做出调整）。调节土壤酸度（P）主要是通过调节土壤的酸碱度以降低土壤中镉的有效性。"n"对应的技术措施有科学施（选）用化肥或功能性专用复混肥、施用重金属土壤钝化剂

等。该技术中土壤调理剂（高效钝化剂、改良剂）施用要点：可在种植前20天一次性施用并通过机械翻耕使钝化剂与表层土壤充分混合均匀。

③ 技术特点。"VIP"综合治理技术克服了单一治理技术在污染耕地治理中存在的治理效率低且可能影响正常农作物种植和粮食生产的缺点，实现不改变原种植习惯、边生产边治理的目标。"VIP"技术与其他技术（n）集成时应遵循大面积施用、衔接农时、经济高效、科学规范等基本原则，进行各项技术的组合和排序，并根据土壤污染程度，适当调整综合技术中集成技术的数量和单项技术的实施强度。

8.2.2.5 安全利用类农用地治理修复技术适用性分析

将安全利用类农用地的各项治理修复技术的适用性及优缺点进行分析，结果如表8-9所示。

表8-9 安全利用类农用地治理修复技术分析

治理修复技术	适用性	优点	缺点
石灰调节	适用于偏酸性镉污染稻田、典型黄壤或酸性紫色土,土壤pH值一般在6.5以下,对铅、铜污染的酸性土壤也有较好效果,但不适用于存在砷超标风险的稻田或旱地	能提高土壤pH,降低重金属活性,增加钙量	过量施用会破坏土壤团粒结构,导致土壤板结
优化施肥	适用于所有耕地土壤,其中叶面肥适用于镉污染稻田,特别是有效硅、有效锌缺乏的镉污染稻田	满足作物生长,降低重金属活性	过量施用引起土壤盐化、酸化及养分不平衡
品种调整	适用于作物与区域特性确定的地区	抑制重金属进入食物链	无
水分调控	适用于土壤pH低于6.5的镉污染酸性稻田,不适用于存在砷超标风险的稻田	能提高土壤pH,降低重金属活性	局限性强
土壤改良技术	适用于一般重金属污染的农田	能降低土壤中重金属的迁移性、生物有效性和生物毒性	用量不精确会造成二次污染和负面环境影响,受气候影响显著
微生物修复	适用于一般重金属污染的农田	安全,对环境影响小	效果不甚显著
植物萃取	适用于中、轻度重金属污染的农田	安全,生态化	修复周期长
"VIP+n"综合治理	酸性镉污染稻田	不改变原种植习惯,可边生产边治理	操作较复杂

8.2.3 严格管控类

严格管控类农用地区域作为土壤重金属含量较高地区，土壤及其周边环境对农产品质量安全已构成明显威胁，并导致部分农产品重金属含量超标，给农产品安全及人体健康带来很大的潜在风险，具体划分依据见表8-10。因此对该类农用地应进行限制利用，实施风险预警防控管理。针对硫铁矿区周边重度污染农用地的严格管控措施，可依据当地特色产业发展开展特定农产品严格管控区的划定、种植业结构调整，采取休耕、退耕还林还草等措施，逐步退出超标食用农产品生产。《中华人民共和国土壤污染防治法》（2018年）中也强调"各级人民政府及其有关部门应当鼓励对严格管控类农用地采取调整种植结构、退耕还林还草、退耕还湿、轮作休耕、轮牧休牧等风险管控措施，并给予相应的政策支持"。

表 8-10　严格管控类农用地划分依据

质量类别	划分依据
严格管控类	① 根据土壤污染程度划分为严格管控类且农产品超标
	② 根据土壤污染程度划分为安全利用类且农产品严重超标

8.2.3.1　严格管控区划分

以硫铁矿区农用地土壤污染状况详查数据初步划定结果为基础，结合地图影像、土地利用现状调查成果等资料，开展严格管控类耕地土壤-农产品重金属污染协同调查与监测工作，进一步摸清严格管控类耕地重金属污染状况、分布特征等基础信息，依法划定特定农产品禁止生产区域，严禁种植食用农产品，分区域、分年度实施农作物种植结构调整或退耕还林还草，复核并确认类别划分结果。管控区划定的内容及步骤如下。

（1）基础资料收集　需要收集的基础资料包括：硫铁矿区农用地主栽农产品种类、品种、种植制度、耕作习惯等农业生产情况及相关配套产业基本情况；矿区污染源分布及污染事故发生情况；"国控监测点"等的土壤及农产品数据；行政区划、土地利用现状、产业规划布局、土地确权、高清遥感影像图等。

（2）确定待划定区域　在农用地土壤环境质量类别划分清单中列为严格管控类，农产品监测及其他调查发现农产品存在严重超标的区域，列为待划定区域。

（3）开展农产品质量监测　在待划定区域的每个评价单元内，布设监测点，开展特定农产品监测。监测点布设，综合考虑待划定区域污染物类型、种植环境、作物特点、土地利用方式、土壤类型、地形地貌、灌溉水系分布等多种因素，布点密度一般为 15～150 亩/点，原则上不少于 10 个点。监测实施过程具体参照《农、畜、水产品污染监测技术规范》（NY/T 398—2000）的规定执行。从事管控区待划定区域农产品质量监测工作的检测实验室应符合监测质量控制要求。

（4）划定管控区　根据划定标准，将评价单元内的监测点特定农产品中目标污染物单因子污染指数算术平均值显著≥2，且评价单元内的监测点同一污染物单因子样本超标率≥70%的区域划定为管控区。将符合划定标准的评价单元合并为特定农产品严格管控区。根据硫铁矿区实际情况，因地制宜提出管控区的严格管控措施。

8.2.3.2　种植结构调整

当土壤中镉、汞、砷、铅和铬含量高于风险管控值时，食用农产品不符合质量安全标准等农用地土壤污染风险高，且难以通过安全利用措施降低食用农产品不符合质量安全标准等农用地土壤污染风险，原则上应当采取禁止种植食用农产品、退耕还林等严格管控措施，并结合本地主要作物品种、种植习惯，将不宜种植的食用类农作物调整为非食用类农作物或其他植物，如麻类作物。麻类作物生物质产量高，抗逆性强，种植技术简便，其主要产品纤维不用于食品，具有一定的经济价值。而且麻类作物对重金属都具有较好的耐受性，中国农业科学院麻类研究所育成的中亚麻 1 号在 Cd 浓度为 25mg/kg 的土壤中可以正常生长。

利用耐重金属非食用性经济作物或林木代替粮食作物，一方面切断了重金属污染的食物链，实现了农田土壤的污染修复；另一方面为硫铁矿区当地居民创造了就业机会和经济效益，实现了农田土壤的高效利用和可持续发展。

8.2.3.3　超富集植物萃取

利用超富集植物的根系从土壤中吸收重金属，并将其转移、储存到植物的地上部分，然后收割地上部分，连续种植超富集植物即可将土壤中的重金属含量降到可接受水平。能用于污染土壤植物修复的超富集植物应具备以下几个特性：即使在污染物浓度较低时也有较高的积累效率，能在体内积累高浓度的污染物，能同时积累多种重金属，生长快、生物量大、抗虫抗病能力强。到目前为止，国内外共发现超富集植物 700 余种。我国已经发现了不少超富集植物，如伴矿景天、东南景天和蜈蚣草已经在全国范围内应用于重金属污染耕地土壤修复示范，东南景天与伴矿景天应用于镉、锌污染土壤的修复，蜈蚣草应用于砷污染土壤的修复。我国部分重金属超富集植物及其特性如表 8-11 所示。

表 8-11　我国部分重金属超富集植物及其特性

植物名称	分类地位	生物学特性	植物修复特征(植物地上部金属最高含量)
甜菜(*Beta vulgaris* Linn.)	苋科(Amaranthaceae)甜菜属(*Beta* Linn.)	花期 5—6 月,果期 7 月	当土壤 Cd 浓度为 100mg/kg 时,地上部 Cd 含量为 300.23mg/kg
万寿菊(*Tagetes erecta* Linn.)	菊科(Asteraceae)万寿菊属(*Tagetes* Linn.)	花期 7—9 月	当土壤 Cd 浓度为 100mg/kg 时,地上部 Cd 含量为 175.63mg/kg
东南景天(*Sedum alfredii* Hance)	景天科(Crassulaceae)景天属(*Sedum* Linn.)	花期 4—5 月,果期 6—7 月。适应性强,耐贫瘠等恶劣环境	矿区土壤 Zn 含量为 2269～3858mg/kg 时,对应东南景天植株地上部分 Zn 含量为 4134～5000mg/kg
续断菊[*Sonchus asper*(Linn.)Hill.]	菊科(Asteraceae)苦苣菜属(*Sonchus* Linn.)	花果期 5—11 月	云南会泽铅锌矿区土壤 Cd 含量为 151.5～415.5mg/kg,植株地上部分 Cd 含量为 145.8～289.2mg/kg
白花泡桐[*Paulownia fortunei*(Seem.)Hemsl.]	泡桐科(Paulowniaceae)泡桐属(*Paulownia Siebold & Zucc.*)	花期 3—4 月,果期 7—8 月	某铅锌矿区中叶片 Pb 含量达到 2389.41mg/kg
忍冬(*Lonicera japonica* Thunb.)	忍冬科(Caprifoliaceae)忍冬属(*Lonicera* Linn.)	花期 4—6 月,秋季有时也开花,果期 9—11 月	在 Cd 浓度为 25mg/L 条件下生长 21 天,茎的 Cd 含量可以达到 344.49mg/kg

在应用超富集植物修复重金属污染土壤时，应选择合适的栽培措施，包括育苗、翻耕、调整种植密度、除草、间套作、刈割等。综合考虑植物特点与硫铁矿区当地气候，做到科学种植，提高污染土壤的修复效率。

8.2.3.4　休耕

休耕可采用季节性休耕或治理式休耕。季节性休耕指每年种植一季以上的养地作物，使耕地休养生息；治理式休耕指依据当地土壤污染情况种植相应污染物的超富集植物，并对移除的超富集植物秸秆进行集中处理，严禁还田，或实施翻耕旋转、灌溉淋洗等其他耕地治理措施。

休耕的技术路径区域差异明显。地下水漏斗区连续多年实施季节性休耕，实行"一季休耕、一季雨养"；重金属污染区连续多年休耕，阻控、移除耕地污染物，修复受污染耕地；生态严重退化地区连续休耕三年，促进生态环境恢复。根据土地利用方式，硫铁矿区土壤污染相比非工矿区更为严重，长期的矿业活动、尾矿渣的无序堆放等极易使重金属元素进入自然水系和农田，危及人体健康，应实行治理式轮作休耕，把污染物从土壤中提取出来。

轮作休耕是主动降低耕地利用强度的行为，其中休耕是暂时退出对耕地的使用，但这并不意味着对实施轮作休耕的耕地放任不管，相反，要加强轮作休耕耕地的管护，才能实现轮作休耕的目标。我国部分地区由于忽视对休耕地的后期管护，非但没有实现休耕的初衷，反而导致耕地生态状况恶化、病虫害加剧、农业生产效率下降等负面问题的出现。日本也有类似的问题出现。休耕期间，农户应把耕地交由休耕管理部门进行统一管理。在休耕的同时努力提高耕地地力、强化农田基础设施建设、开展土地综合整治，以弥补农业发展短板，夯实农业可持续发展基础，复耕后才能迅速形成产能。随着轮作休耕规模的扩大，还应强化轮作休耕耕地的规划利用，形成规模效益。

8.2.3.5 退耕还林还草

对于硫铁矿区严格管控类农用地，退耕还林还草是指对满足退耕还林还草条件的耕地停止耕种，改为植树种草，恢复植被。退耕还林还草应大力选育林木良种和经济速生树种，推广先进的实用技术和造林模式，将最新的技术成果应用于实际建设当中。在技术措施方面，要严格按照"遵循自然规律，因地制宜，适地适树，生态优先，重点突出，注重实效"的原则，在充分调查的基础上，科学合理制定年度实施方案和作业设计，强化退耕还林还草工程前期工作。同时，要强化技术指导和培训。退耕还林措施包含以下四个方面。

(1) 造林模式的选择 针对不同自然环境开展退耕还林活动需要采取不同的造林模式，针对硫铁矿区，需要做好乔木、灌木、草的使用工作。乔木生长缓慢，成林时间较长，但对环境的改善作用较大；灌木成活率高、生长快，缺点是有年限限制。两种植株混合种植可以有效发挥林木对自然环境的改善作用。

(2) 树种的选择 绿化苗木应就地就近调运，优先选用乡土树种和抗逆性强的良种壮苗。乡土树种是经过长期自然选择后依然留存着的树种。这些植物对于当地的自然环境具有较强的适应能力，有较强的抗病能力和较为发达的根系，这是其他树种所不具有的优势。同时应加强种苗培育的技术指导和服务的管理工作，保证种苗质量。本地苗木应当经县级林业行政主管部门检验合格，并附具标签和质量检验合格证。

(3) 造林地整理 整地是造林工程中一项必不可少的环节，对造林效果有着直接影响。在开展造林活动时，需要对土壤进行改善，提高土地的水土保持能力。为了使土地含水量达到最佳状态，整地活动在当地雨季一年前开始。根据相关的造林计划开展整地活动，例如种植乔木时可以采用大鱼鳞坑整地模式，在进行灌木种植时可以采用反坡梯田整地模式。整地时应做好杂物、杂草的清理工作，做好相关水利系统等设施的建设工作。

(4) 苗木选择与种植 在退耕还林工程中，苗木的质量是影响工程效果最直接的因素。在进行苗木选择时必须保持苗木根系的完整性。在种植时，根据树种的不同确定栽种方案。在栽种苗木后，需要加强对幼苗的管理工作，为幼苗创造良好的自然环境，定期对造林地进行杂草清理、松土、施肥等工作。在林木生长的过程中需要对林木进行修剪，确保林木长势较好。针叶林造林工程中需要做好灌溉等工作，灌木林需要做好平茬复壮工作。为使造林地林木顺利生长，必须在造林地周围建立防护带，避免当地人员活动对造林地造成破坏。

8.2.3.6 严格管控类农用地治理修复技术适用性分析

对严格管控类农用地治理修复技术进行比选，评价各个技术的适用性及优缺点，为后续的技术选取提供借鉴，具体结果见表8-12。

表 8-12　严格管控类农用地治理修复技术分析

治理修复技术	适用性	优点	缺点
特定农产品严格管控区划定	典型矿区周边、重点行业企业周边等土壤重度超标区,同时存在水稻、玉米等粮食重金属超标问题	从污染土壤源头直接控制受污染粮食的生产	区域无法进行粮食生产,土地使用人的意愿难协调
种植结构调整	适用于大多数重金属重度污染的耕地	有助于特色经济作物的发展,有较好的经济效益	经济作物的规模效应难以保障,土地使用人收益的长效机制有待健全
超富集植物萃取	适用于一般重金属污染的农田	安全	修复周期长
休耕	适用于大多数重金属重度污染的耕地	土地得到休养生息	土地收益难保障,土地使用人的意愿难协调
退耕还林还草	坡度 15°以上的坡耕地,零星分散分布的耕地,主体生态功能区的耕地	从源头上使受污染耕地退出农业生产	耕地总量减少

第**9**章　硫铁矿区重金属污染修复与风险管控方案设计案例分析

9.1　黄家沟硫铁矿尾矿渣堆场及周边农田土壤污染修复与风险管控项目

9.1.1　项目基本概况

川南地区是我国重要的煤系硫铁矿基地,也是土法炼硫和生产硫精砂的重地。由于过去土法炼硫工艺落后以及个别人环境保护意识淡薄,生产过程中产生的大量硫炉渣和硫精砂尾矿散乱堆存,长年累月,废渣堆积如山,地灾隐患严重;同时,由于水流的冲刷及剥蚀搬运,细粒径尾矿被运移至下游沟渠及农田,不仅侵占了大量国有土地及良田,尾矿中含有的大量重金属等有毒有害物质也给区域环境水体质量带来了严重的威胁。

黄家沟硫铁矿尾矿渣堆场就是因此形成的。自 20 世纪 50 年代开始,黄家沟上游皆是硫铁矿的开采和炼制区,企业关闭后,遗留的渣场更是无人管理。在长达四十多年的堆积过程中,原本堆放于上游的大量废渣,由于所处地势较高,渣体松散,受汛期降雨和地震等地质灾害的影响,被大量冲积至下游农田,在黄家沟内扩散形成长达 2.5 千米的河道与壮观的"渣堆小平原",并淤积于下游高达数十米的落水洞洞体内,形成如今"山谷型"的黄家沟渣场(图 9-1)。

(a) 渣体经水流冲刷沉积于黄家沟内形成　　　　　(b) 含硫的强酸性矿渣浸出液形成橙黄色的
"渣堆小平原"　　　　　　　　　　　　　　　　地表径流

图 9-1　黄家沟渣场

9.1.2　区域环境概况

（1）地形地貌　项目区地处云贵高原向四川盆地边缘山地过渡的区域地貌斜坡地带。这一带新构造间歇性隆起较强，喀斯特发育与地貌形态的塑造明显受新构造活动控制。地质构造属川、黔东西向构造带的长宁背斜褶皱，兴文县中部出露地层较老，向南、北两侧则较新。从老至新，分布地层有 8 个系 27 个组群。该区域地质构造复杂，地层古老，岩石类型多样，矿产丰富，在内、外营力的共同雕塑下形成了千姿百态的地貌景观。特别是兴文的碳酸盐岩分布十分广泛，三叠系、二叠系、奥陶系地层皆有大量出露，而且其结构、成分各不相同，这既是该地区喀斯特发育的基础，也是形成各地不同喀斯特景观特色的主要因素。项目所在县的地貌属盆南山地类型。境内最高点为仙峰山，主峰海拔 1795.1 米。最低点在东北部莲花镇，海拔 275.6 米，地形最大高差 1519.5 米。由于仙峰山在中部隆起，横贯东西，因此其地形中部高，南、北两侧低。兴文县北部、东部地势起伏小，分布大小不等的山间盆地和河谷平坝。中部、南部群山参差，沟谷纵横，地形崎岖。全县可划分为槽坝、丘陵、低山、中山等四种地貌类型，以低、中山为主，共占总面积的 71.9%。其中，槽坝多由喀斯特槽谷构成，面积 3000 亩以上的坝子有 20 多个；丘陵分布于北部边缘，相对高差在 20～100 米之间。

调查尾矿渣堆场位于四川盆地低山地貌。地势东南高、西北低，调查区内高程 730.70～835.12 米，高差 104.42 米。调查区范围内东南方向大多是参差不齐的低山，走向为北偏西 48°，地势差异较大，西北方向出现低山。

（2）地层岩性　据现场勘察、地质测绘并结合区域地质资料考察地层岩性。勘察总共布设 22 个钻孔，沿勘察区走向为北偏西 48°，钻孔序号依次为 ZK1、GF1、ZK2、GF2、ZK3、GF3、ZK4、GF4、ZK5、GF5、ZK6、GF6、GF7、ZK7、GF8、ZK8、GF9、GF10、ZK9、GF11、ZK10、GF12。钻孔揭示沿线路上地层为第四系全新统人工填土（Q4ml）、第四系全新统坡洪积（Q4pl＋dl）、二叠系下统栖霞组和茅口组（P1q＋m），其岩性特征分述如下。

① 第四系人工填土（Q4ml）层。素填土：杂色、松散、稍湿，主要由硫铁矿、矿渣、硫精砂组成，为近 40 年堆填，分布于黄家沟内，钻探揭露该层厚度为 2.3～11.40 米，分布于整个勘察区地表以下一定深度范围内。

② 第四系坡洪积（Q4pl＋dl）层。分为粉质黏土和碎石。

a.粉质黏土：杂色、稍湿、可塑，以黏粒为主，含中风化砂岩，含碎石，稍光滑，无摇振反应，韧性一般，干强度中等；分布于勘察场 ZK3、ZK4、ZK5、ZK6、ZK7、GF9、GF11、ZK10、GF12 钻孔内，钻探揭露该层厚度为 1.6～8.4 米。

b.碎石：杂色、稍密、稍湿-湿，以碎石、中风化砂岩、泥岩为主，碎石含量 60%～85%，多呈次棱角状，级配差，黏粒、粗砂、细砂充填，厚度在 8.4～19.1 米，分布于整个勘察区地表以下一定深度范围内。

③ 二叠系下统栖霞组和茅口组（P1q＋m）层。灰岩（白云质灰岩）：灰白色，中风化，隐晶质结构，巨厚层构造，局部夹砂岩，节理裂隙发育，无填充，夹纤维状方解石晶体，多呈柱状；仅分布于 ZK1、ZK4、GF9 钻孔内。

（3）区域地质构造与地震

① 区域地质构造。项目所在地地质构造分为基底构造与盖层构造。前者形成于早元古代末期，后者形成于白垩纪末期。早期基底构造线略呈东西，造成复式褶皱和叠加褶皱，形

态复杂；晚期盖层构造则较简单，以南北构造为主体，形成开阔平缓的向斜和较窄的背斜，并发育北东向构造，局部展布北西向构造。

② 新构造运动。区域调查资料表明，该区晚近期构造运动以发育的多级河谷阶地、上升型构造地貌、老构造继承性活动和地震等为主要表征，总的特征以大面积间歇性上升运动为主，伴之以局部的水平挤压运动，差异性运动和下降运动不明显。

③ 地震。据《中国地震动参数区划图》（GB 18306—2015），项目所在县地震基本烈度为 5 度。根据四川省地震局编制的《四川地震目录》和《川南国土规划》的危险区划图，该县虽未发生过大的地震，但地震频发。据不完全统计，区内及邻近区域 1965 年至 1985 年共发生地震 11 起，震级多在 3～4 级，地震烈度多在 5～6 度。近几年较为严重的一次于 2018 年 12 月 16 日 12 时 46 分发生，该县周家镇发生 5.7 级地震，地震造成三千人受灾，多人轻微受伤，多处家庭房屋受损严重，部分电力和通信设施受损，有轻微山体滑坡等地质灾害，直接经济损失 51579 万元。据《中国地震动参数区划图》（GB 18306—2015）及《建筑抗震设计规范（2016 年版）》（GB 50011—2010）相关规定，兴文县场地抗震设防烈度为 6 度，设计基本地震加速度值为 $0.05g$，特征周期 $0.4s$，设计地震分组为第一组。

（4）气候条件　项目所在县由于处在特殊的地理位置，常年受交替的大陆气团影响，季风气候极为明显，属亚热带湿润季风气候区。总的特点是：气候温和、雨量充沛、无霜期长、四季分明、雨热同季。立体气候差异明显，中部和西部山区有北亚热带和南温带的立体带谱气候特征。随海拔高度升高，气候由夏长冬短转为冬长夏短，甚至常年无夏（如仙峰山海拔 1300 米以上）。兴文县内多年平均气温 17.6℃，最热月为 7 月，月平均气温 26.9℃，最冷月为 1 月，月平均气温 7.8℃。多年极端最高气温 41.4℃（1995 年）。多年极端最低气温−1.6℃（1991 年），海拔 1200 米的仙峰山测点平均气温比县城低 6.3℃。多年平均年降水量 1344.9 毫米，县城 1128.3 毫米。降水总趋势是夏季多、冬季少，山区多、坝丘谷地少，且山上多于山麓，北坡多于南坡。如仙峰山年降水达 1789.3 毫米，而中城、大坝、九丝年降水均在 1100 毫米左右。受季风气候和太平洋副热带高压北进西伸的影响，县域降水量年内分布不均，降水量多集中在汛期 5—9 月，占全年降水量的 68.5%。7、8 两月降水量特别集中，占全年降水量的 33.7% 以上。枯期的 11 月和 3 月是全年降水量较少时段，降雨量仅占年降水量的 19.2%。降水量最少的 12 月和 1 月仅占全年降水量的 3.0%。兴文县年平均日照时数 1043 小时，仅为长江中下游同纬度地区的二分之一，为全国少日照区。多年平均总辐射量为 84.39 千卡❶每平方厘米。年均相对湿度较大，且随海拔升高而增大，丘陵河谷地区，年平均值在 80%～85%，海拔 800～1200 米达 90% 左右，仙峰山海拔 1300 米处达 92%。全年无霜期 350 天。根据国家气象站数据可知，项目地区以西北风为主，其次为南风。

（5）水文地质条件

① 地表水系。项目所在县共有大小河流 19 条，总长 313.98 千米，均属长江水系，分别汇集于永宁河、长宁河、南广河后流入长江。其中流域面积在 500 平方千米以上的 1 条——古宋河（永宁河左岸一级支流），100～500 平方千米的 4 条，分别是建设河（古宋河左岸一级支流）、泥沙河、红桥河（又称晏江，长宁河上游支流）、建武河（南广河上游支流）。

---

❶ 1 千卡＝4186.8 焦耳。

② 地下水补、径、排条件。场地内地下水主要为上层滞水以及基岩裂隙水。其中，上层滞水具有富水性不均、水位动态变化显著、无统一水位等特点，主要受大气降水和地表水补给，水位随季节改变而变化。基岩裂隙水主要赋存于基岩风化裂隙中，基岩浅部风化带基岩裂隙水在岩层露头部分为补给区，接受大气降水的补给，并通过风化裂隙迅速向低洼处径流并汇集，多于沟谷低洼区形成局部富水区，水量大，埋深浅。

9.1.3　污染识别

9.1.3.1　土法炼硫原理

土法炼硫大部分以硫铁矿为原料，无烟块煤作为还原剂和热源。硫在硫铁矿石中以二硫化铁（FeS_2）的形式存在。硫铁矿在炉中有下列反应：一为分解，二为氧化，三为还原。

（1）分解反应　二硫化铁加热到 450℃ 就开始分解生成硫蒸气，当升温到 700℃ 时，第一个硫原子几乎被全部分解，另一个硫原子仍与铁结合而成为硫化亚铁或磁硫化铁存于炉中，其化学反应如下：

$$2FeS_2 \xrightarrow{450\sim700℃} 2FeS + S_2 \tag{9-1}$$

从上述反应式可知，要使第一个硫原子分解完全但第二个硫原子保留，首先应保证分解时温度不高于 700℃；其次应在分解反应区域内保持中性或还原性气氛。因为当有氧存在时，分解反应产生的硫蒸气即与氧燃烧生成二氧化硫，影响硫的回收率。

$$S_2 + 2O_2 \longrightarrow 2SO_2 \uparrow \tag{9-2}$$

（2）氧化反应　硫铁矿经过分解以后，分子结构发生了变化，炉中的硫化亚铁变成疏松多孔物质，它和空气接触发生氧化反应，生成二氧化硫和氧化铁并放出热量，这种热能又正好用来蒸馏出第一个硫并加热料层。其反应式如下：

$$3FeS + 5O_2 \xrightarrow{900\sim1100℃} Fe_3O_4 + 3SO_2 \uparrow + Q(热量) \tag{9-3}$$

从式（9-3）可以看出，第一，要适当控制氧化反应所需要的氧气量：空气不足，氧化不完全，硫的烧出率低；空气量过大，温度过高，则造成一硫化铁烧结成瘤，氧化仍然不完全。一般在空气量控制适当的情况下，氧化区的温度保持在 900～1100℃，氧化就比较完全。第二，加入的矿石粒度不能过大，而且要粒度均匀，以使一硫化铁有良好的接触面。第三，要有足够的氧化时间，也就是说要控制空气缓慢地通过一硫化铁以尽可能充分地与矿料接触。

（3）还原反应　由氧化反应所得的二氧化硫进一步还原为单体硫，炭和一氧化碳都可作为二氧化硫的还原剂，也就是使二氧化硫通过煤层，用灼热的炭或一氧化碳与二氧化硫发生燃烧反应，生成二氧化碳和硫。其化学反应如下：

$$SO_2 + C \xrightarrow{800℃左右} \frac{1}{2}S_2 \uparrow + CO_2 \uparrow \tag{9-4}$$

$$SO_2 + 2CO \longrightarrow \frac{1}{2}S_2 \uparrow + 2CO_2 \uparrow \tag{9-5}$$

从以上反应式可以看出，为使二氧化硫充分还原成硫，要尽量满足以下要求。第一，要求加入煤块的数量恰当，最好比二氧化硫完全还原理论需要量高一些；第二，要求二氧化硫通过块煤层时速度不要太快；第三，要求还原区内不要有氧存在，因为有氧存在，会使已被还原的硫蒸气又被氧化为二氧化硫。

另外炉内还可能存在以下副反应，从而降低硫的回收率。

$$3S_2 + 4H_2O \xrightarrow{\triangle} 4H_2S\uparrow + 2SO_2\uparrow \tag{9-6}$$

$$S_2 + C \xrightarrow{\triangle} CS_2\uparrow \tag{9-7}$$

$$S_2 + 2CO \xrightarrow{\triangle} 2COS\uparrow \tag{9-8}$$

由以上副反应可知，产生的硫蒸气在一定温度下会被转化为其他化合物。为避免这类副反应产生，应尽量使原料矿、煤含水量少，温度不宜过高，最好使炉内温度最高点在开炉过程中自始至终由下而上慢慢移动。为了做到这一点，要求在装炉配料过程中严格控制进入炉内的空气量。

9.1.3.2　土法炼硫生产工艺

将选好的硫铁矿和煤块分层装入炼硫炉内，从炉底用木柴点火，燃着后根据经验将炉底点火孔封好留一风眼让其自然进风。待炉内水分蒸发得差不多时将炉目封好，炉气进入冷却室，炉气中的气相硫被冷凝在冷却室中，副反应生成的 H_2S、CS_2、COS 和 SO_2 等气体进入烟气治理及综合利用系统被除去，然后经尾气回收塔放空。系统经过一个周期（根据炉子的大小，周期长短不一）后停炉。从炉底消除炉渣。打开冷却室取出粗硫，将其熔化沉淀除去杂质，注模成型即为成品硫。硫渣浸泡加热后的清液经过蒸发得到土硫铵，脚渣用小炼硫炉生产得到粗硫。工艺流程如图 9-2 所示。

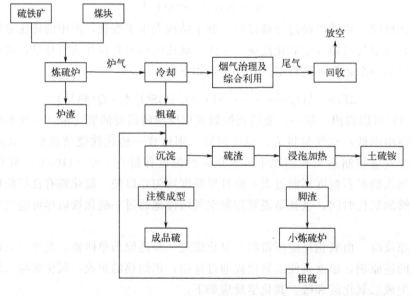

图 9-2　土法炼硫生产工艺流程

9.1.3.3　硫精砂生产工艺

川南地区众多硫精砂厂生产主要采取粗放形式（破碎-冲洗），少部分以重力水选生产硫精矿，销往各地硫酸厂成为硫酸生产的原料。其中，重力水选多以"开路式重选工艺"（跳汰机重选）为主。在湿法选矿过程中，破碎后硫粗砂与杂质沉降速度相当，不易分选而同时废弃，使硫的回收率低下，同时产生大量尾矿，造成资源浪费。硫精砂生产工艺流程见图 9-3，跳汰机重选工艺流程见图 9-4。

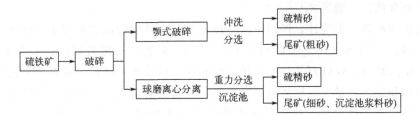

图 9-3 硫精砂生产工艺流程

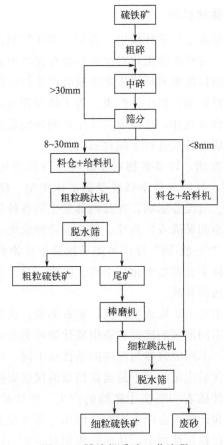

图 9-4 跳汰机重选工艺流程

9.1.3.4 产污分析

土法炼硫过程中主要产生含硫废气和硫渣，硫精砂生产主要产生酸性废水和尾矿废渣。

（1）酸性废水 据统计，每生产 1 吨硫精砂，需硫铁矿石 2.8～3.5 吨，耗水 1.0～5.0 吨，产生 12 吨左右的废水。酸性废水中溶解的成分如铜、铅、铬、镉等会对土壤和农作物造成污染。酸性废水还会使水变色、浑浊，破坏土壤的团粒结构，使土壤板结，污染地下水，导致水土生态环境严重破坏。矿区周围常常形成一定范围的表生地球化学异常。

（2）废气 土法炼硫的废气为烟雾。据统计，四川土法炼硫每年约向大气排放废气 5 亿～6 亿立方米，SO_2 10 万～12 万吨。炼硫废气的主要环境污染物为 SO_2。根据有关部门测定资料，过去多年四川土法炼硫区大气中 SO_2 的浓度大大超过国家规定的环境质量标准，SO_2 污染异常严重，从而在空气中形成酸雨。四川土法炼硫区酸雨频率极高，各地 pH 值虽然不等但均非常低，一般为 3.0～5.2。

（3）尾矿和矿渣　据统计，四川土法炼硫每制取 1 吨硫需硫铁矿石 6～10 吨，有时甚至可达 14～20 吨，产生硫渣 6～10 吨乃至 15～16 吨。每生产 1 吨硫精砂，产生 4～5 吨的尾矿废渣。与生活垃圾、煤矸石等一般固体废物相比，硫铁矿的尾矿渣具有易氧化硫化矿物含量高、有机质和黏土含量少、尾矿粒度小而均匀、有毒有害元素溶出率高等特点。矿渣中的可溶性成分被地表水体浸出，由于其中大部分属于含硫成分，因此水体会变黄，呈酸性水质，水体底部沉积有 10～20cm 的黄色沉积物，而且伴有刺激性气味产生。

9.1.3.5　硫铁矿渣重金属释放机理

硫铁矿渣中的硫化矿物暴露于自然环境中，在空气及生物氧化等风化作用下，易产生含有高浓度重金属的酸性废水，这些酸性废水对生态环境存在严重的威胁，已经成为世界环境安全领域研究的焦点之一。酸性废水对环境生态系统会产生持续的影响，即使在关闭了几十年甚至上百年的矿山里，这种影响仍然十分严重。为了研究和揭示硫化矿物废渣及尾矿中的氧化作用和酸性废水重金属释放规律，评价废渣及尾矿的环境危害性，很多学者对废渣及尾矿原生矿物和次生矿物的组成与特征进行了细致的研究。

（1）释放机理介绍　一方面，许多矿物对于环境条件的变化是非常敏感的，特别是温度、湿度、pH 值、E_h 值等，其物理化学特征受到矿床类型、硫化物含量、矿石品位、缓冲容量、降水量、区域气候、气温等影响，在其内部发生的各种复杂反应都是在一定条件下进行的；另一方面，对于微小的矿渣或矿石等，其化学特性取决于组成、结构和特有的微观形貌。同时，在矿渣表面的"气-液-固"反应可能导致原生矿物分解、转变，使得新的矿物生成。矿渣和尾矿在表生条件下会发生氧化、中和、吸附、离子交换等作用，这些作用都会影响酸性废水的产生和重金属的释放。

废渣中的原生矿物组成主要由矿床地质特征、矿石类型、成矿环境决定，也与矿物加工过程的工艺和添加剂有关。不同地区的硫铁矿渣中硫化物种类和组成都不太相同，其中非金属矿物的种类和组成也各异，不同成分参与反应的活性也不同。尾矿中酸性废水的产生和重金属的释放由碳酸盐矿物的含量决定，而不是通常想象的仅仅取决于硫化物的含量。

在矿物质氧化过程中，伴随着一些次生矿物的产生。酸性矿山废水中的沉淀物黄钾铁矾、铁矿等对重金属的滞留和迁移也会产生影响。例如，部分重金属元素如 Cd、Zn、As 等可以通过共沉淀和吸附隐藏在铁沉淀物中，从而形成相对稳定的状态；同时，难溶沉淀物在矿渣表面包裹，阻碍了废渣及尾矿的风化进程，阻止了重金属的迁移和对环境的释放，可以暂时地防止环境污染。次生矿物对原生矿物的包覆和胶结作用降低了尾矿的孔隙率，从而阻碍水的渗透和大气中氧的进入，减缓了尾矿的风化过程。但当缓冲矿物质耗尽，包裹沉淀物溶解，会使被包裹的重金属元素释放进入环境，从而重新形成污染。

总体来说，矿渣及尾矿中硫化物的种类和含量，可以中和酸的矿物种类和含量，尾矿的粒度和孔隙度以及比表面积，甚至该地区降雨量和蒸发量、年平均气温、有机物种类和含量都会影响尾矿中各种复杂反应的速度和进程，从而影响酸性废水的产生和重金属释放对环境的危害程度。

（2）微生物氧化机理介绍　研究发现，除了空气的氧化作用外，在含有硫化矿物的环境特别是酸性的含硫废水流经的水坑及一些水流较缓的区域中常常存在一些微生物，这些微生物对废渣的氧化过程也起到了重要的作用。比较常见的是硫杆菌，特别是氧化亚铁硫杆菌和氧化硫硫杆菌，其广泛分布在土壤、淡水、海水、矿泥、酸性矿水、矿泉及其他含硫丰富的地方，比较集中分布在各种金属硫化矿物的矿坑水区域。

微生物对矿物质的作用分为直接作用和间接作用两种方式。微生物对矿渣的直接作用是指在浸出过程中，细菌吸附于矿物质表面，通过蛋白质分泌物或其他代谢产物直接将矿渣内硫化矿物氧化分解的作用。硫化矿物被氧化分解为金属离子和硫，细菌再进一步将硫氧化为硫酸。微生物的间接作用是指微生物存在于浸出体系溶液中，将矿渣内硫化矿物氧化过程中产生的 Fe^{2+} 氧化成 Fe^{3+}，具有强氧化性的 Fe^{3+} 再对其他物质进一步氧化，其他矿物质氧化析出其他有价金属（包括重金属离子），Fe^{3+} 被还原为 Fe^{2+}，Fe^{2+} 又被微生物催化氧化为 Fe^{3+}，而生成的单质硫在氧存在的条件下通过各种途径被氧化成硫酸，在这一过程中同时还包括对硫代硫酸盐和连多硫酸盐中硫的氧化，反应不断循环进行。可以看出，微生物的主要作用在于对矿渣中重金属浸出的加速、催化作用。

9.1.4 详细调查与风险评估的内容及结论

为摸清项目区域污染现状，结合《农田土壤环境质量监测技术规范》（NY/T 395—2012）、《农用地土壤污染状况详查点位布设技术规定》（环办土壤函〔2017〕1021 号）、《工业固体废物采样制样技术规范》（HJ/T 20—1998）、《污水监测技术规范》（HJ 91.1—2019）、《地表水环境质量监测技术规范》（HJ 91.2—2022）、《地下水环境监测技术规范》（HJ 164—2020）等技术规范要求，针对工作区域周边及下游农用地土壤、农产品、农用投入品（肥料）、大气沉降、地表水/废水及底泥、地下水以及渣场遗留固体废物等进行采样检测分析，并在此基础上参考《土壤环境质量 农用地土壤污染风险管控标准（试行）》（GB 15618—2018）、《食品安全国家标准 食品中污染物限量》（GB 2762—2017）、《地表水环境质量标准》（GB 3838—2002）、《地下水质量标准》（GB/T 14848—2017）、《危险废物鉴别标准 浸出毒性鉴别》（GB 5085.3—2007）、《一般工业固体废物贮存和填埋污染控制标准》（GB 18599—2020）等技术标准综合评价项目区域环境受污染情况，结论如下。

（1）详细调查结论

① 共采集 91 件废渣样品，检测结果根据《危险废物鉴别技术规范》（HJ 298—2019）和《一般工业固体废物贮存和填埋污染控制标准》（GB 18599—2020）进行判断，该废渣属于第 Ⅱ 类一般工业固体废物。

② 根据农用地土壤重金属含量现状值、单因子指数分析结果，镉是调查区域最主要的污染因子，51 个土壤点位的镉含量均超过了《土壤环境质量 农用地土壤污染风险管控标准（试行）》（GB 15618—2018）风险筛选值，超标率为 100%，其中 21 个点位超过了风险管制值。土壤次要污染物是铜、镍、铬，主要表现为超标点位多但超标倍数不高；铅、锌、砷、汞均未超过风险筛选值。

③ 对 50 件农产品样品进行统计分析、评价，其中 15 件样品超过《食品安全国家标准 食品中污染物限量》（GB 2762—2017）中相关标准限值，超标率为 30%。全部样品中超标最多的为重金属镉，超标 14 件，超标率为 28%，超标农产品主要为玉米、花生；铬超标样品 4 件，超标率为 8%，超标农产品种类为花生；铅超标样品 1 件，超标率为 2%，超标农产品种类为花生。

（2）风险评估结论

① 本次调查的废渣属于 Ⅱ 类一般工业固体废物，对应的贮存场、处置场为 Ⅱ 类场。参照

《一般工业固体废物贮存和填埋污染控制标准》（GB 18599—2020）中场址的选择，贮存场、填埋场的设计，贮存场、填埋场的运行管理，关闭与封场等要求逐条进行风险评估，黄家沟渣场均不满足上述要求。目前渣体无任何环保措施，废渣随意露天堆放于河道内，多条地表径流汇入渣场，携带大量的废渣和渗滤液扩散到周边和下游，并最终进入地下暗河，对区域地下水质量、周边环境以及人体健康产生了严重的威胁，环境风险大，需采取相应风险管控的相关措施。

② 按照《农用地土壤环境质量类别划分技术指南》（环办土壤函〔2019〕53 号）等技术文件将周边及下游 398.6 亩农用地划分为优先保护类、安全利用类和严格管控类。其中优先保护类 49.5 亩，安全利用类 308 亩，严格管控类 41.1 亩。

9.1.5　风险管控与治理修复方案设计

整体设计方案为污染源（渣场）风险管控（削坡平整＋顶部防渗＋垂直防渗及截洪沟＋生态恢复）＋农用地治理＋综合利用。

9.1.5.1　渣场风险管控与治理修复方案设计

黄家沟硫铁矿渣场主要包括新塘村和大团结村，共计 403.4 亩，渣量约 188.1 万立方米。主要采取"污染源（渣场）风险管控＋综合利用"的修复技术模式，项目工程内容主要包括主体工程和配套工程两部分，工艺流程如图 9-5 所示。

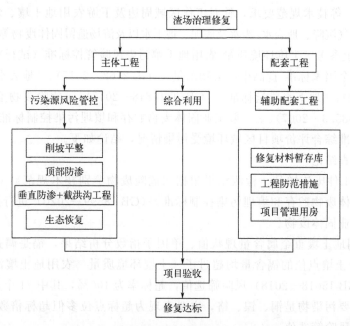

图 9-5　渣场风险管控与治理修复工艺流程

① 削坡平整。主要包括支流河道底泥清淤和渣场整体的平整。

② 顶部防渗。为防止废渣直接暴露和雨水渗入堆体内，封场时表面应覆盖两层。第一层为阻隔层，防止雨水渗入固体废物堆体内；第二层为种植层，在阻隔层上覆盖耕植土，以利于植物生长。防渗结构见图 9-6。

③ 垂直防渗＋截洪沟工程。为防止雨水径流进入废渣处置场内，避免渗滤液量增加和滑坡，应在废渣处置场周边设置截洪沟。由于黄家沟桥梁下游左侧基岩陡立，崖脚无法建设

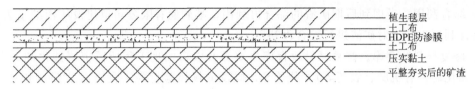

图 9-6 硫铁矿渣场顶部防渗结构图

截洪沟，故该段采用单边截洪沟。结合后期综合利用时间（上游利用时间早，下游利用时间晚）、经济性与耐久性，Ⅰ区～Ⅳ区桥梁处两侧采用夯实土沟，上层采用浆砌砖，Ⅳ区桥梁处～Ⅴ区右侧采用钢筋混凝土沟。中间采用涵管相连。平面布置见图 9-7。

图 9-7 截洪沟平面布置

④ 生态恢复。在封场顶部覆土，选择当地生长状况良好的植物节节草和芒草为植被覆盖区主要复绿植物（图 9-8）。

(a) 芒草   (b) 节节草

图 9-8 选用的生态复绿植物

⑤ 综合利用。考虑到后期矿渣的综合再利用，某矿业有限公司拟建设年消纳量为 80 万吨的综合利用生产线对矿渣进行综合再利用。

⑥ 修复材料暂存库。修复材料暂存库主要涉及农田治理工程所需土壤钝化剂、农资投入品（如化肥、有机肥、农药等）、种子等，以及渣场风险管控工程所需砂石、水泥、土工布、HDPE 膜、草籽等物资的临时存放。

⑦ 工程防范措施。工程防范措施主要涉及标识标牌，标牌用于展示项目区概况，便于项目区管理，防止人为破坏，防止施工对周边农用地造成影响。

⑧ 项目管理用房。租赁满足项目管理办公所需的临时房屋。

9.1.5.2 农用地治理修复方案设计

根据黄家沟项目区土壤污染程度、污染类型等，并结合详查及风险评估报告，将项目区需要治理的农用地分为安全利用类和严格管控类两大类。在明确修复技术的基础上，根据污染区具体的农业种植模式、主要污染物，确定具体的技术模式。为满足工作的可操作性，按照尊重种植习惯原则和就高不就低原则进行技术布局。

① 尊重种植习惯原则是指选择修复技术和种植作物类型时，需要尽量按照现有的种植结构和种植模式进行。

② 就高不就低原则是指相邻的两个地块污染程度不同，则将两个地块统一按照污染程度高地块的修复技术进行修复。

前期对硫精砂、硫铁矿生产缺乏有效监管导致尾矿渣露天堆放于黄家沟河道中。矿渣在长期堆放的过程中经历了淋溶、风化作用，尾矿中有害重金属和可溶性盐活性增强，部分被溶解并随降水进入水体、土壤，或通过地表径流进入周边环境，对周边水体、土壤造成污染。为提高经济作物的产量和品质，针对安全利用类农用地，治理修复主要采取"低积累品种替代＋化学钝化＋农艺调控措施（水肥管理、叶面阻控等手段以及农药施用管理）"联合修复技术；针对严格管控类农用地，主要采取"种植结构调整"的修复技术模式。项目工程内容主要包括主体工程和配套工程两部分，工艺流程如图 9-9 所示。

（1）安全利用类 安全利用类农用地采用"低积累品种替代＋化学钝化＋农艺调控措施"联合修复技术，主要采取土壤钝化、低积累作物替换种植、施肥管理等一系列集成措施对土壤进行治理与修复，以使土壤中有效态镉含量和农产品超标率降低，最终达到修复目标（图 9-10）。

（2）严格管控类 严格管控类农用地采取"种植结构调整"的修复技术模式。在严格管控类农用地区域，种植经济作物桑树，待项目结束后，可根据土壤质量状况确定后续利用方式。

（3）配套工程

① 材料暂存库。租用当地农户已建成的仓库用于堆放工程物资。

② 项目管理用房。租赁满足项目管理办公所需的临时房屋。

③ 工程防范措施。工程防范措施主要涉及标识标牌，标牌用于展示项目区概况，便于项目区管理，防止人为破坏。

9.1.6 预期效果

基于上述综合治理措施，黄家沟渣场治理修复总体目标是：地表水体达到地表水水环境

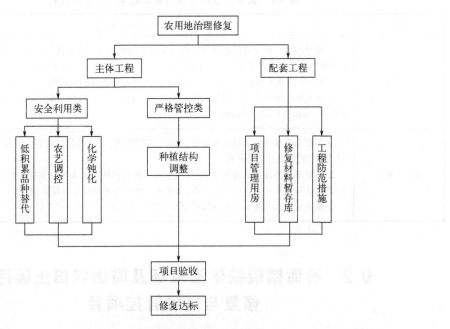

图 9-9 农用地治理修复工艺流程

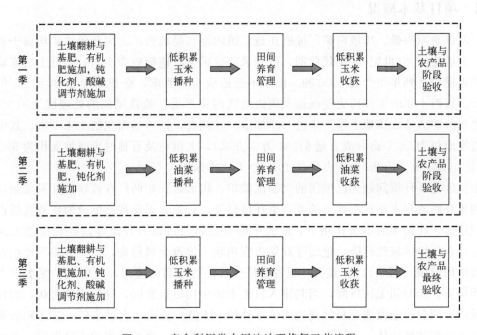

图 9-10 安全利用类农用地治理修复工艺流程

质量标准Ⅲ类水标准；渣堆场下游地下水监测 Cd 等重金属指标达到地下水水环境质量Ⅲ类水标准；清挖转运各支流及落水洞处受污染底泥（矿渣）至渣堆场集中处理，保证各支流及落水洞与下游水体达到地表水水环境质量标准Ⅲ类水标准；积极引荐硫铁矿矿渣综合利用企业入驻，兴文县黄家沟渣场综合利用效率最终达到 100%。

兴文县黄家沟渣场及周边农田污染土壤治理目标见表 9-1。

表 9-1　黄家沟渣场及周边农田污染土壤治理目标

项目	治理目标
农用地	① 修复治理工程完成后连续 2 年内要求每季治理效果等级达到合格水平,其中农产品中目标污染物单因子污染指数算术平均值<1 或与 1 差异不显著且农产品样本超标率≤10%,同时种植结构未发生改变的治理区域农产品单位产量与治理前同等条件对照相比减产幅度应≤10% ② 农用地土壤中重金属有效态含量降低 25% 以上,严格管控类农用地采用非食用性经济作物种植模式,确保农户的经济收益
硫铁矿矿渣	① 按照Ⅱ类堆场要求规范化封场,落实"三防"措施;完成清挖转运各支流及落水洞处受污染底泥(矿渣)至渣堆场并集中处理 ② 渣堆场下游地下水监测井 Cd 等重金属指标达到地下水水环境质量Ⅲ类水标准 ③ 引进硫铁矿矿渣综合利用企业,黄家沟渣场综合利用效率最终达到 100% ④ 地表水体达到地表水水环境质量标准Ⅲ类水标准

9.2　石海镇硫铁矿渣堆场及周边农田土壤污染修复与风险管控项目

9.2.1　项目基本概况

石海镇是原兴晏、川堰两矿厂址所在地。镇内原兴晏硫铁矿、川堰硫铁矿均属于县国有企业,先后建于 20 世纪 50 年代后期,以开采硫铁矿生产硫精砂为主,后进行土法炼硫,最大生产规模均达到年生产硫 5000 吨。由于不能适应市场要求,企业均于 20 世纪 90 年代后期破产。近四十年的生产历史使该地及周边地区污染严重,硫铁尾矿的处理成为一大难题,随意堆积的矿渣造成该地土壤污染进一步加重。经调查,该渣场面积约 174.1 亩,其中大雪村废渣堆面积为 74.7 亩(渣方量 61.31 万立方米),大旗村及石林村废渣堆面积为 99.36 亩(渣方量 46.31 万立方米),渣方量共 107.62 万立方米。

项目区主要环境问题为已倒闭的兴晏硫铁矿、川堰硫铁矿两厂在硫铁矿开采炼制过程中产生的废弃矿渣侵占耕地所导致的复合型环境污染。首先,无序裸露堆放的矿渣直接占用了大面积耕地,在雨水的淋溶作用下,矿渣中的重金属通过地表径流等途径直接进入区域水体,造成水环境区域性污染,进而导致周边农用地土壤重金属污染,严重影响当地粮食生产安全及居民健康(图 9-11)。其次,制备硫精砂时浮选药剂的使用,使得选矿废水中含有大量悬浮物质,长时间无法沉降,当其排入自然水体中用以农灌时,导致土质恶化,农作物大幅度减产,同时也会改变项目区周边天然水体的 pH 值。再次,大量采矿、洗选和冶炼产生的弃渣无序堆积成山体,对该区地形地貌造成严重的改变,尾矿渣堆的无序堆放一方面破坏了当地自然景观,另一方面渣堆土质疏松,遇集中降水容易引发泥石流、滑坡等地质灾害,给当地居民的正常生活和企业生产带来较大的安全隐患。最后,项目所在区域地质活动(地震)频繁,地震可能导致项目区内堆放的矿渣塌陷移位、地表水地下水径流改变,污染源与迁移过程都随之改变,使项目区环境情况变得更加复杂;同时渣堆连带山体滑坡的风险也随之升高,一旦发生滑坡等灾害,势必对周围居民的正常生活和生命财产造成严重的危害。

(a) 露天堆放的废渣　　　　　　　　(b) 渣堆产生的浸出液汇入地表径流

图 9-11　石海镇硫铁矿渣堆场

9.2.2　污染识别

9.2.2.1　土壤污染成因分析

土壤中重金属的来源主要分为两方面：一是成土母质，不同母质、成土过程所形成的土壤，其重金属含量差异明显；二是外源污染，如工业生产、污水灌溉、化肥过量施用及废渣堆等。本节针对项目所在区域的环境特征，初步分析和识别区域的潜在外源污染及污染物。

（1）地形地貌　调查区域位于四川省境内的南部地区，该地区硫铁矿及煤炭资源丰富，同时还有铜、铁、铅、银及其他稀有金属矿，其硫铁矿、煤炭开采利用从 20 世纪 50 年代开始至今已有 70 年之久。该区域地质构造复杂，特别是碳酸盐岩分布十分广泛，三叠系、二叠系、奥陶系地层皆有大量出露，而且其结构、成分各不相同，这既是区域喀斯特发育的基础，也是形成各地不同喀斯特景观特色的主要因素。

（2）地表水（灌溉水）　调查区域内地表水主要来自矿坑涌水、盲洞和降雨。根据前期调查了解，大雪村的废渣堆场位于和平村上游地势较高处，且渣堆未做覆盖、围挡，每逢降雨，废渣及淋溶水被冲刷进沙坝沟，顺流而下污染下游和平村低处农用地，高处农用地则通过污水灌溉而受影响。

大旗村废渣堆沿木浪河堆积，含有重金属的淋溶水及地表径流未经收集处理直接进入环境水体，导致水体颜色的表观变化，又通过灌溉等途径迁移到附近农用地土壤中，也可以随河水渗入岸边土壤，从而在土壤中积累，受污染的土壤亦随雨水冲刷发生水平迁移进入河流，造成底泥中重金属累积，最终形成互相影响的态势。

本次调查将采集各区域的主要地表水进行分析，了解各区域地表水的水质变化情况。

（3）固体废物　固体废物种类繁多，成分复杂，其中工业和矿业固体废物污染最为严重。金属矿山的开采、冶炼和矿渣堆放等产生的固体废物随着矿山排水和降雨被带入水环境或直接进入土壤，直接或间接地造成土壤重金属污染。

煤矸石是一种在煤形成过程中与煤伴生、共生的坚硬岩石，是煤炭开采、洗选加工过程中产生的固体废物，包括岩巷及煤巷掘进中排出的矸石。煤生产中的手选矸石和洗煤厂排出的矸石，是多种矿岩组分的混合物，也是调查区域主要的污染物之一。而硫铁矿尾矿具有易氧化的硫化矿物含量高、有机质和黏土含量少、尾矿粒度小而均匀、有毒有害元素溶出率高等特点。硫铁矿及其矿渣大部分微量有害元素都有着极强的化学活性。尾矿和矿渣引起的生态效应和毒理效应都具有明显的滞后性，其潜在的危害和威胁远比表观影响严重得多。

在石海镇长期的开采过程中,产生的煤矸石及尾矿、矿渣等废渣露天堆放以及富含重金属的废渣堆,是比较大的、复合型的污染源。由于堆体所处位置较高,呈辐射状、漏斗状向周边土壤扩散,重金属在土壤中的含量和形态分布特征受其在固体废物中释放率的影响,与固体废物堆放位置的距离越远,土壤中重金属的含量越低。一方面,废渣堆占用了大量的农用地;另一方面,废渣呈酸性,在长期堆放的环境中经历了淋溶、风化作用,废渣中有害重金属和可溶性盐活性增强,部分被溶解产生淋溶水,并随降雨形成的地表径流(污染途径)一同流入农用地(污染受体),或被直接冲入农用地,又或使用受污染的地表水灌溉,造成污染物逐渐向周边及深层土壤扩散,特别是处于大雪村废渣堆下游的和平村农用地受影响最严重。大雪村与和平村之间的沙坝沟坡度较陡,而和平村地势相对平坦,每逢暴雨,大雪村大量废渣被冲入沙坝沟,废渣顺流而下在和平村平坦地区堆积侵占农用地,对周边水体、土壤造成污染。受污染的土地或影响农作物的生长,或造成农业减产和产品污染,对当地村民和外卖农产品用户的健康造成损害,同时对项目区域周围人群健康造成威胁。

9.2.2.2 水体中重金属污染迁移途径及机理分析

雨水对废渣堆体的冲刷,使废渣堆体中镉、铬、铜、镍等重金属随着水流迁移,部分降雨汇成地表径流进入木浪河,加之淋溶水等水体进入木浪河后,其颜色在调查区域段呈明显变化趋势,由清澈见底变成乳浊色、红色、深黄色等颜色。木浪河水体沿河污染及颜色变化分析如图9-12所示。

本图彩图

图9-12 木浪河水体沿河污染及颜色变化分析图

(1)酸性矿坑水形成的机理 项目所在地区具有丰富的煤炭及硫铁矿资源,开采结束后深层煤矿中仍含有硫铁矿,其主要组分是硫和铁,此外还含少量有害元素如砷、铅、铬、氟及微量元素。煤系地层中硫铁矿含量较高,开采前地下水处于分层流动状态,在还原条件下,硫铁矿是比较稳定的。煤矿开采一方面使地下水向矿井汇流,形成矿坑水;另一方面使煤系地层中硫铁矿暴露氧化，在其影响范围内，各含水层发生水力联系，经过一系列氧化、水解等反应后形成酸性矿井水。硫和铁主要以 FeS_2 的形式赋存于矿石中，雨水淋洗硫铁矿床后，会发生如下化学反应。

$$2FeS_2 + 7O_2 + 2H_2O \Longrightarrow 2FeSO_4 + 2H_2SO_4 \tag{9-9}$$

只要有水和氧，硫铁矿就会被溶解，生成硫酸亚铁和硫酸，并且还将继续反应，生成硫酸铁。

$$4FeSO_4 + 2H_2SO_4 + O_2 \Longrightarrow 2Fe_2(SO_4)_3 + 2H_2O \tag{9-10}$$

硫酸铁再与其他金属硫化物（如 ZnS）作用，使其溶出。

$$2Fe_2(SO_4)_3 + 2ZnS + 2H_2O + 3O_2 \Longrightarrow 2ZnSO_4 + 4FeSO_4 + 2H_2SO_4 \tag{9-11}$$

故在矿坑道排水中，同时含有 Fe^{2+}、Fe^{3+}、SO_4^{2-}，废水呈酸性。三价铁在遇到大量地下水、地表水或雨水稀释时，随着酸度的降低而被水解，生成黄棕色的氢氧化铁沉淀。

$$Fe_2(SO_4)_3 + 6H_2O \Longrightarrow 2Fe(OH)_3 \downarrow + 3H_2SO_4 \tag{9-12}$$

同时矿坑水在氧化成酸性矿坑水的过程中对含水围岩不断腐蚀，使水中钙、镁离子含量增加，硬度增大；酸性矿坑水不断溶解矿化物造成矿化度升高；在酸度较高的情况下，多数重金属元素在水中以溶解态存在，不足以形成沉淀，而且其浓度随着 pH 值的降低而增大。这些污染物一旦进入水环境，均不能被生物降解，主要通过沉淀-溶解、氧化-还原、配合作用、胶体形成作用、吸附-解吸等一系列物理化学过程进行迁移转化，而这些转化与 pH 值关系密切。

（2）木浪河水体颜色变化成因分析　木浪河废渣堆上游河水清澈见底，水体 pH 呈弱碱性。沿河水体颜色变化及成因如下。

① 浅绿色。木浪河的废渣堆放河段在枯水期呈浅绿色，是由于河水 pH 呈弱酸性，水体中含有丰富的 Fe^{2+}，Fe^{2+} 在水中呈浅绿色。

② 乳浊色。硫渣尾矿堆存于木浪河边，经日晒雨淋，发生类似酸性矿坑水的反应。硫渣含较多的 Al_2O_3，在 pH 为 2～3 左右时，会发生如下反应：

$$Al_2O_3 + 3H_2SO_4 \Longrightarrow Al_2(SO_4)_3 + 3H_2O \tag{9-13}$$

废水进入地表径流后又会发生如下反应：

$$Al^{3+} + 3H_2O \Longrightarrow Al(OH)_3 \downarrow + 3H^+ \tag{9-14}$$

水体中产生的乳浊状沉淀物是乳浊色形成的原因。

③ 红色。红色是酸性矿坑水中 Fe^{3+} 浓度过高所致。从监测结果可知，地下涌水中 Fe^{3+} 浓度高达 2732mg/L。

④ 深黄色。三价铁在遇到大量地下水、地表水或雨水稀释时，随着酸度的降低而被水解，生成黄棕色的氢氧化铁沉淀。地下涌水汇入木浪河后，水体呈酸性（pH 为 4.0），三价铁离子在 pH 值为 4 时，会发生水解反应，生成红褐黄色的氢氧化铁絮状沉淀，导致水体呈现浑浊状深黄色。

主要的化学方程式如下：

$$Fe^{3+} + 3H_2O \longrightarrow Fe(OH)_3 \downarrow + 3H^+ \tag{9-15}$$

$$Fe^{2+} + 2H_2O \Longrightarrow Fe(OH)_2 + 2H^+ \tag{9-16}$$

$$4Fe(OH)_2 + 2H_2O + O_2 \Longrightarrow 4Fe(OH)_3 \downarrow \tag{9-17}$$

⑤ 浅黄色。随着一部分 Fe^{3+} 水解生成氢氧化铁沉积于河床，水中的溶解性 Fe^{3+} 逐渐减少，水的颜色变浅，水体呈浅黄色。

9.2.3 详细调查与风险评估的内容及结论

为摸清项目区域污染现状，项目组结合相关技术规范，针对工作区域周边及下游农用地土壤、地表水及底泥、地下水及淋溶水以及渣体遗留固废等进行采样检测分析，并在此基础上参考相应评价标准综合评价项目区域环境受污染情况，结论如下。

（1）详细调查结论

① 调查共采集 32 件废渣样品，废渣浸出液重金属含量均未超过《危险废物鉴别标准　浸出毒性鉴别》（GB 5085.3—2007）及《污水综合排放标准》（GB 8978—1996）中相关标准限值，按照《一般工业固体废物贮存和填埋污染控制标准》（GB 18599—2020）标准定义，该废渣属于第Ⅱ类一般工业固体废物。

② 根据农用地土壤重金属含量现状值、单因子指数分析结果，镉是调查区域最主要的污染因子，在所布设的 78 个采样点中，有 74 个点位的镉含量超过了《土壤环境质量　农用地土壤污染风险管控标准（试行）》（GB 15618—2018）风险筛选值，超标率 94.9%，19 个点位超过了风险管制值。镉是最主要的污染物，其中和平村镉超标率为 100%；铜、镍、铬是土壤次要污染物，主要表现为超标点位多但超标倍数不高；铅、锌则在个别土壤点位存在超标情况；砷、汞均未超过风险筛选值。

③ 本次调查共采集 12 件地表水样品和 12 件底泥样品，地表水样品 pH 值，氟化物、硫酸盐、铁、锰、镍的含量超过了《地表水环境质量标准》（GB 3838—2002）中Ⅳ类标准限值；根据《土壤环境质量 农用地土壤污染风险管控标准（试行）》（GB 15618—2018）中的标准限值，12 件底泥样品的铜全部超标，7 件底泥样品的镉存在超标，4 件底泥样品的铬存在超标，其他重金属含量均能满足相关标准要求。

④ 参考《地下水质量标准》（GB/T 14848—2017）Ⅲ类标准限值，区域地下涌水中 pH 值、总硬度、氟化物、硫酸盐、铁、锰、镉、镍超标严重，铁最大超标 9104 倍；淋溶水同样存在酸度低，硫酸盐及铁、锰、镉等金属含量高的特点。

（2）风险评估结论

① 本次调查的废渣属于Ⅱ类一般工业固体废物，对应的贮存场、填埋场为Ⅱ类场。参照《一般工业固体废物贮存和填埋污染控制标准》（GB 18599—2020）中场址的选择，贮存场、填埋场的设计，贮存场、填埋场的运行管理，关闭与封场等要求逐条进行风险评估，该废渣堆场均不满足上述要求，需采取相应风险管控的相关措施。

② 需进行治理的废渣堆场面积约 174.1 亩（其中大雪村 74.7 亩，大旗村 99.36 亩）。

③ 安全利用类农用地 336 亩（和平村 56 亩，大旗村、石林村共 280 亩），严格管控类农用地 80 亩。

9.2.4 风险管控与治理修复方案设计

整体设计方案为污染源（渣场）风险管控（削坡平整＋顶部防渗＋垂直防渗及截排水沟＋生态修复）＋农用地治理。由于石海镇硫铁矿渣堆场覆盖区域面积较大，故将该风险管控方案依据渣堆所处位置分为"大雪村渣堆场治理方案"和"大旗村渣堆场治理方案"分别阐述。

9.2.4.1 大雪村渣堆场综合管控治理技术筛选

① 方案一：因地制宜综合治理＋生态修复方案。项目区大雪村场址主要为原某矿业公

司遗留渣场，场内分布大量散点硫铁矿/煤矸石渣堆，矿渣堆体中的硫废渣富含重金属，由于堆体所处位置较高，呈辐射状、漏斗状向周边土壤扩散，重金属在土壤中的含量和形态分布特征受其在固体废物中释放率的影响，与固体废物堆放地的距离越远，土壤中重金属的含量越低。矿渣呈酸性，镉、铬、锌等重金属在酸性土壤、固废中易通过雨水淋溶、地表径流冲刷，逐渐向周边及深层土壤扩散。由此，针对大雪村存在的环境问题，拟推荐方案为"因地制宜综合治理＋生态修复方案"，以减缓对周边环境的污染，降低环境风险，使其由污染型渣场转变为污染衰减型渣场，消除溶淋水随地表径流扩散带来的环境污染问题。

该方案的工程量及投资成本均较低，渣堆修整规模较小，同时可有效降低土壤重金属污染风险，并提升项目地生态效益，创造景观价值；但修复后仍无法彻底解决源头污染问题，在一定程度上环境风险尚存。

② 方案二：矿渣堆异地综合化处置修复方案。首先对位于大雪村场址内的各渣堆实施挖方卸载，整体转运。由于渣堆方量较大，且呈梯状分级堆置，坡度较大，因此需采用分级清挖方式，自上而下，逐层清运。对于坡度较大的渣堆，于坡面处修建马道卸载平台，提高渣堆级数，保障施工有效进行。对于挖方清出的煤矸石及硫废渣，开创一条上下游衔接的矿渣产业链，可用质量好的煤矸石生产高岭土等非金属矿物或生产瓷质砖；利用质量较好的硫废渣回收生产硫，或生产陶瓷；用质量稍差的煤矸石烧制墙体砖；余下的残渣用来制造水泥，生产免烧新型墙体材料或制造土壤改良剂，再用剩余的残渣复垦塌陷地；暂时无法利用的煤矸石及硫废渣堆体可采取生物工程治理措施进行绿化，营造出优美的矿区环境。通过这样一条产业链，煤矸石及硫废渣的资源价值得以最大限度的利用，避免了单纯利用原生煤矸石和硫废渣可能带来的二次污染风险。

该方案实施后可彻底清除污染源，防止土壤及地下水次生污染；但是修复工程量巨大，周期长，修复成本高昂，且易破坏场址原生地貌，带来次生地质灾害隐患。

上述两个方案比较详见表 9-2。

表 9-2　大雪村渣堆场综合治理修复方案比选

序号	方案相关因素	方案一 （因地制宜综合治理＋生态修复方案）	方案二 （矿渣堆异地综合化处置修复方案）
1	投资	较低	高
2	用地	不需新征地	需新征地
3	环境效益	环境正效益，降低环境污染，带来生态景观旅游价值	环境正效益，彻底消除环境污染
4	安全及风险	环境风险尚存	彻底消除环境风险
5	工程实施难易	一般	一般
6	工程实施周期	约 1 年	约 15 年
	结论	推荐	不推荐

综合技术、经济、环境效益等因素，结合项目区实际情况，最终确定方案一作为大雪村渣堆场综合治理修复推荐方案。

9.2.4.2　大旗村废弃矿渣堆场综合管控治理技术筛选

① 方案一：垂直防渗＋封场治理＋生态植被覆盖。本工程场址内，由于 2# 高坡矿渣堆紧邻河道，位于一级阶地上，与《一般工业固体废物贮存和填埋污染控制标准》（GB 18599—

2020）的选址要求不符，且堆场年代久远，场底无防渗措施，渣堆底有一矿井口，矿涌废水直接浸入渣堆，渗滤水直排入旁边的木浪河。因此，本方案针对大旗村存在典型突出污染问题的2#渣堆实施"垂直防渗治理＋封场"方案，即对2#渣堆修建垂直防渗阻隔墙，同时对整个渣场进行封场处理，减少淋溶水的产生，减缓对毗邻河道水体和周边土壤的污染。设计采用"上墙下幕"综合防渗方案，即上部覆盖层采用塑性混凝土防渗墙，渣堆坡脚为帷幕灌浆。本工程的主要污染物是硫渣堆带来的渗滤液，具有强酸性和腐蚀性。在现有的垂直阻隔技术中，柔性垂直屏障技术具有卓越的抗化学侵蚀性能，能够承受污染物（包括地下水）的长期侵蚀、酸腐蚀和渗透，防渗性能优良。本方案实施程序具体如下：在矿渣堆坡脚毗邻河道段设置垂直防渗系统一道，即初期坡脚毗邻河道段防渗采用"柔性垂直膨润土复合防渗墙＋帷幕灌浆"形式。整体防渗的深度至基岩相对不透水层以下2m，防渗墙底部灌注不小于1m的防绕渗密封剂，工程采用开槽工艺进行施工。同时对整个渣堆顶部进行封场处理，覆盖塑性混凝土作为防渗墙。

对2#渣堆实施"垂直防渗治理＋封场"方案后，同"异地处置"方案对1#、3#、4#、5#渣场采用"理化性质调理＋植被生态恢复"模式。后期派专人采取必要的浇水、施肥、病虫害防治、苗木支护、补植等养护管理措施，使其平稳过渡到自然发育阶段。

该方案无须选择新址便可解决堆场的污染问题，但垂直防渗幕墙投资较大，同时无法彻底清除矿涌废水污染源，修复后仍存在潜在污染风险。

②方案二：原址异位处置＋生态植被覆盖。根据场址环境调查结果及风险评估结果分析可知，项目区大旗村场址存在的主要环境问题为：矿渣堆向周边土壤扩散迁移；表层矿渣污染土向深层土壤迁移；矿渣污染随雨水淋溶向地表水体迁移。由此可知堆积于大旗村场址内的大量渣体是导致水土环境长期污染的首要因素。通过前期资料收集及现场踏勘确定大旗村存在大小硫废渣、煤矸石渣堆，其中问题最大的为2#渣场，矿渣堆中的硫废渣富含重金属，且渣堆所处位置较高，矿渣呈酸性，镉、铬、锌、镍等重金属在酸性固废中易淋溶，并在降雨作用下迁移到周边地表水体及土壤中。此外，该堆体底端存在两处涌水口，长期向毗邻河道（木浪河）排放矿涌废水，采样调查结果显示，涌水呈现明显酸性，各污染物指标中氟化物、硫酸盐、铁、锰、镉、镍均超标，涌水口河道下游点位水质检测结果显示，下游水质酸度较高，铁、锰、镍含量均超过地表水环境质量Ⅲ类标准。此外，该渣堆至今尚未采取任何工程整治措施，加上项目区频发地震地质灾害，存在边坡滑移坍塌危险。但该废渣堆下伏地层基岩总体较稳定。

综上，为防止2#堆场废渣迁移及矿涌废水带来的周边土壤环境风险，保护下游河道水质安全，以"整体部署，重点整治"为原则，基于"该疏则疏、该堵则堵、防管治结合"的技术思路，结合场内1#矿渣面大坡平、基岩稳定、地下迁移性小的特点，特别是兼顾1#渣体后期综合治理等实际情况，本项目拟采取"原址异位处置"方案，即对2#渣堆进行一期工程整治，将废渣整体异地转移到1#渣场上，并以省市国土资源部门对项目区环境综合整治的决策为导向，对1#、3#、4#、5#堆体开展二期生态修复。具体思路如下。

首先对1#渣场内原有不规范的挡墙增加防渗措施，并根据2#渣堆方量新建、补建防渗挡墙。然后采用逐段方式进行挖方，装载机配合及人工配合平整，挖方后对2#堆场底部进行推平，必要时进行精平。在取土回填至1#渣体的同时，需进一步提高该废渣堆边坡的稳定性，保证满足《建筑边坡工程技术规范》（GB 50330—2013）对二级边坡的稳定性要求。

同时需进行矿渣体表面处理，抑制水体下渗。

对拟治理工程区 2# 渣堆，在一期挖方卸载后，为防止该区域水土流失、边坡滑移坍塌、雨水边坡冲蚀造成再次污染等问题，在综合考虑上述已有的清坡削方工程措施的基础上，按照因地制宜、经济适用的原则，对 2# 渣堆实施二期坡面防护。其中，土质边坡一般采用植草方案，岩质边坡采用种植爬藤类植物方案，平缓地带采用植草＋植树方案。此外，在边坡基底修建截排水工程，通过设置截（排）水沟（渠）等工程设施将地表雨水拦截后引排至木浪河河道。考虑到边坡整治后潜在的边坡失稳、雨水浸淋等问题，同时为保证河道水质长期稳定达标，在下游设置监测点位，组织加强常规指标长期监测，必要时采取应急措施，以防止工程整治过程中及后期突发水质安全等问题。

2# 堆体二期工程实施后，在位于 2# 渣堆沿河道原有的堆石挡墙上，采用浆砌石砌筑临时挡墙进行转运过程中的临时防护，同时新建集排水系统防治雨水浸淋。对裸露出的矿涌废水在工程削方后引排至截（排）水沟（渠）；对 1#、3#、4#、5# 渣场及 2# 废渣堆底部挖方平台采用调理＋防渗＋植被生态恢复模式。对 2# 渣堆边坡面采用藤本植物复绿技术，由于矿山废渣堆场生态系统脆弱，植被重建后必须加强养护与管理，主要措施包括浇水、施肥、病虫害防治、苗木支护、补植等，建植初期指定专人负责养护和管理，以逐渐过渡到免养护的自然发展阶段。

该方案实施后可有效防范矿渣浸淋液及矿涌废水对河道水体的污染，保障下游用水安全，但由于全部尾矿渣并未彻底转移离场，故在一定程度上环境风险尚存。该工程投资费用不高。

③ 方案三：清污分流＋一体化污水处理＋生态植被覆盖。由于 2# 和 5# 渣堆坡脚处浸水点主要为渣体上游矿井涌水所致，加之项目区位于喀斯特岩溶地区，故对涌井水采取能疏则疏，疏通结合的方式，对渣堆渗滤水进行收集并集中处理。经过现场测量，2# 渣堆浸水点流量约 $231m^3/d$，5# 渣堆浸水点流量约 $40m^3/d$。由于渣堆挡墙未做防渗处理，废水易从挡墙底部渗出，根据现场测算，挡墙底部废水渗出量约为 $40m^3/d$。污水浸出点主要位于木浪河左岸坡脚，为了减少对河水的污染，设计采用清水和污水分流的措施：对于木浪河上游清水，在河水污染段采用梯形渡槽将清水分开；污水主要存在于河床下部，采用暗沟收集的方式。沿村道上游 180m 至下游 150m 段，在河道两侧设置污水收集管道，总长度 330m，然后通过管道收集引入下游 150m 处污水池，经处理达标后重新排入木浪河。全程采用自重引流方式，在污水处理设施场地需要利用已有矿区便道进行硬化处理。植被营养土由适合植物生长的砂壤土、锯屑或稻草、有机肥和复合肥搭配组成。边坡客土所添加的肥料、有机质、纤维含量等要满足植物从播种到覆盖层形成期间的养分需求，需加入一定量的钙镁肥，将土壤 pH 调节至 6～7.5；加入一定量的复合肥、有机质、木纤维、保水剂，以增强土壤的保水保肥功能。由于 1#、3#、4#、5# 渣堆均经过相关部门的土地整理，渣堆表面已经覆土并绿化（当地农户已在 5# 渣堆种上玉米），因此本次管控范围主要针对 2# 渣堆进行覆土、覆植，2# 渣堆面积约 $6801m^2$。喷播草籽为最后一道工序，要注意掌握喷播草种的时机，喷射基材层后的坡面应在基材层自然风干 4～12h 后实施播种较为理想。喷播后及时加盖无纺布。

该方案实施能有效降低尾矿渣堆及矿涌废水对土壤及河道水体的污染风险，但需建设一体化污水处理设施，后期需维护，总体工程量大，投资高。

三个方案的比较详见表 9-3。

表 9-3 大旗村渣堆场综合治理修复方案比选

序号	方案相关因素	方案一 (垂直防渗＋封场治理＋ 生态植被覆盖)	方案二 (原址异位处置＋ 生态植被覆盖)	方案三 (清污分流＋一体化污水处理＋ 生态植被覆盖)
1	投资	高	一般	高
2	用地	不需新征地	不需新征地	不需新征地
3	环境效益	环境正效益,降低环境污染	环境正效益,降低环境污染	环境正效益,降低环境污染
4	安全及风险	环境风险低,但尚存	环境风险低,但尚存	环境风险低,但尚存
5	工程实施难易	难	一般	一般
6	工程实施周期	约 1.5 年	约 1.5 年	约 1.5 年
	结论	不推荐	推荐	不推荐

综合技术、经济、环境效益等因素,结合项目区实际情况,最终确定方案二作为大旗村渣堆场综合治理修复推荐方案。

9.2.4.3 风险管控与治理修复工程概述

项目区域渣场风险管控总体技术路线如图 9-13 所示。

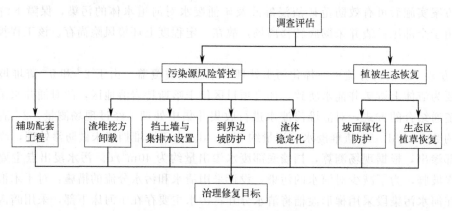

图 9-13 渣场风险管控技术路线图

(1) 大雪村矿渣堆场风险管控工程

① 削坡工程。原渣堆堆积坡度较大,具有垮塌的风险隐患。根据方案设计,削坡渣体按照不大于 1∶1.5 的坡度进行,每级边坡高度不超过 15m。根据现场地形条件,设计 4 级边坡平台,边坡坡度在 33°左右。

② 截排水工程。沿该渣体外围设置截洪沟,截洪沟采用浆砌石结构,C25 混凝土材质。

③ 防渗工程＋覆土绿化。渣堆经安全削坡到设计坡比后,表面压实平整,铺设 1.0mm HDPE 土工膜,上部铺设三维排水网及耕植土层。

④ 边坡支挡及拦渣工程。为避免地表水对渣体边坡坡脚的冲刷,在坡脚沟谷上游位置和边坡下游位置各设置一道挡墙,挡墙基础用 M7.5 浆砌块石,墙体用 M10 浆砌块石,块石应新鲜且不易风化,强度不低于 MU30❶,块石厚度不应小于 200mm,砂浆须饱满;墙面用 M10 砂浆勾凸缝;挡墙每 15m 设一道 30mm 宽的伸缩缝,伸缩缝内嵌浸沥青木板;墙体

---

❶ MU30 即抗压强度标准值为 30MPa。

在高出地面部分应预留泄水孔，泄水孔从内到外设成排水坡，水平和竖直间距为 2m，梅花形布置，孔内预埋 $\Phi110$ 的 PVC 管。

（2）大旗村矿渣堆场风险管控工程

① 防渗挡墙与集排水设置。主要内容如下。

a. 防渗挡墙设置。为保证堆场坡面的稳定性，对堆场原有非规范性挡墙增加防渗措施，并采用工程措施补建、新建浆砌块石防渗挡土墙。同时，在河道沿岸等原来未建有挡墙的部分新建防渗挡墙，在原有挡墙基础上补建防渗挡墙。墙体内设置锚固沟，铺设 1.0mm HDPE 防渗膜对墙体进行防渗处理。

b. 集排水设置。大旗村堆场位于河道边斜坡处，地势为向河道走低，主要的环境风险为雨季地表径流汇聚于此形成淋溶水。强酸性的淋溶水加快了重金属离子的迁移，同时对周边植被生长造成了影响，因此需在渣堆基底到界边界沿线设置集排水系统，对淋溶水和地表径流进行导排。

② 到界边坡防护。对到界边坡主要采取种植藤蔓植物的覆盖方式进行生态防护。

③ 堆场渣体稳定化。主要内容如下。

a. 渣场 pH 调节。渣堆成分均以煤矸石和硫渣为主，为强酸性，易增强镉、铬、铅等重金属元素的流动性，从而增加环境风险。因此在边坡防护工程实施后，主要针对范围内渣堆平台实施 pH 调节以降低重金属迁移污染风险。采用石灰作为矿渣 pH 调节剂，采取人工施撒的方式，施撒完毕后可利用土壤旋耕机使土壤与石灰混合均匀，并喷水养护，以保证 pH 的调节效果。

b. 防渗覆盖系统。为满足雨污分流的要求，在大旗村渣堆转运后对堆场进行边坡修整、防渗膜覆盖（由上至下分别为："土工布-HDPE 膜-土工布-土工复合排水网"），实施终场封场、生态恢复重建。

④ 生态植被恢复工程。在生态植被恢复工程实施前，对项目区大旗村范围内植被覆盖区实施覆土，以满足苗木耕植需要。

9.2.4.4　农用地土壤治理修复方案设计

根据治理与修复技术筛选原则，技术的筛选需要参考项目的总目标、修复周期、自然环境条件、社会经济条件、土壤特征、植被分布特征、农业种植习惯、灌溉方式、适合目标污染物、污染程度、技术成熟度、适合土壤类型、修复成本、修复效率等指标，从技术的原理、缺点、技术关键点等角度对技术进行比选。经过技术筛选，针对项目区安全利用类农用地采用低积累作物＋土壤钝化阻控＋农艺调控联合技术手段修复污染农用地，确保农产品质量安全。针对严格管控类土壤，原则上依据相关规定采取种植结构调整措施。技术路线见图 9-14。

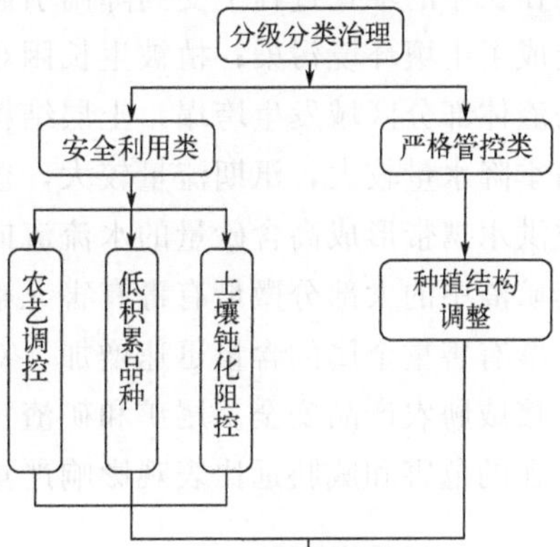

图 9-14　农用地土壤治理修复技术路线

9.2.5　预期效果

根据《工矿用地土壤环境管理办法（试行）》《农用地土壤环境管理办法（试行）》，针对废渣堆主要进行风险管控。大雪村和大旗村的硫铁尾矿及硫渣堆是项目区的主要污染源。项目通过风险管控措施减缓废渣堆对周围水环境、土壤环境、大气环境的污染并创造一定的生态价值。基于上述风险管控措施，石海镇大旗村及大雪村废渣堆场生态环境恢复力求达到的总体目标是：废渣堆场生态环境破坏趋势得到有效控制，植被覆盖区环境质量有明显改善。石海镇历史遗留硫铁矿渣堆污染风险管控项目治理目标见表9-4。

表9-4　石海镇历史遗留硫铁矿渣堆污染风险管控项目治理目标

类型	治理目标
废渣堆场	① 植被覆盖区植被覆盖率≥85％ ② 废渣浸出液点位超标率≤10％
农用地	① 要求每季治理效果等级为合格水平，其中农产品中目标污染物单因子污染指数算术平均值＜1 或与1差异不显著且农产品样本超标率≤10％，同时种植结构未发生改变的治理区域农产品单位产量与治理前同等条件对照相比减产幅度应≤10％ ② 农用地土壤中重金属有效态含量降低25％以上
地表水	渣堆周边及下游地表水环境质量达到《地表水环境质量标准》(GB 3838—2002)中Ⅳ类水体标准
地下水	渣堆地下水(矿井涌水)达到区域《地下水用质量标准》(GB/T 14848—2017)中Ⅳ类水体标准

9.3　仙峰苗族乡新华硫铁矿渣堆场风险管控项目

9.3.1　项目基本概况

仙峰苗族乡新华硫铁矿，总占地面积约146.60亩，堆填方量约85.7万立方米。该矿区最早可追溯到20世纪50年代，1980年前以开采硫铁矿炼硫为主，后又同时生产硫精砂，至2001年5月大部分矿井停止开采及生产。

目前，大量矿渣堆积在新华硫铁矿场矿洞外及厂区下游区域，占用周边大面积良田。渣堆在长年的堆置过程中受到降雨引起的冲刷、淋溶等作用，其中的重金属进入周边土壤中，造成了土壤环境污染；植被生长困难，以杂草为主，不能种植经济作物或树木。同时，现渣场渣体部分区域发生垮塌，土层结构更加松散，造成场地废渣坡度大，塌陷区较多；兴文县雨季降水量较大，汛期流量较大，极易引起次生灾害发生，一旦发生松动崩塌后，大量矿渣被洪水携带形成高含砂量的水流流向下游，将严重危害下游的农田和村寨。另外，硫铁矿及其矿渣中的大部分微量有毒有害元素都有着极强的化学活性；含硫尾矿废水灌溉的农田中，土壤有害重金属的含量迅速增加，对植物根系造成毒害，同时农作物吸收土壤中的重金属后直接威胁农产品安全。尾矿和矿渣污染引起的生态效应和毒理效应都具有明显的滞后性，其潜在的危害和威胁远比表观影响严重得多（图9-15）。

9.3.2　污染识别

9.3.2.1　渣堆分布概况

新华硫铁矿始建于1954年4月。1980年前该矿以开采硫铁矿炼硫为主，后来为炼硫与炼硫精砂相结合，2001年5月19日起大部分矿井停止生产。企业生产期间产生的大量矿渣

(a) 严重垮塌的渣堆　　　　　　　　　　(b) 渣堆场浸出的强酸性水体

图 9-15　仙峰苗族乡新华硫铁矿渣堆场

直接堆放于矿洞口山沟以及原新华硫铁矿厂下游的山沟内，形成两处硫铁矿渣堆。东侧的 1 号渣堆距西侧的 2 号渣堆直线距离约 600m，有乡村公路可达，并与乡道相通，交通便利。地理位置见图 9-16。

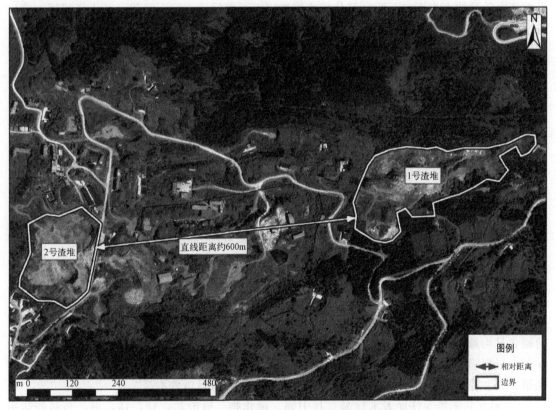

图 9-16　历史遗留硫铁矿两个渣堆的相对位置

9.3.2.2　项目区主要环境问题

① 硫铁矿开采过程中对周围生态环境造成破坏，表土被翻起后未进行生态恢复导致土层结构受到严重破坏，由原来密实状态变成松散和不稳定状态，造成水土流失。雨水的冲刷，一方面造成土壤肥力大幅降低，另一方面导致矿渣渗滤液随雨水进入下游河沟。硫铁矿的长期开采导致土壤底层被挖空，地层沉降的可能性增大。

② 20 世纪后半期兴起土法炼硫，用于提取硫、制取硫酸。土法炼硫生产方式原始落后，硫资源利用率低，大量废渣弃于山谷，造成资源、空间浪费，不仅占用农田，而且造成了严重的重金属污染。新华硫铁矿厂更是如此。据现场走访了解，曾经企业炼硫窑区烟气四起，晴日酸雾笼罩，雨天降下酸雨，造成厂区周边区域紧邻的农田、山林被毁，废渣覆盖的山坡寸草不生，废气污染严重破坏自然生态平衡。企业在生产期间，由于生产工艺、设备技术水平落后和环保意识淡薄，产生的大量矿渣顺着矿洞往下游沟渠随意堆放，未做任何环保措施，污染严重，对周边生态环境造成了严重破坏。企业关闭后长期无人管理，在长达几十年的堆置过程中，原本堆放于上游的大量废渣受到降雨引起的冲刷、淋溶等作用，其中的有害重金属和可溶性盐活性增强，部分被溶解并随水进入水体，或通过污水灌溉、提灌等方式进入周边农田，又或通过地表径流向周边环境扩散，造成土壤环境污染，植被生长困难。渗滤液通过地表径流流入下方农田及下游河道，被植物根部吸收后影响农作物的生长，造成农业减产和产品污染。

③ 现渣场渣体部分区域已发生垮塌，加之地震频发，土层结构变得更加松散，造成场地废渣坡度大，塌陷区较多。同时，雨季降水量较大，汛期流量较大，大量矿渣被洪水携带形成高含砂量的水流流向下游，部分矿渣被冲刷至下游后进入地下暗河，涌入洛浦河，使矿渣中的重金属等有害物质浸出污染区域地下水，并严重影响下游用水的环境质量安全。2 号渣堆与邻近周边住户距离不足 1 米，甚至某些村民的住房部分已建在尾渣土上，严重威胁到周边居民的生命财产安全。

仙峰苗族乡新华硫铁矿渣堆污染现状见图 9-17。

9.3.3 详细调查与风险评估的内容及结论

为摸清项目区域污染现状，项目组结合相关技术规范，针对工作区域周边及下游农用地土壤、地表水与废水及底泥、地下水以及渣体遗留固废等进行采样检测分析，并在此基础上参考相应评价标准综合评价项目区域环境受污染情况，结论如下。

（1）详细调查结论

① 调查共采集 197 件废渣样品，根据检测结果对比《危险废物鉴别技术规范》（HJ 298—2019）和《一般工业固体废物贮存和填埋污染控制标准》（GB 18599—2020）标准进行判断，该废渣属于第Ⅱ类一般工业固体废物。

② 调查共采集 189 件土壤样品（包含 4 件对照样品以及 3 件剖面样品）。根据农用地土壤重金属含量现状值、单因子指数分析结果，镉是调查区域最主要的污染因子，182 个点位的镉含量均超过了《土壤环境质量 农用地土壤污染风险管控标准（试行）》（GB 15618—2018）风险筛选值，超标率为 100%，其中 63 个点位超过了风险管制值。土壤次要污染物是铬、铜、镍、砷、铅、锌，主要表现为超标点位多但超标倍数不高。

③ 调查共采集 5 件地表水样品，其中镉、硫化物、硫酸盐、铁、锰、铜、高锰酸盐指数、化学需氧量超过了《地表水环境质量标准》（GB 3838—2002）中Ⅲ类标准限值，渣堆下游地表水样品中镉、铜超标较为严重。

④ 调查共采集 2 件废水样品，检测了 pH、高锰酸盐指数、化学需氧量、硫化物、六价铬、硫酸盐、铁、锰、镉、铜、锌、铅、砷、汞共计 14 项指标。整体 pH 呈强酸性，其中硫化物、锰、锌共计 3 个指标超过《污水综合排放标准》（GB 8978—1996）的相关标准，硫化物和锰超标最为严重。

(a) 从废渣堆场流过的地表水（一）　　　　　(b) 从废渣堆场流过的地表水（二）

(c) 下游地表水（2号渣堆）　　　　　　(d) 渣堆浸出的渗滤液

(e) 周边住户和农田（2号渣堆）　　　　　(f) 邻近渣堆的住户和农田（2号渣堆）

图 9-17　渣堆污染现状

　　⑤ 渣堆内地下水采集了 5 件样品，地下水 pH 平均值为 2.23，呈强酸性。其中 pH、化学需氧量、硫酸盐、铁、锰、镉、铜共计 7 个指标超过《地下水质量标准》（GB/T 14848—2017）中的Ⅲ类标准限值，其最大超标倍数分别为：化学需氧量超标 2 倍，硫酸盐超标 37.2 倍，铁超标 4132.3 倍，锰超标 70.2 倍，镉超标 10.12 倍，铜超标 5.065 倍。可以看出，区域地下水质量已经严重受到该废渣堆场的影响。

本图彩图

⑥ 采集 9 件底泥样品，上游地表水底泥检测结果参考初步调查结果。底泥样品中镉、铬、镍、铜、铅含量超出《土壤环境质量 农用地土壤污染风险管控标准（试行）》（GB 15618—2018）中的标准限值。其中镉超标率达 100%，铬和铜超标率达 90%，镍超标率达 80%，多数点位镉含量在 1.42～4.50mg/kg，皆超过风险管制值。

（2）风险评估结论

① 本次调查的废渣属于Ⅱ类一般工业固体废物，对应的贮存场、填埋场为Ⅱ类场。参照《一般工业固体废物贮存和填埋污染控制标准》（GB 18599—2020）中场址的选择，贮存场、填埋场的设计，贮存场、填埋场的运行管理，关闭与封场等要求逐条进行风险评估，该废渣堆场均不满足上述要求，存在较大的环境风险，需采取相应风险管控的相关措施。

② 按照《农用地土壤环境质量类别划分技术指南》（环办土壤函〔2019〕53 号）将渣堆周边及下游 2596 亩农用地初步划分为安全利用类和严格管控类。

9.3.4 风险管控与治理修复方案设计

9.3.4.1 管控与治理技术筛选

① 方案一：矿渣堆异地综合化处置修复方案。即对渣堆整体挖方转运并综合化利用，可彻底清除污染源，防止土壤及地下水次生污染；但是修复工程量巨大，周期长，修复成本高昂，且易破坏场址原生地貌，带来次生地质灾害隐患。

② 方案二：因地制宜综合治理＋生态修复方案。即原位处置矿渣堆，工程量及投资成本均较低，渣堆修整规模较小，同时可有效降低土壤重金属污染风险，并提升项目地生态效益，创造景观价值；但修复后仍无法彻底解决源头污染问题，在一定程度上环境风险尚存。

两种方案比选如表 9-5 所示。

表 9-5 项目区渣堆场综合治理修复方案比选

序号	方案相关因素	方案一 （矿渣堆异地综合化处置修复）	方案二 （因地制宜综合治理＋生态修复）
1	投资	高	较低
2	用地	需新征地	不需新征地
3	环境效益	环境正效益,彻底消除环境污染	环境正效益,降低环境污染,带来生态景观旅游价值
4	安全及风险	彻底消除环境风险	环境风险尚存
5	工程实施难易	一般	一般
6	实施周期	约 15 年	约 1 年
	结论	不推荐	推荐

综合技术、经济、环境效益等因素，结合项目区实际情况，最终确定方案二作为仙峰苗族乡渣堆场综合治理修复推荐方案。

9.3.4.2 因地制宜综合治理＋生态修复方案概述

该方案主体工程包括：场地平整、堆体整形工程；pH 调节及稳定化工程；截排水工程；尾矿堆积区顶部封场防渗及绿化工程；尾矿堆积区排气工程；脚墙工程；格构工程。配套工程主要包括：项目管理用房、环境长期监测点设置、施工材料及施工器械临时仓库等。工艺流程如图 9-18 所示。

① 场地平整、堆体整形工程。对填埋区和填方区平整压实，方便后期施工。

② pH 调节工程。因渣场矿渣酸性过强，按每平方米施入一定量的石灰，与表层 0.2m 厚的渣体进行均匀搅拌，搅拌后需对渣体进行压实。

③ 脚墙工程。由于渣场北侧沟道靠近场内一侧地形较陡，且堆积有矿渣，故将矿渣就地封闭，采用脚墙支挡。墙体采用 C20 混凝土现浇，墙顶顺坡向铺设土工布-HDPE 膜-土工布，形成顶部防渗功能（图 9-19）。

④ 截排水工程。为防止雨水径流进入治理尾矿渣场内，避免渗滤液量增加，在治理尾矿渣场周边及场内设置截排水沟（图 9-20）。

⑤ 渗滤液收集及处理工程。硫铁矿尾矿堆积区当前渗滤液主要来自未覆盖的尾矿废渣受雨水淋溶和渗流作用产生的淋溶液。该工程实施后，通过建成临时封场覆盖系统和雨水分流系统，封场后尾矿渣将不再持续地、直接地受到雨水的淋溶和渗流作用。因此，堆场的渗滤液产生量将极大减少，后期渗滤液产生量可忽略不计。

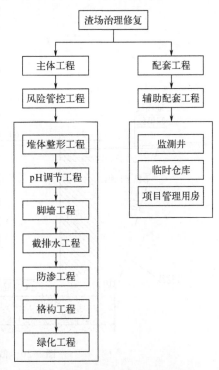

图 9-18　渣场治理修复工艺流程

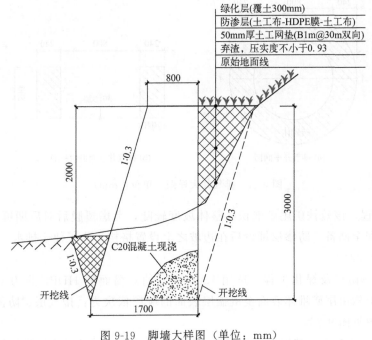

图 9-19　脚墙大样图（单位：mm）

（B1m@30m 表示宽 1m，横纵均间隔 30m 铺设一道）

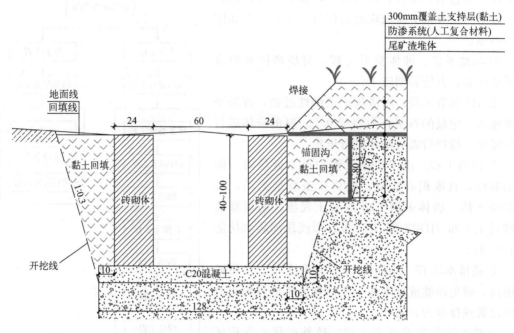

图 9-20　截排水沟大样图（单位：mm）

⑥ 尾矿堆积区排气工程。填埋气体是填埋堆体中有机物组分通过生化分解产生的。由于尾矿渣中有机物少，基本位于表层，填埋气体产生量少，故本项目仅在场地表层设计排气系统（图 9-21）。

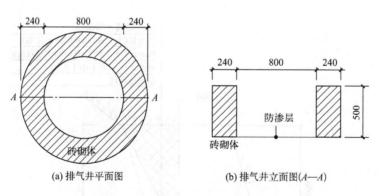

（a）排气井平面图　　　　　　　　（b）排气井立面图(A—A)

图 9-21　排气井大样图（单位：mm）

⑦ 格构工程。该硫铁矿尾矿堆积区整体坡度较陡，考虑覆膜后对后期覆土稳定性以及对边坡稳定的安全储备，防渗层铺设后在边坡之上设置格构，为了便于排水，格构设置为人字形格构（图 9-22）。

⑧ 顶部封场防渗及绿化工程。选用 1.0mm 厚的双糙面的 HDPE 膜为主要防渗材料。封场覆盖系统结构由尾矿堆体表面至覆盖层表面的顺序依次为：排气层、防渗层、绿化层。封场防渗大样图见图 9-23。

⑨ 修复材料暂存库。其属于配套工程，租用当地农户已建成的仓库来堆放工程物资。

⑩ 项目管理用房。其属于配套工程，租赁当地满足要求的房屋。

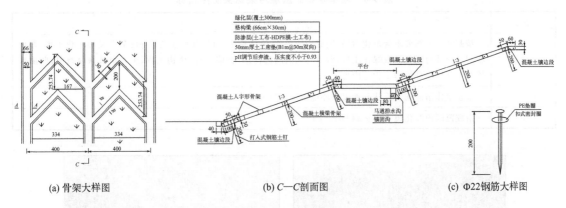

(a) 骨架大样图　　　　　(b) C—C剖面图　　　　　(c) Φ22钢筋大样图

图 9-22　格构典型剖面及大样图（单位：mm）

（B1m@30m 表示宽 1m，横纵间隔 30m 铺设一道）

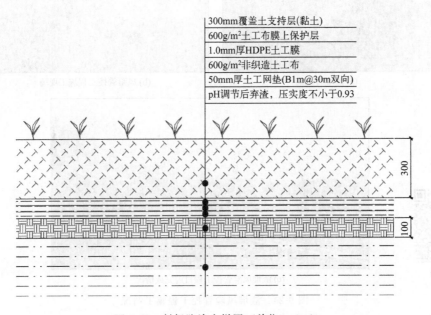

图 9-23　封场防渗大样图（单位：mm）

（B1m@30m 表示宽 1m，横纵间隔 30m 铺设一道）

⑪ 监测井。在管控区域四周建设监测井，检验管控工程质量情况。

针对尾矿的综合治理旨在创造生态治理效益，硫铁矿渣堆是本项目区的主要污染源。本项目治理目标在于通过风险管控措施，减缓硫铁矿渣场对周围水环境、土壤环境、大气环境的污染，并创造一定的生态价值和经济价值。对该硫铁矿渣堆采用场地平整、堆体整形＋pH 调节稳定化工程＋顶部封场防渗＋四周与场内的截排水＋脚墙＋格构＋生态植被恢复修复治理技术。

基于上述综合治理措施，新华硫铁矿渣堆治理修复总体目标是：经过两年治理，敏感水体洛浦河支流达到地表水环境质量Ⅲ类水标准；渣场整形、覆土绿化与自然相协调。渣堆污染源头防控目标与风险管控工程施工情况分别见表 9-6 与图 9-24。

表 9-6　新华硫铁矿渣堆污染源头防控目标

序号	防控目标
1	按照Ⅱ类堆场要求规范化封场,完成场地平整、堆体整形工程,酸性矿渣堆 pH 调节及稳定化工程,尾矿堆积区顶部封场防渗及绿化工程,四周与场内的截排水,脚墙工程,格构工程,生态植被恢复修复,监测系统及治理后跟踪管理工程等内容
2	敏感水体洛浦河支流达到地表水环境质量Ⅲ类水标准
3	治理范围内绿化覆盖率达到 90％以上

(a) 渣堆管控前

(b) 风险管控工程施工现场

本图彩图

(c) 渣堆风险管控工程目前完成情况

图 9-24　渣堆风险管控工程施工情况

◆ 参考文献 ◆

[1] 袁俊宏. 我国硫与硫铁矿产业现状及市场分析 [J]. 硫酸工业, 2016, 58 (5): 10-17.

[2] 中华人民共和国自然资源部. 中国矿产资源报告 2021 [M]. 北京: 地质出版社, 2021.

[3] 中华人民共和国自然资源部. 2020 年全国矿产资源储量统计表 [Z]. 矿产资源保护监督司, 2021-11-22.

[4] 张艳松, 张艳, 于汶加. 全球硫资源供需格局分析 [J]. 中国矿业, 2015, 24 (3): 12-16.

[5] 王庚亮. 硫铁矿在中国硫资源中的地位分析 [J]. 化工矿产地质, 2018, 40 (1): 53-59.

[6] 刘敬勇, 赵永久. 硫铁矿资源开采利用过程中的环境污染问题及控制对策 [J]. 中国矿业, 2007, 16 (7): 55-57.

[7] 高德政, 周开灿, 冯启明, 等. 川南硫铁矿开发中的环境污染与治理 [J]. 矿产综合利用, 2001, 22 (4): 23-27.

[8] 国家环境保护局, 国家统计局, 地质矿产部, 等. 全国矿山开发生态环境破坏与重建调查报告 [R]. 1996.

[9] 龚季兰. 土法冶炼硫磺的环境问题 [J]. 资源开发与市场, 1987, 3 (4): 50-52.

[10] 王尚华, 徐本贵, 殷旭东, 等. 毕节地区炼硫环保技术开发 [Z]. 毕节地区城乡建设环境保护局, 2000-01-01.

[11] 孙东, 张志鹏, 周亚萍, 等. 叙永县落卜硫铁矿矿山土壤环境治理效果研究 [J]. 四川环境, 2021, 40 (1): 174-181.

[12] PERSAUD D, JAAGUMAGI R, HAYTON A. Guidelines for the protection and management of aquatic sediment quality in Ontario [J]. Ontario Ministry of the Environment, 1993 (416): 4321-4323.

[13] ETTLER V, MIHALJEVIČM, ŠEBEK O, et al. Geochemical and Pb isotopic evidence for sources and dispersal of metal contamination in stream sediments from the mining and smelting district of Příbram, Czech Republic [J]. Environmental Pollution, 2006, 142 (3): 409-417.

[14] HAKANSON L. An ecological risk index for aquatic pollution control: a sedimentological approach [J]. Water Research, 1980, 14 (8): 975-1001.

[15] 王锐, 邓海, 贾中民, 等. 汞矿区周边土壤重金属空间分布特征、污染与生态风险评价 [J]. 环境科学, 2021, 42 (6): 3018-3027.

[16] DAVUTLUOGLU O I, SECKIN G, ERSU C B, et al. Heavy metal content and distribution in surface sediments of the Seyhan River, Turkey [J]. Journal of Environmental Management, 2011, 92 (9): 2250-2259.

[17] CRAIG J R, VOKES F M, SOLBERG T N. Pyrite: Physical and chemical textures [J]. Mineralium Deposita, 1998, 34 (1): 82-101.

[18] ABRAITIS P K, PATTRICK R A D, VAUGHAN D J. Variations in the compositional, textural and electrical properties of natural pyrite: A review [J]. International Journal of Mineral Pro-

cessing, 2004, 74（1/4）: 41-59.

[19]　王周和. 安徽某黄铁矿与磁黄铁矿分步回收试验研究 [J]. 有色金属（选矿部分）, 2020, 72（6）: 64-70.

[20]　曹烨, 唐尧, 要梅娟, 等. 中国硫矿资源预测模型及资源潜力分析 [J]. 地学前缘, 2018, 25（3）: 179-195.

[21]　宫丽, 马光. 黄铁矿的成分标型特征及其在金属矿床中的指示意义 [J]. 地质找矿论丛, 2011, 26（2）: 162-166.

[22]　高远, 袁俊宏. 重要化工矿产资源储量及开发利用现状 [J]. 化工矿物与加工, 2020, 49（4）: 48-53.

[23]　DONG K, XIE F, WANG W, et al. Calcination of calcium sulphoaluminate cement using pyrite-rich cyanide tailings [J]. Crystals, 2020, 10（11）: 971.

[24]　BORISOV I N, GREBENIUK A A, DYUKAREVA V I. Combined cements with non-shrinking properties using sulfoferrite clinker [J]. IOP Conference Series Materials Science and Engineering, 2018, 451（1）: 012011.

[25]　SUN J W, HAN P W, LIU Q, et al. Pilot plant test on the recovery of valuable metals from pyrite cinder by a combined process based on chlorinating roasting [J]. Transactions of the Indian Institute of Metals, 2019, 72（4）: 1053-1061.

[26]　沈渭寿. 矿区生态破坏与生态重建 [M]. 北京: 中国环境科学出版社, 2004.

[27]　卢璟莉, 鞠泽青. 硫铁矿矿坑废水的处理现状与进展 [J]. 矿业工程, 2005, 3（5）: 51-53.

[28]　陈坝根. 褐铁矿选矿废水综合治理措施研究 [J]. 中国金属通报, 2011, 19（18）: 40-41.

[29]　印万忠. 尾矿的综合利用与尾矿库的管理 [M]. 北京: 冶金工业出版社, 2009.

[30]　国家环境保护局, 国家技术监督局. 环境保护图形标志 固体废物贮存（处置）场: GB 15562.2—1995 [S]. 北京: 中国标准出版社, 1995.

[31]　BELZILE N, MAKI S, CHEN Y W, et al. Inhibition of pyrite oxidation by surface treatment [J]. Science of the Total Environment, 1997, 196（2）: 177-186.

[32]　KANG C U, JEON B H, PARK S S, et al. Inhibition of pyrite oxidation by surface coating: A long-term field study [J]. Environmental Geochemistry and Health, 2016, 38（5）: 1137-1146.

[33]　LONG H, DIXON D G. Pressure oxidation of pyrite in sulfuric acid media: A kinetic study [J]. Hydrometallurgy, 2004, 73（3/4）: 335-349.

[34]　李金天. 有色金属矿山尾矿库生态修复 [M]. 北京: 科学出版社, 2021.

[35]　中华人民共和国国家质量监督检验检疫总局, 中国国家标准化管理委员会. 地下水质量标准: GB/T 14848—2017 [S]. 北京: 中国标准出版社, 2017.

[36]　杨井志. 露天采矿对环境的影响与对策 [J]. 黑龙江科技信息, 2014, 18（1）: 21.

[37]　中华人民共和国国家质量监督检验检疫总局, 中国国家标准化管理委员会. 地表水环境质量标准: GB 3838—2002 [S]. 北京: 中国环境科学出版社, 2002.

[38]　中华人民共和国生态环境部. 地下水环境监测技术规范: HJ 164—2020 [S]. 北京: 中国环境出版集团, 2020.

[39]　张佳文, 刘冠男, 王裕先, 等. 我国硫铁矿固废综合利用及其环境意义 [J]. 中国矿业, 2022, 31（1）: 61-67.

[40]　王春荣. 煤矿区三废治理技术及循环经济 [M]. 北京: 化学工业出版社, 2014.

[41]　尚娟芳, 刘克万. 宜宾硫铁矿尾矿的综合开发利用研究 [J]. 中国资源综合利用, 2013, 31（3）: 40-43.

[42]　竹涛. 矿山固体废物综合利用技术 [M]. 北京: 化学工业出版社, 2012.

[43]　国家市场监督管理总局, 国家标准化管理委员会. 生活饮用水卫生标准: GB 5749—2022 [S]. 北京:

中国标准出版社，2022.

[44] 王玲玲. 矿山含硫固废堆微生态学及其环境效应研究 [D]. 合肥：合肥工业大学，2009.

[45] 丁杰. 云浮硫铁矿尾矿综合利用发展现状及前景 [J]. 中国金属通报，2017，25（3）：44-45.

[46] ARROYO Y R R, SIEBE C. Weathering of sulphide minerals and traceelement speciation in tailings of various ages in the Guanajuatomining district, Mexico [J]. Catena, 2007, 71 (3): 497-506.

[47] NIETO J M, SARMIENTO A M, CANOVAS C R, et al. Acid mine drainage in the Iberian Pyrite Belt: 1. Hydrochemical characteristics and pollutant load of the Tinto and Odiel rivers [J]. Environmental Science and Pollution Research, 2013, 20 (11): 7509-7519.

[48] CARABALLO M A, MACÍAS F, NIETO J M, et al. Long term fluctuations of groundwater mine pollution in a sulfide mining district with dry Mediterranean climate: Implications for water resources management and remediation [J]. Science of the Total Environment, 2016, 539: 427-435.

[49] VICENTE-MARTORELL J J, GALINDO-RIAÑO M D, GARCÍA-VARGAS M, et al. Bioavailability of heavy metals monitoring water, sediments and fish species from a polluted estuary [J]. Journal of Hazardous Materials, 2009, 162 (2/3): 823-836.

[50] PRICE P, WRIGHT I A. Water quality impact from the discharge of coal mine wastes to receiving streams: Comparison of impacts from an active mine with a closed mine [J]. Water Air & Soil Pollution, 2016, 227 (5): 1-17.

[51] 王慧，吕英英. 煤矿开采导致水污染的污染特征与控制措施研究 [J]. 环境科学与管理，2019，44（7）：68-73.

[52] 李波，刘国，聂宇晗，等. 西南典型废弃硫铁矿水化学特征及环境同位素分析 [J]. 环境科学与技术，2020，43（10）：10-17.

[53] 祝武安，刘智鹏，刘峰君. 腰庄硫铁矿矿区水文地质特征与酸性水防治 [J]. 环境工程，2020，38：82-87.

[54] MACKLIN M G, BREWER P A, BALTEANU D, et al. The long term fate and environmental significance of contaminant metals released by the January and March 2000 mining tailings dam failures in Maramureş County, upper Tisa Basin, Romania [J]. Applied Geochemistry, 2003, 18 (2): 241-257.

[55] CLEMENTE R, ALMELA C, BERNAL M P. A remediation strategy based on active phytoremediation followed by natural attenuation in a soil contaminated by pyrite waste [J]. Environmental Pollution, 2006, 143 (3): 397-406.

[56] KNOCHE D, EMBACHER A, KATZUR J. Element dynamics of oak ecosystems on acid-sulphurous mine soils in the Lusatian lignite mining district (Eastern Germany) [J]. Landscape and Urban Planning, 2000, 51 (2/4): 113-122.

[57] AGUILAR J, DORRONSORO C, FERNANDEZ E, et al. Soil pollution by a pyrite mine spill in Spain: Evolution in time [J]. Environmental Pollution, 2004, 132 (3): 395-401.

[58] FERNÁNDEZ-CALIANI J C, BARBA-BRIOSO C, GONZÁLEZ I, et al. Heavy metal pollution in soils around the abandoned mine sites of the Iberian Pyrite Belt (Southwest Spain) [J]. Water Air & Soil Pollution, 2009, 200 (1): 211-226.

[59] 戴青云，贺前锋，刘代欢，等. 大气沉降重金属污染特征及生态风险研究进展 [J]. 环境科学与技术，2018，41（3）：56-64.

[60] FERNÁNDEZ-CALIANI J C, DE LA ROSA J D, DE LA CAMPA A M S, et al. Mineralogy of atmospheric dust impacting the Rio Tinto mining area (Spain) during episodes of high metal deposition [J]. Mineralogical Magazine, 2013, 77 (6): 2793-2810.

[61] FERNÁNDEZ-CALIANI J C, BARBA-BRIOSO C. Metal immobilization in hazardous contaminated minesoils after marble slurry waste application: A field assessment at the Tharsis mining district (Spain) [J]. Journal of Hazardous Materials, 2010, 181 (1/3): 817-826.

[62] 章明奎, 刘兆云, 周翠. 铅锌矿区附近大气沉降对蔬菜中重金属积累的影响 [J]. 浙江大学学报 (农业与生命科学版), 2010, 36 (2): 221-229.

[63] LUO L, MA Y, ZHANG S, et al. An inventory of trace element inputs to agricultural soils in China [J]. Journal of Environmental Management, 2009, 90 (8): 2524-2530.

[64] NICHOLSON F A, SMITH S R, ALLOWAY B J, et al. An inventory of heavy metals inputs to agricultural soils in England and Wales [J]. Science of the Total Environment, 2003, 311 (1/3): 205-219.

[65] 荆曼黎, 敖海龙. 矿山固体废弃物的危害及其环保治理技术 [J]. 资源节约与环保, 2018, 36 (7): 146.

[66] LOREDO J, ORDÓÑEZ A, ALVAREZ R. Environmental impact of toxic metals and metalloids from the Munon Cimero mercury-mining area (Asturias, Spain) [J]. Journal of Hazardous Materials, 2006, 136 (3): 455-467.

[67] 刘晋. 硫铁矿采冶混合废渣 Cd、Zn、As 释放迁移规律研究 [D]. 重庆: 重庆大学, 2012.

[68] 李诗强, 李涛, 张慧. 硫铁矿尾矿综合利用发展现状及前景 [J]. 中国金属通报, 2021, 29 (8): 29-30.

[69] HAMMARSTROM J M, SEAL II R R, MEIER A L, et al. Secondary sulfate minerals associated with acid drainage in the eastern US: Recycling of metals and acidity in surficial environments [J]. Chemical Geology, 2005, 215 (1/4): 407-431.

[70] BYRNE P, REID I, WOOD P J. Stormflow hydrochemistry of a river draining an abandoned metal mine: The Afon Twymyn, central Wales [J]. Environmental Monitoring and Assessment, 2013, 185 (3): 2817-2832.

[71] JARVIS A P, DAVIS J E, ORME P H A, et al. Predicting the benefits of mine water treatment under varying hydrological conditions using a synoptic mass balance approach [J]. Environmental Science & Technology, 2018, 53 (2): 702-709.

[72] CASIOT C, LEBRUN S, MORIN G, et al. Sorption and redox processes controlling arsenic fate and transport in a stream impacted by acid mine drainage [J]. Science of the Total Environment, 2005, 347 (1/3): 122-130.

[73] BERGER A C, BETHKE C M, KRUMHANSL J L. A process model of natural attenuation in drainage from a historic mining district [J]. Applied Geochemistry, 2000, 15 (5): 655-666.

[74] OLÍAS M, CÁNOVAS C R, MACÍAS F, et al. The evolution of pollutant concentrations in a river severely affected by acid mine drainage: R í o Tinto (SW Spain) [J]. Minerals, 2020, 10 (7): 598.

[75] 中华人民共和国国家质量监督检验检疫总局, 中国国家标准化管理委员会. 中国地震动参数区划图: GB 18306—2015 [S]. 北京: 中国标准出版社, 2015.

[76] 曹涛涛, 徐豪, 曹运江, 等. 采矿区地下水重金属污染特征及其修复技术 [J]. 云南化工, 2021, 48 (12): 94-96.

[77] LARSEN F, POSTMA D. Nickel mobilization in a groundwater well field: Release by pyrite oxidation and desorption from manganese oxides [J]. Environmental Science & Technology, 1997, 31 (9): 2589-2595.

[78] SRACEK O, BHATTACHARYA P, JACKS G, et al. Behavior of arsenic and geochemical modeling of arsenic enrichment in aqueous environments [J]. Applied Geochemistry, 2004, 19 (2):

169-180.

[79] 陈云嫩, 柴立元. 砷在地下水环境中的迁移转化 [J]. 有色金属, 2008, 60 (1): 109-112.

[80] 莫美仙, 王宇, 李峰. 滇东断陷盆地地下水污染的水文地质模式 [J]. 昆明理工大学学报 (自然科学版), 2014, 39 (5): 88-95.

[81] 张新钰, 辛宝东, 王晓红, 等. 我国地下水污染研究进展 [J]. 地球与环境, 2011, 39 (3): 415-422.

[82] 王波, 王宇, 张贵, 等. 滇东南泸江流域岩溶地下水质量及污染影响因素研究 [J]. 地球学报, 2021, 42 (3): 352-362.

[83] 罗莹华, 梁凯, 刘明, 等. 大气颗粒物重金属环境地球化学研究进展 [J]. 广东微量元素科学, 2006, 13 (2): 1-6.

[84] 戴树桂. 环境化学 [M]. 北京: 高等教育出版社, 2006: 60-61.

[85] 赵多勇, 王成, 杨莲, 等. "环境-植物-人体" 体系中重金属来源及迁移途径 [J]. 农业工程, 2013, 3 (3): 55-58.

[86] 陆喜红, 任兰, 吴丽娟. 南京市大气 $PM_{2.5}$ 中重金属分布特征及化学形态分析 [J]. 环境监控与预警, 2019, 11 (1): 40-44.

[87] 马强, 王学谦, 宁平, 等. 大气铊污染现状及治理技术研究进展 [J]. 环境化学, 2020, 39 (12): 3362-3370.

[88] WILLIAMS J R, LASEUR W V. Water yield model using SCS curve numbers [J]. Journal of the Hydraulics Division, 1976, 102 (9): 1241-1253.

[89] NASH J E, SUTCLIFFE J V. River flow forecasting through conceptual models part Ⅰ: A discussion of principles [J]. Journal of Hydrology, 1970, 10 (3): 282-290.

[90] 高磊, 陈建耀, 朱爱萍, 等. 基于 SCS 模型的跨界小流域物质通量估算: 以东莞石马河流域为例 [J]. 中国环境科学, 2015, 35 (3): 925-933.

[91] 张乃明. 重金属污染土壤修复理论与实践 [M]. 北京: 化学工业出版社, 2017.

[92] 崔龙哲. 污染土壤修复技术与应用 [M]. 北京: 化学工业出版社, 2016.

[93] 中华人民共和国住房和城乡建设部, 中华人民共和国国家质量监督检验检疫总局. 建筑抗震设计规范: 2016 年版: GB 50011—2010 [S]. 北京: 中国建筑工业出版社, 2010.

[94] 中华人民共和国国家卫生健康委员会, 国家市场监督管理总局. 食品安全国家标准 食品中污染物限量: GB 2762—2022 [S]. 北京: 中国标准出版社, 2022.

[95] 杨晓伟. 内蒙古某矿区土壤 As 污染特征研究 [D]. 阜新: 辽宁工程技术大学, 2013.

[96] 徐佩, 吴超, 邱冠豪. 我国铅锌矿山土壤重金属污染规律研究 [J]. 土壤通报, 2015, 46 (3): 739-744.

[97] 梁宁. 招远金矿区地表水重金属污染特征研究 [D]. 济南: 济南大学, 2012.

[98] 刘娟, 王津, 陈永亨, 等. 广东硫铁矿区与硫酸厂区菜地和农作物重金属污染的对比研究 [J]. 广东农业科学, 2013, 40 (15): 172-175.

[99] 王琴, 江纪宇, 张兴龙, 等. 硫铁矿冶炼废渣重金属污染研究 [J]. 贵州工程应用技术学院学报, 2019, 37 (3): 145-151.

[100] 邓呈逊, 徐芳丽, 岳梅. 安徽某硫铁尾矿区农田土壤重金属污染特征 [J]. 安全与环境学报, 2019, 19 (1): 337-344.

[101] 赵颖. 低含硫多金属硫铁矿床开采环境污染与防治 [J]. 科技创新与应用, 2019, 9 (20): 123-124.

[102] 刘玉灿, 田一, 苏庆亮, 等. 我国地表水污染现状与防治策略探索 [J]. 净水技术, 2021, 40 (11): 62-70.

[103] 陈葛成, 吴翔, 吴胡, 等. 湖北大冶地区地表水重金属污染特征研究 [J]. 中国煤炭地质, 2020, 32 (11): 61-64.

[104] 齐鹏. 永康市城区地表水表层沉积物重金属污染特征与潜在生态风险研究 [D]. 杭州: 浙江农林大

学，2016.

[105] 刘群群.滨海河流沉积物的典型重金属质量基准确定及 Cd 污染原位修复研究 [D].烟台：中国科学院大学（中国科学院烟台海岸带研究所），2021.

[106] 万佳.改性纳米氯磷灰石稳定底泥重金属 Pb 及其对底泥微环境的影响研究 [D].长沙：湖南大学，2018.

[107] BUDIANTA W. Heavy metal pollution and mobility of sediment in Tajum River caused by arti- sanal gold mining in Banyumas, Central Java, Indonesia [J]. Environmental Science and Pol- lution Research, 2021, 28（6）: 1-9.

[108] KARIMIAN S, CHAMANI A, SHAMS M. Evaluation of heavy metal pollution in the Zayandeh- Rud River as the only permanent river in the central plateau of Iran [J]. Environmental Monito- ring and Assessment, 2020, 192（5）: 1-13.

[109] MARRUGO-NEGRETE J, PINEDO-HERNÁNDEZ J, MARRUGO-MADRID S, et al. Assessment of trace element pollution and ecological risks in a river basin impacted by mining in Colombia [J]. Environmental Science and Pollution Research, 2021, 28（1）: 201-210.

[110] SALEM Z B, CAPELLI N, LAFFRAY X, et al. Seasonal variation of heavy metals in water, sed- iment and roach tissues in a landfill draining system pond（Etueffont, France）[J]. Ecological Engineering, 2014, 69: 25-37.

[111] 生态环境部，国家市场监督管理总局.一般工业固体废物贮存和填埋污染控制标准：GB 18599— 2020 [S].北京：中国环境出版集团，2020.

[112] 高雅琳.可渗透反应墙对模拟铅镉复合污染地下水的修复效能研究 [D].西安：陕西科技大学，2017.

[113] 沈前.铅锌矿多重金属污染地下水的原位渗透反应墙修复技术研究与示范 [D].武汉：华中农业大学，2015.

[114] 戴翌晗.重金属污染土壤与地下水一体化修复技术及数值模拟 [D].上海：上海交通大学，2018.

[115] 国家环境保护总局，国家质量监督检验检疫总局.危险废物鉴别标准 浸出毒性鉴别：GB 5085.3— 2007 [S].北京：中国环境科学出版社，2007.

[116] 任超，杜倩倩，夏炎，等.典型矿区农用地土壤重金属污染评价分区探讨 [J].环境污染与防治，2021, 43（12）: 1562-1567, 1595.

[117] 王炫凯，曲宝成，艾孜买提·阿合麦提，等.我国农田重金属污染状况及修复技术研究进展 [J].清洗世界，2021, 37（8）: 55-58, 61.

[118] 高月.贵州省丹寨县某典型铅锌矿区重金属污染特征及环境效应 [D].贵阳：贵州师范大学，2020.

[119] GIDLOW D A. Lead toxicity [J]. Occupational Medicine, 2004, 54（2）: 76-81.

[120] KAUR G, SINGH H P, BATISH D R, et al. Pb-inhibited mitotic activity in onion roots involves DNA damage and disruption of oxidative metabolism [J]. Ecotoxicology, 2014, 23（7）: 1292- 1304.

[121] CHEN F, WANG S, MOU S, et al. Physiological responses and accumulation of heavy metals and arsenic of *Medicago sativa* L. growing on acidic copper mine tailings in arid lands [J]. Journal of Geochemical Exploration, 2015, 157: 27-35.

[122] 李娟.高硫煤矸石废弃地重金属污染特征及其迁移规律研究 [D].北京：中国矿业大学（北京），2012.

[123] 王攀.蒲峪金矿水、土、植被重金属污染规律研究 [D].西安：西安科技大学，2011.

[124] 中华人民共和国生态环境部.危险废物鉴别技术规范：HJ 298—2019 [S].北京：中国环境出版集团，2019.

[125] 安志装，索琳娜，赵同科，等.农田重金属污染危害与修复技术 [M].北京：中国农业出版

社，2018.

[126] 周连碧，王琼，杨越晴，等.金属矿山典型废弃地生态修复［M］.北京：龙门书局，2021.

[127] 林海，董颖博，李冰，等.有色金属矿区水体和土壤重金属污染治理［M］.北京：科学出版
社，2020.

[128] 陈英旭.土壤重金属的植物污染化学［M］.北京：科学出版社，2008.

[129] 李法云，吴龙华，范志平，等.污染土壤生物修复原理与技术［M］.北京：化学工业出版社，2016.

[130] 李晶，栾亚宁，孙向阳，等.水生植物修复重金属污染水体研究进展［J］.世界林业研究，2015，
28（2）：31-35.

[131] 李政，余璨，黄香，等.河流沉积物重金属研究方法进展［J］.绿色科技，2018，56（2）：62-
64，66.

[132] 毕斌，卢少勇，于亚军，等.湖泊沉积物重金属赋存形态研究进展［J］.科技导报，2016，
34（18）：162-169.

[133] 冯素萍，鞠莉，沈永，等.沉积物中重金属形态分析方法研究进展［J］.化学分析计量，2006，
15（4）：72-74.

[134] 范成新，刘敏，王圣瑞，等.近20年来我国沉积物环境与污染控制研究进展与展望［J］.地球科学
进展，2021，36（4）：346-374.

[135] 范成新.湖泊沉积物-水界面研究进展与展望［J］.湖泊科学，2019，31（5）：1191-1218.

[136] 俞慎，历红波.沉积物再悬浮-重金属释放机制研究进展［J］.生态环境学报，2010，19（7）：
1724-1731.

[137] 丁为群，刘迪秋，葛锋，等.鱼类对重金属胁迫的分子反应机理［J］.生物学杂志，2012，29（2）：
84-87.

[138] 龙昱，罗永巨，肖俊，等.重金属胁迫对鱼类影响的研究进展［J］.南方农业学报，2016，47（9）：
1608-1614.

[139] 李宏，潘晓洁，万成炎，等.重金属对鱼类的生态毒理学研究进展［J］.水生态学杂志，2019，
40（5）：104-111.

[140] 邢艳帅，朱桂芬.重金属对水生生物的生态毒理效应及生物耐受机制研究进展［J］.生态毒理学
报，2017，12（3）：13-26.

[141] 王兴利，吴晓晨，王晨野，等.水生植物生态修复重金属污染水体研究进展［J］.环境污染与防治，
2020，42（1）：107-112.

[142] 鞠海燕，黄春文，罗文海，等.金属矿山酸性废水危害及治理技术的现状与对策［J］.中国钨业，
2008，23（2）：41-44.

[143] 王宁宁.酸性矿山废水的危害及处理技术研究进展［J］.环境与发展，2017，29（7）：99-100.

[144] 王磊，李泽琴，姜磊.酸性矿山废水的危害与防治对策研究［J］.环境科学与管理，2009，34（10）：
82-84.

[145] 刘长风，段士鑫，张晓宇，等.植物根系分泌物在重金属胁迫下的响应研究进展［J］.福建农业学
报，2021，36（12）：1506-1514.

[146] 刘宁.矿区耕地土壤重金属含量GWR模型反演研究［D］.长沙：长沙理工大学，2018.

[147] 王瀚，何九军，杨小录.重金属对植物的胁迫作用及其与信号转导的关系［J］.生物学教学，2012，
37（2）：7-9.

[148] 唐东民，伍钧，唐勇，等.重金属胁迫对植物的毒害及其抗性机理研究进展［J］.四川环境，2008，
30（5）：79-83.

[149] 郭丹蒂，丁国华.重金属胁迫对生物DNA影响的研究进展［J］.现代农业科技，2014，43（2）：
246-249.

[150] 文晓慧.重金属胁迫对植物的毒害作用［J］.农业灾害研究，2012，2（11）：20-21.

[151] 王涛.工业园区一般工业固废填埋场设计与管理的研究 [D].西安:西北大学,2016.

[152] 李雷.工业园区一般工业固废填埋场设计与管理分析 [J].皮革制作与环保科技,2022,3(1):87-89.

[153] 戴陈玉,石眺霞.化工园区Ⅱ类一般工业固废填埋场设计 [J].山东化工,2018,47(8):136-139.

[154] 孙鑫.典型大宗工业固体废物环境风险评价体系研究 [D].昆明:昆明理工大学,2015.

[155] 李超越.马家田尾矿库环境风险评价及危险范围预测 [D].成都:西南交通大学,2019.

[156] WANG N, HAN J, WEI Y, et al. Potential ecological risk and health risk assessment of heavy metals and metalloid in soil around Xunyang mining areas [J]. Sustainability, 2019, 11(18):4828.

[157] LU J, LU H, WANG W, et al. Ecological risk assessment of heavy metal contamination of mining area soil based on land type changes: An information network environ analysis [J]. Ecological Modelling, 2021, 455:109633.

[158] GUAN Y, CHU C, SHAO C, et al. Study of integrated risk regionalisation method for soil contamination in industrial and mining area [J]. Ecological Indicators, 2017, 83:260-270.

[159] GUAN Y, SHAO C, GU Q, et al. Method for assessing the integrated risk of soil pollution in industrial and mining gathering areas [J]. International Journal of Environmental Research and Public Health, 2015, 12(11):14589-14609.

[160] ZHOU Z, YANG Z, SUN Z, et al. Multidimensional pollution and potential ecological and health risk assessments of radionuclides and metals in the surface soils of a uranium mine in East China [J]. Journal of Soils and Sediments, 2020, 20(2):775-791.

[161] CHEN Y, JIANG X, WANG Y, et al. Spatial characteristics of heavy metal pollution and the potential ecological risk of a typical mining area: A case study in China [J]. Process Safety and Environmental Protection, 2018, 113:204-219.

[162] JAMAL A, DELAVAR M A, NADERI A, et al. Distribution and health risk assessment of heavy metals in soil surrounding a lead and zinc smelting plant in Zanjan, Iran [J]. Human and Ecological Risk Assessment: An International Journal, 2019, 25(4):1018-1033.

[163] GU Z G, WU M, NING P. Study of heavy metal speciation in surface sediments of Lugu lake, China [J]. Applied Mechanics and Materials, 2014, 448:293-298.

[164] RAHMAN M S, REICHELT-BRUSHET A J, CLARK M W, et al. Arsenic bio-accessibility and bioaccumulation in aged pesticide contaminated soils: A multiline investigation to understand environmental risk [J]. Science of the Total Environment, 2017, 581:782-793.

[165] WANG N. Ecological risk assessment of heavy metals in soils around mining area: Comparison of different assessment methods [J]. IOP Conference Series: Earth and Environmental Science, 2020, 525(1):012074.

[166] 王晓飞,邓超冰,许桂苹,等.应用体外模拟法评价土壤中重金属的人体健康风险 [J].江苏农业科学,2017,45(6):251-254.

[167] 简小磊,夏良树,胡思思,等.铀矿山土壤污染风险评价方法研究 [J].铀矿冶,2013,32(4):216-220.

[168] 李子阳,李恒凯.场地重金属污染与风险评价方法研究进展 [J].环境污染与防治,2021,43(9):1201-1204,1208.

[169] 王显炜,徐友宁,杨敏,等.国内外矿山土壤重金属污染风险评价方法综述 [J].中国矿业,2009,18(10):54-56.

[170] 李泽琴,侯佳渝,王奖臻.矿山环境土壤重金属污染潜在生态风险评价模型探讨 [J].地球科学进展,2008,23(5):509-516.

[171] 邓海,王锐,严明书,等.矿区周边农田土壤重金属污染风险评价 [J].环境化学,2021,40(4):

1127-1137.

[172] 陈江军, 刘波, 蔡烈刚, 等. 基于多种方法的土壤重金属污染风险评价对比: 以江汉平原典型场区为例 [J]. 水文地质工程地质, 2018, 45 (6): 164-172.

[173] 何绪文, 王宇翔, 房增强, 等. 铅锌矿区土壤重金属污染特征及污染风险评价 [J]. 环境工程技术学报, 2016, 6 (5): 476-483.

[174] 王显炜, 徐友宁, 杨敏, 等. 国内外矿山土壤重金属污染风险评价方法综述 [J]. 中国矿业, 2009, 18 (10): 54-56.

[175] 刁杰. 我国农田土壤重金属污染现状、危害及风险评价研究 [J]. 江西化工, 2021, 37 (6): 27-29.

[176] 韩承辉, 谢伟芳. 基于体外模拟法评价南京某污灌区土壤及蔬菜重金属污染现状 [J]. 有色金属 (冶炼部分), 2021, 73 (3): 71-77.

[177] 中华人民共和国生态环境部. 建设用地土壤污染风险评估技术导则: HJ 25.3—2019 [S]. 北京: 中国环境出版集团, 2019.

[178] 中华人民共和国生态环境部. 土壤环境质量 农用地土壤污染风险管控标准 (试行): GB 15618—2018 [S]. 北京: 中国环境出版集团, 2018.

[179] 中华人民共和国生态环境部. 土壤环境质量 建设用地土壤污染风险管控标准 (试行): GB 36600—2018 [S]. 北京: 中国环境出版集团, 2018.

[180] 周利东. 土壤重金属污染风险评价方法对比研究 [J]. 皮革制作与环保科技, 2021, 2 (23): 111-113.

[181] 李金惠, 谭全银. 环境风险评价方法与实践 [M]. 北京: 中国环境出版集团, 2018.

[182] 陈梦舫, 韩璐, 罗飞. 污染场地土壤与地下水风险评估方法学 [M]. 北京: 科学出版社, 2017.

[183] 崔龙哲, 李社峰. 污染土壤修复技术与应用 [M]. 北京: 化学工业出版社, 2016.

[184] 欧阳喜辉, 刘晓霞, 李花粉, 等. 农用地土壤重金属生态环境污染风险评价与管控 [M]. 北京: 中国农业出版社, 2020.

[185] 贾建丽, 于妍, 薛南冬. 污染场地修复风险评价与控制 [M]. 北京: 化学工业出版社, 2015.

[186] AL-BALDAWI I A, ABDULLAH S R S, ANUAR N, et al. Phytotransformation of methylene blue from water using aquatic plant (*Azolla pinnata*) [J]. Environmental Technology & Innovation, 2018, 11: 15-22.

[187] SOUZA L A, PIOTTO F A, NOGUEIROL R C, et al. Use of non-hyperaccumulator plant species for the phytoextraction of heavy metals using chelating agents [J]. Scientia Agricola, 2013, 70 (4): 290-295.

[188] ASHRAF S, ALI Q, ZAHIR Z A, et al. Phytoremediation: Environmentally sustainable way for reclamation of heavy metal polluted soils [J]. Ecotoxicology and Environmental Safety, 2019, 174: 714-727.

[189] BABU A G, SHIM J, BANG K S, et al. *Trichoderma virens* PDR-28: A heavy metal-tolerant and plant growth-promoting fungus for remediation and bioenergy crop production on mine tailing soil [J]. Journal of Environmental Management, 2014, 132: 129-134.

[190] CHEN H, ZHANG J, TANG L, et al. Enhanced Pb immobilization via the combination of biochar and phosphate solubilizing bacteria [J]. Environment International, 2019, 127: 395-401.

[191] STEPHENSON C, BLACK C R. One step forward, two steps back: The evolution of phytoremediation into commercial technologies [J]. Bioscience Horizons: The International Journal of Student Research, 2014, 7 (9): 1-15.

[192] HUANG D, QIN X, PENG Z, et al. Nanoscale zero-valent iron assisted phytoremediation of Pb in sediment: Impacts on metal accumulation and antioxidative system of Lolium perenne [J]. Ecotoxicology and Environmental Safety, 2018, 153: 229-237.

[193] GIL-LOAIZA J, FIELD J P, WHITE S A, et al. Phytoremediation reduces dust emissions from metal (loid) -contaminated mine tailings [J] . Environmental Science & Technology, 2018, 52 (10): 5851-5858.

[194] GRAY E J, SMITH D L. Intracellular and extracellular PGPR: Commonalities and distinctions in the plant-bacterium signaling processes [J] . Soil Biology and Biochemistry, 2005, 37 (3): 395-412.

[195] GUARINO F, MIRANDA A, CASTIGLIONE S, et al. Arsenic phytovolatilization and epigenetic modifications in *Arundo donax* L. assisted by a PGPR consortium [J] . Chemosphere, 2020, 251: 126310.

[196] HAMMOND C M, ROOT R A, MAIER R M, et al. Mechanisms of arsenic sequestration by *Prosopis juliflora* during the phytostabilization of metalliferous mine tailings [J] . Environmental Science & Technology, 2018, 52 (3): 1156-1164.

[197] HARTLEY W, EDWARDS R, LEPP N W. Arsenic and heavy metal mobility in iron oxide-amended contaminated soils as evaluated by short-and long-term leaching tests [J] . Environmental Pollution, 2004, 131 (3): 495-504.

[198] SU H, FANG Z, TSANG P E, et al. Stabilisation of nanoscale zero-valent iron with biochar for enhanced transport and in-situ remediation of hexavalent chromium in soil [J] . Environmental Pollution, 2016, 214: 94-100.

[199] ZHU H, CHEN L, XING W, et al. Phytohormones-induced senescence efficiently promotes the transport of cadmium from roots into shoots of plants: A novel strategy for strengthening of phytoremediation [J] . Journal of Hazardous Materials, 2020, 388: 122080.

[200] JELUSIC M, LESTAN D. Effect of EDTA washing of metal polluted garden soils. Part Ⅰ : Toxicity hazards and impact on soil properties [J] . Science of the Total Environment, 2014, 475: 132-141.

[201] KANG C H, OH S J, SHIN Y J, et al. Bioremediation of lead by ureolytic bacteria isolated from soil at abandoned metal mines in South Korea [J] . Ecological Engineering, 2015, 74: 402-407.

[202] KOOMEN I, MCGRAM S P, GILLER K E. Mycorrhizal infection of clover is delayed in soils contaminated with heavy metals from past sewage sludge applications [J] . Soil Biology and Biochemistry, 1990, 22 (6): 871-873.

[203] LENOIR A, BOULAY R, DEJEAN A, et al. Phthalate pollution in an Amazonian rainforest [J] . Environmental Science and Pollution Research, 2016, 23 (16): 16865-16872.

[204] LESAGE E, MEERS E, VERVAEKE P, et al. Enhanced phytoextraction: Ⅱ. Effect of EDTA and citric acid on heavy metal uptake by *Helianthus annuus* from a calcareous soil [J] . International Journal of Phytoremediation, 2005, 7 (2): 143-152.

[205] LI X, WANG X, CHEN Y, et al. Optimization of combined phytoremediation for heavy metal contaminated mine tailings by a field-scale orthogonal experiment [J] . Ecotoxicology and Environmental Safety, 2019, 168: 1-8.

[206] LI Y, LIN J, HUANG Y, et al. Bioaugmentation-assisted phytoremediation of manganese and cadmium co-contaminated soil by Polygonaceae plants (*Polygonum hydropiper* L. and *Polygonum lapathifolium* L.) and *Enterobacter* sp. FM-1 [J] . Plant and Soil, 2020, 448 (1): 439-453.

[207] LIU Z Q, LI H L, ZENG X J, et al. Coupling phytoremediation of cadmium-contaminated soil with safe crop production based on a sorghum farming system [J] . Journal of Cleaner Production, 2020, 275: 123002.

[208] MA H, WEI M, WANG Z, et al. Bioremediation of cadmium polluted soil using a novel cadmium immobilizing plant growth promotion strain *Bacillus* sp. TZ5 loaded on biochar [J]. Journal of Hazardous Materials, 2020, 388: 122065.

[209] MENDOZA-HERNÁNDEZ J C, VÁZQUEZ-DELGADO O R, CASTILLO-MORALES M, et al. Phytoremediation of mine tailings by *Brassica juncea* inoculated with plant growth-promoting bacteria [J]. Microbiological Research, 2019, 228: 126308.

[210] ÁLVAREZ-MATEOS P, ALÉS-ÁLVAREZ F J, GARCÍA-MARTÍN J F. Phytoremediation of highly contaminated mining soils by *Jatropha curcas* L. and production of catalytic carbons from the generated biomass [J]. Journal of Environmental Management, 2019, 231: 886-895.

[211] PENROSE D M, GLICK B R. Levels of ACC and related compounds in exudate and extracts of canola seeds treated with ACC deaminase-containing plant growth-promoting bacteria [J]. Canadian Journal of Microbiology, 2001, 47(4): 368-372.

[212] RANÐELOVIĆD, STANKOVIĆS, MIHAILOVIĆN, et al. Remediation of copper from copper mine wastes and contaminated soils using (S, S)-ethylenediaminedisuccinic acid and acidophilic bacteria [J]. Bioremediation Journal, 2015, 19(3): 231-238.

[213] RODRÍGUEZ-VILA A, FORJÁN R, GUEDES R S, et al. Nutrient phytoavailability in a mine soil amended with technosol and biochar and vegetated with *Brassica juncea* [J]. Journal of Soils and Sediments, 2017, 17(6): 1653-1661.

[214] SALEEM M, ASGHAR H N, ZAHIR Z A, et al. Impact of lead tolerant plant growth promoting rhizobacteria on growth, physiology, antioxidant activities, yield and lead content in sunflower in lead contaminated soil [J]. Chemosphere, 2018, 195: 606-614.

[215] SHAHEEN S M, RINKLEBE J. Impact of emerging and low cost alternative amendments on the (im) mobilization and phytoavailability of Cd and Pb in a contaminated floodplain soil [J]. Ecological Engineering, 2015, 74: 319-326.

[216] SHEN Z, JIN F, CONNOR D, et al. Solidification/stabilization for soil remediation: An old technology with new vitality [J]. Environmental Science & Technology, 2019, 53(20): 11615-11617.

[217] JIA T, CAO M W, JING J H, et al. Endophytic fungi and soil microbial community characteristics over different years of phytoremediation in a copper tailings dam of Shanxi, China [J]. Science of the Total Environment, 2017, 574(1): 881-888.

[218] TORRES L G, LOPEZ R B, BELTRAN M. Removal of As, Cd, Cu, Ni, Pb, and Zn from a highly contaminated industrial soil using surfactant enhanced soil washing [J]. Physics and Chemistry of the Earth, Parts A/B/C, 2012, 37: 30-36.

[219] VANGRONSVELD J, HERZIG R, WEYENS N, et al. Phytoremediation of contaminated soils and groundwater: Lessons from the field [J]. Environmental Science and Pollution Research, 2009, 16(7): 765-794.

[220] WANG L, JI B, HU Y, et al. A review on in situ phytoremediation of mine tailings [J]. Chemosphere, 2017, 184: 594-600.

[221] WANG L, LIN H, DONG Y, et al. Isolation of vanadium-resistance endophytic bacterium PRE01 from *Pteris vittata* in stone coal smelting district and characterization for potential use in phytoremediation [J]. Journal of Hazardous Materials, 2018, 341: 1-9.

[222] WENZEL W W, UNTERBRUNNER R, SOMMER P, et al. Chelate-assisted phytoextraction using canola (*Brassica napus* L.) in outdoors pot and lysimeter experiments [J]. Plant and Soil, 2003, 249(1): 83-96.

[223] WU S, LIU Y, SOUTHAM G, et al. Geochemical and mineralogical constraints in iron ore tailings limit soil formation for direct phytostabilization [J]. Science of the Total Environment, 2019, 651: 192-202.

[224] XING J, HU T, CANG L, et al. Remediation of copper contaminated soil by using different particle sizes of apatite: A field experiment [J]. SpringerPlus, 2016, 5 (1): 1-16.

[225] YILDIRIM D, SASMAZ A. Phytoremediation of As, Ag, and Pb in contaminated soils using terrestrial plants grown on Gumuskoy mining area (Kutahya Turkey) [J]. Journal of Geochemical Exploration, 2017, 182: 228-234.

[226] CHEN Z, PEI J, WEI Z, et al. A novel maize biochar-based compound fertilizer for immobilizing cadmium and improving soil quality and maize growth [J]. Environmental Pollution, 2021, 277: 116455.

[227] ZHANG R, ZHANG N, FANG Z. In situ remediation of hexavalent chromium contaminated soil by CMC-stabilized nanoscale zero-valent iron composited with biochar [J]. Water Science and Technology, 2018, 77 (6): 1622-1631.

[228] 陈玉娟, 符海文, 温琰茂. 淋洗法去除土壤重金属研究 [J]. 中山大学学报 (自然科学版), 2001 (Z3): 111-113.

[229] 邓敏, 程蓉, 舒荣波, 等. 攀西矿区典型重金属污染土壤化学-微生物联合修复技术探索 [J]. 矿产综合利用, 2021, 42 (4): 1-9.

[230] 贾俊峰, 黄阳, 刘方, 等. 汞矿区汞污染土壤的淋洗修复 [J]. 化工环保, 2018, 38 (2): 231-235.

[231] 刘国华. 南京幕府山构树种群生态学及矿区废弃地植被恢复技术研究 [D]. 南京: 南京林业大学, 2004.

[232] 罗战祥, 揭春生, 毛旭东. 重金属污染土壤修复技术应用 [J]. 江西化工, 2010, 26 (2): 100-103.

[233] 王新花, 赵晨曦, 潘响亮. 基于微生物诱导碳酸钙沉淀 (MICP) 的铅污染生物修复 [J]. 地球与环境, 2015, 43 (1): 80-85.

[234] 王学锋, 曹静. 蚯蚓在植物修复重金属污染土壤中的应用前景 [J]. 安徽农业科学, 2008, 48 (17): 7415-7416.

[235] 魏可心. 沿阶草对镉胁迫的生理生化响应及外源 GSH 处理的缓解效应 [D]. 成都: 四川农业大学, 2018.

[236] 杨玲, 熊智, 吴洪娇, 等. 5种豆科植物对铅、锌及其复合作用的耐性研究 [J]. 中国农学通报, 2011, 27 (30): 104-110.

[237] 张英杰, 勾凯, 董鹏, 等. 一种用于电动修复去除矿区土壤中铜的可渗透反应材料的制备方法. CN105131959B [P]. 2019-05-14.

[238] 张颖, 伍钧. 土壤污染与防治 [M]. 北京: 中国林业出版社, 2012.

[239] 周东美, 邓昌芬. 重金属污染土壤的电动修复技术研究进展 [J]. 农业环境科学学报, 2003, 23 (4): 505-508.

[240] 周际海, 袁颖红, 朱志保, 等. 土壤有机污染物生物修复技术研究进展 [J]. 生态环境学报, 2015, 24 (2): 343-351.

[241] 朱启红, 夏红霞. 蜈蚣草对 Pb、Zn 复合污染的响应 [J]. 环境化学, 2012, 31 (7): 1029-1035.

[242] BELZILE N, MAKI S, CHEN Y W, et al. Inhibition of pyrite oxidation by surface treatment [J]. Science of the Total Environment, 1997, 196 (2): 177-186.

[243] KANG C U, JEON B H, PARK S S, et al. Inhibition of pyrite oxidation by surface coating: A long-term field study [J]. Environmental Geochemistry and Health, 2016, 38 (5): 1137-1146.

[244] MOODLEY I, SHERIDAN C M, KAPPELMEYER U, et al. Environmentally sustainable acid mine drainage remediation: Research developments with a focus on waste/by-products [J].

Minerals Engineering, 2018, 126: 207-220.

[245] TONG L, FAN R, YANG S, et al. Development and status of the treatment technology for acid mine drainage [J]. Mining, Metallurgy & Exploration, 2021, 38 (1): 315-327.

[246] 国家环境保护局. 污水综合排放标准: GB 8978—1996 [S]. 北京: 中国标准出版社, 1996.

[247] WANG S, ZHAO Y, LI S. Silicic protective surface films for pyrite oxidation suppression to control acid mine drainage at the source [J]. Environmental Science and Pollution Research, 2019, 26 (25): 25725-25732.

[248] FAN R, SHORT M D, ZENG S J, et al. The formation of silicate-stabilized passivating layers on pyrite for reduced acid rock drainage [J]. Environmental Science & Technology, 2017, 51 (19): 11317-11325.

[249] KARGBO D M, CHATTER S. Stability of silicate coatings on pyrite surfaces in a low pH environment [J]. Journal of Environmental Engineering, 2005, 131 (9): 1340-1349.

[250] KARGBO D M, ATALLAH G, CHATTERJEE S. Inhibition of pyrite oxidation by a phospholipid in the presence of silicate [J]. Environmental Science & Technology, 2004, 38 (12): 3432-3441.

[251] ZHANG X, BORDA M J, SCHOONEN M A A, et al. Pyrite oxidation inhibition by a cross-linked lipid coating [J]. Geochemical Transactions, 2003, 4 (2): 8-11.

[252] LAN Y, HUANG X, DENG B. Suppression of pyrite oxidation by iron 8-hydroxyquinoline [J]. Archives of Environmental Contamination and Toxicology, 2002, 43 (2): 168-174.

[253] LIU Y, DANG Z, XU Y, et al. Pyrite passivation by triethylenetetramine: An electrochemical study [J]. Journal of Analytical Methods in Chemistry, 2013, 2013: 387124.

[254] SHU X, DANG Z, ZHANG Q, et al. Passivation of metal-sulfide tailings by covalent coating [J]. Minerals Engineering, 2013, 42: 36-42.

[255] DIAO Z, SHI T, WANG S, et al. Silane-based coatings on the pyrite for remediation of acid mine drainage [J]. Water Research, 2013, 47 (13): 4391-4402.

[256] NYAVOR K, EGIEBOR N O. Control of pyrite oxidation by phosphate coating [J]. Science of the Total Environment, 1995, 162 (2/3): 225-237.

[257] GEORGOPOULOU Z J, FYTAS K, SOTO H, et al. Feasibility and cost of creating an iron-phosphate coating on pyrrhotite to prevent oxidation [J]. Environmental Geology, 1996, 28 (2): 61-69.

[258] ZHANG Y L, EVANGELOU V P. Formation of ferric hydroxide-silica coatings on pyrite and its oxidation behavior [J]. Soil Science, 1998, 163 (1): 53-62.

[259] FYTAS K, BOUSQUET P. Silicate micro-encapsulation of pyrite to prevent acid mine drainage [J]. CIM Bulletin, 2002, 95 (1063): 96-99.

[260] OUYANG Y, LIU Y, ZHU R, et al. Pyrite oxidation inhibition by organosilane coatings for acid mine drainage control [J]. Minerals Engineering, 2015, 72: 57-64.

[261] WANG D, BIERWAGEN G P. Sol-gel coatings on metals for corrosion protection [J]. Progress in Organic Coatings, 2009, 64 (4): 327-338.

[262] ZHOU C, LU X, XIN Z, et al. Corrosion resistance of novel silane-functional polybenzoxazine coating on steel [J]. Corrosion Science, 2013, 70 (5): 145-151.

[263] KLEINMANN R L P. At-source control of acid mine drainage [J]. International Journal of Mine Water, 1990, 9 (1): 85-96.

[264] 吴元锋, 仪桂云, 刘全涓, 等. 粉煤灰综合利用现状 [J]. 洁净煤技术, 2013, 19 (6): 100-104.

[265] 张祥成, 孟永彪. 浅析中国粉煤灰的综合利用现状 [J]. 无机盐工业, 2020, 52 (2): 1-5.

[266] SAHOO P K, TRIPATHY S, PANIGRAHI M K, et al. Inhibition of acid mine drainage from a py-rite-rich mining waste using industrial by-products: Role of neo-formed phases [J]. Water, Air, & Soil Pollution, 2013, 224 (11): 1-11.

[267] JIA Y, MAURICE C, ÖHLANDER B. Effect of the alkaline industrial residues fly ash, green liq-uor dregs, and lime mud on mine tailings oxidation when used as covering material [J]. Envi-ronmental Earth Sciences, 2014, 72 (2): 319-334.

[268] JIA Y, MAURICE C, OHLANDER B. Metal mobilization in tailings covered with alkaline resi-due products: Results from a leaching test using fly ash, green liquor dregs, and lime mud [J]. Mine Water and the Environment, 2015, 34 (3): 270-287.

[269] HAKKOU R, BENZAAZOUA M, BUSSIERE B. Laboratory evaluation of the use of alkaline phosphate wastes for the control of acidic mine drainage [J]. Mine Water and the Environ-ment, 2009, 28 (3): 206-218.

[270] NASON P, ALAKANGAS L, OHLANDER B. Using sewage sludge as a sealing layer to remedi-ate sulphidic mine tailings: A pilot-scale experiment, Northern Sweden [J]. Environmental Earth Sciences, 2013, 70 (7): 3093-3105.

[271] 阳正熙. 矿区酸性废水的成因及其防治 [J]. 采矿技术, 1999, 15 (10): 42-45.

[272] LEATHEN W W, BRALEY SR S A, MCINTYRE L D. The role of bacteria in the formation of acid from certain sulfuritic constituents associated with bituminous coal: I. Thiobacillus thiooxi-dans [J]. Applied Microbiology, 1953, 1 (2): 61-64.

[273] 曾威鸿, 董颖博, 林海. 酸性矿山废水源头控制技术研究进展 [J]. 安全与环境工程, 2020, 27 (1): 104-110.

[274] 付天岭, 吴永贵, 罗有发, 等. 抗菌处理对含硫煤矸石污染物释放的原位控制作用 [J]. 环境工程学报, 2014, 8 (7): 2980-2986.

[275] 任婉侠, 李培军, 范淑秀, 等. 低分子量有机酸对氧化亚铁硫杆菌影响 [J]. 环境工程学报, 2008, 2 (9): 1269-1273.

[276] ZHAO Y, CHEN P, NAN W, et al. The use of (5Z)-4-bromo-5-(bromomethylene)-2 (5H)-furanone for controlling acid mine drainage through the inhibition of Acidithiobacillus ferrooxi-dans biofilm formation [J]. Bioresource Technology, 2015, 186: 52-57.

[277] 赵计伟, 张庆海, 王宁涛, 等. 酸性矿山废水处理技术研究进展与展望 [J]. 矿产勘查, 2021, 12 (4): 1049-1055.

[278] 杨自然, 王广平, 王铁刚, 等. 宝山尾矿库扬尘治理措施 [J]. 矿冶工程, 2016, 36 (3): 6-8.

[279] 郑学敏, 周连碧, 代宏文. 无土植被防止杨山冲尾矿库粉尘污染 [J]. 有色金属, 2003, 55 (1): 126-129.

[280] 季学李, 李秉祥, 马仲文. 川南地区土法炼磺环境污染及对策 [J]. 四川环境, 1987, 9 (2): 17-21.

[281] 刘全军, 皇甫明柱, 王宏菊. 硫酸渣资源化开发与利用 [M]. 北京: 化学工业出版社, 2012.

[282] 郑竞, 程波, 杨武, 等. 尾矿减量化, 资源化和无害化实践状况与思考 [J]. 矿山机械, 2022, 50 (1): 38-43.

[283] 张渊, 洪秉信. 川南硫铁矿尾矿的工艺性质与综合利用 [J]. 矿产综合利用, 2006, 27 (5): 21-24.

[284] 陈永贵, 邹银生, 张可能. 铜矿山尾矿坝帷幕防渗技术研究 [J]. 地质与勘探, 2007, 43 (3): 108-111.

[285] 刘福东, 张可能, 陈永贵. 矿山尾矿坝基础防渗化学注浆技术研究 [J]. 矿冶工程, 2007, 27 (3): 11-14.

[286] 王星华. 粘土固化浆液在地下工程中的应用 [M]. 北京: 中国铁道出版社, 1998.

［287］ 杨明.粘土固化注浆在固体废物填埋场防渗工程中的试验研究［D］.长沙：中南工业大学，1998.

［288］ 杨一清.高密度聚乙烯（HDPE）膜在垃圾填埋场基底防渗层中的应用［J］.环境卫生工程，2001，9（3）：116-119.

［289］ 郭菊玲.HDPE复合土工膜在尾矿库工程施工中的应用［J］.科技资讯，2010，8（11）：93.

［290］ 沈楼燕，李海港.尾矿库防渗土工膜渗漏问题的探讨［J］.有色金属（矿山部分），2009，61（3）：71-72.

［291］ 张来，张显强，孙敏.贵州万山汞矿区苔藓植物对汞的吸附和富集特征［J］.环境科学，2011，32（6）：1734-1739.

［292］ 宋玉芳，沈亚婷.微束X射线荧光和X射线吸收近边结构谱分析云南某铅锌矿区苔藓中铅的分布和形态［J］.分析化学，2017，45（9）：1309-1315.

［293］ 宋书巧，吴欢，张建勇，等.大厂矿区锡矿尾砂对银合欢生长的影响研究［J］.环境科学与技术，2004，27（5）：90-92.

［294］ 杨世勇，谢建春，刘登义.铜陵铜尾矿复垦现状及植物在铜尾矿上的定居［J］.长江流域资源与环境，2004，13（5）：488-493.

［295］ 赵玉红，敬久旺，王向涛，等.藏中矿区先锋植物重金属积累特征及耐性研究［J］.草地学报，2016，24（3）：598-603.

［296］ 雷冬梅，段昌群，张红叶.矿区废弃地先锋植物齿果酸模在Pb，Zn污染下抗氧化酶系统的变化［J］.生态学报，2009，29（10）：5417-5423.

［297］ USEPA U. Treatment technologies for site cleanup: Annual status report［R］. USA: EPA Environmental Protection Agency, 2007.

［298］ 赵述华，陈志良，张太平，等.重金属污染土壤的固化/稳定化处理技术研究进展［J］.土壤通报，2013，44（6）：1531-1536.

［299］ 郝汉舟，陈同斌，靳孟贵，等.重金属污染土壤稳定/固化修复技术研究进展［J］.应用生态学报，2011，22（3）：816-824.

［300］ AMIN M S, HASHEM F S, MOHAMED M R. Solidification/stabilisation of Zn^{2+} ions in metakaolin and homra-blended cement matrices［J］. Advances in Cement Research, 2012, 24（4）: 239-248.

［301］ 汪莉.重金属废渣硫固定稳定化研究［D］.长沙：中南大学，2009.

［302］ 徐超，陈炳睿，吕高明，等.硅酸盐和磷酸盐矿物对土壤重金属化学固定的研究进展［J］.环境科学与管理，2012，37（5）：164-168.

［303］ MA L Q, CHOATE A L, RAO G N. Effects of incubation and phosphate rock on lead extractability and speciation in contaminated soils［J］. Journal of Environmental Quality, 1997, 26（3）: 801-807.

［304］ 王碧玲，谢正苗，孙叶芳，等.磷肥对铅锌矿污染土壤中铅毒的修复作用［J］.环境科学学报，2005，25（9）：1189-1194.

［305］ WANG B, XIE Z, CHEN J, et al. Effects of field application of phosphate fertilizers on the availability and uptake of lead, zinc and cadmium by cabbage（*Brassica chinensis* L.）in a mining tailing contaminated soil［J］. Journal of Environmental Sciences（China）, 2008, 20（9）: 1109-1117.

［306］ 蒋建国，王伟.高分子螯合剂捕集重金属Pb^{2+}的机理研究［J］.环境科学，1997，18（2）：31-33.

［307］ 方一丰，郑余阳，唐娜，等.生物可降解络合剂聚天冬氨酸治理土壤重金属污染［J］.生态环境学报，2008，17（1）：237-240.

［308］ 施卫明，薛利红，王建国，等.农村面源污染治理的"4R"理论与工程实践：生态拦截技术［J］.农业环境科学学报，2013，32（9）：1697-1704.

[309] 姚琴琴. 某钨矿山废水综合治理系统优化与实践 [J]. 中国钨业, 2020, 35 (1): 62-66.

[310] 吴义千, 占幼鸿. 矿山酸性废水源头控制与德兴铜矿杨桃坞、祝家废石场和露天采场清污分流工程 [J]. 有色金属, 2005, 57 (4): 101-105.

[311] 孙亚军, 陈歌, 徐智敏, 等. 我国煤矿区水环境现状及矿井水处理利用研究进展 [J]. 煤炭学报, 2020, 45 (1): 304-316.

[312] 张鑫, 张焕祯. 金属矿山酸性废水处理技术研究进展 [J]. 中国矿业, 2012, 21 (4): 45-48.

[313] 覃朝科, 程峰, 莫少锋. 矿业开发中的重金属污染防治 [M]. 北京: 冶金工业出版社, 2015.

[314] 杨伟龙, 白宇明, 李永利, 等. 内蒙古包头某铁矿尾矿库生态修复的植物优选研究 [J]. 中国地质, 2022, 49 (3): 683-694.

[315] 仇荣亮, 仇浩, 雷梅, 等. 矿山及周边地区多金属污染土壤修复研究进展 [J]. 农业环境科学学报, 2009, 28 (6): 1085-1091.

[316] 夏孝东, 方晓航, 李杰, 等. 铅锌尾矿生态修复技术研究进展 [J]. 广东化工, 2017, 44 (1): 46-47, 79.

[317] 王春光. 长江下游典型硫铁矿集采区矿山地质环境现状分析 [J]. 环境保护科学, 2021, 47 (1): 21-27.

[318] 成晓梦, 孙彬彬, 吴超, 等. 浙中典型硫铁矿区农田土壤重金属含量特征及健康风险 [J]. 环境科学, 2022, 43 (1): 442-453.

[319] REEVES R D. Tropical hyperaccumulators of metals and their potential for phytoextraction [J]. Plant and Soil, 2003, 249 (1): 57-65.

[320] SHU W S, ZHAO Y, YANG B, et al. Accumulation of heavy metals in four grasses grown on lead and zinc mine tailings [J]. Journal of Environmental Sciences, 2004, 16 (5): 730-734.

[321] 侯晓龙, 常青山, 刘国锋, 等. Pb 超富集植物金丝草 (*Pogonatherum crinitum*)、柳叶箬 (*Lsache globosa*) [J]. 环境工程学报, 2012, 6 (3): 989-994.

[322] 汤叶涛, 仇荣亮, 曾晓雯, 等. 一种新的多金属超富集植物: 圆锥南芥 (*Arabis paniculata* L.) [J]. 中山大学学报 (自然科学版), 2005, 51 (4): 135-136.

[323] BAKER A J M, BROOKS R R. Terrestrial higher plants which hyperaccumulate metallic elements. A review of their distribution, ecology and phytochemistry [J]. Biorecovery, 1989, 1 (2): 81-126.

[324] 席磊, 王永芬, 唐世荣. 二氧化碳对铜污染土壤中印度芥菜生长及其铜积累的影响 [J]. 中国农学通报, 2007, 23 (5): 381-386.

[325] LOU L Q, SHEN Z G, LI X D. The copper tolerance mechanisms of *Elsholtzia haichowensis*, a plant from copper-enriched soils [J]. Environmental and Experimental Botany, 2004, 51 (2): 111-120.

[326] 束文圣, 杨开颜, 张志权, 等. 湖北铜绿山古铜矿冶炼渣植被与优势植物的重金属含量研究 [J]. 应用与环境生物学报, 2001, 7 (1): 7-12.

[327] SHI J, YUAN X, CHEN X, et al. Copper uptake and its effect on metal distribution in root growth zones of commelina communis revealed by SRXRF [J]. Biological Trace Element Research, 2011, 141 (1/3): 294-304.

[328] 韩璐, 魏岿, 官子楸, 等. Zn/Cd 超富集植物天蓝遏蓝菜 (*Thlaspi caerulescens*) 中 *TcCaM* 2 基因的克隆及在酵母中的重金属耐受性分析 [J]. 中国科学院大学学报, 2007, 24 (4): 465-472.

[329] 聂发辉. 镉超富集植物商陆及其富集效应 [J]. 生态环境学报, 2006, 15 (2): 303-306.

[330] SUN Y, ZHOU Q, WANG L, et al. The influence of different growth stages and dosage of EDTA on Cd uptake and accumulation in Cd-hyperaccumulator (*Solanum nigrum* L.) [J]. Bulletin of Environmental Contamination & Toxicology, 2009, 82 (3): 348-353.

［331］ 张军, 陈功锡, 杨兵, 等.宝山堇菜多金属吸收特征和耐性策略［J］.生态环境学报, 2011, 20 （Z1）: 1133-1137.

［332］ 刘威, 束文圣, 蓝崇钰.宝山堇菜（Viola baoshanensis）: 一种新的镉超富集植物［J］.科学通报, 2003, 48（19）: 2046-2049.

［333］ 熊愈辉.东南景天对镉的耐性生理机制及其对土壤镉的提取与修复作用的研究［D］.杭州: 浙江大学, 2005.

［334］ 聂亚平, 王晓维, 万进荣, 等.几种重金属（Pb、Zn、Cd、Cu）的超富集植物种类及增强植物修复措施研究进展［J］.生态科学, 2016, 35（2）: 174-182.

［335］ 王锐, 于宗灵, 关昳.土壤镍污染植物修复的研究概况［J］.环境科学与管理, 2013, 38（8）: 111-114.

［336］ 韦朝阳, 陈同斌.重金属超富集植物及植物修复技术研究进展［J］.生态学报, 2001, 21（7）: 1196-1203.

［337］ 陈岩松, 吴若菁, 庄捷, 等.木本植物重金属毒害及抗性机理［J］.福建林业科技, 2007, 34（1）: 50-55.

［338］ MIGEON A, RICHAUD P, GUINET F, et al. Metal accumulation by woody species on contaminated sites in the North of France［J］. Water Air & Soil Pollution, 2009, 204（1/4）: 89-101.

［339］ UTMAZIAN M, WIESHAMMER G, VEGA R, et al. Hydroponic screening for metal resistance and accumulation of cadmium and zinc in twenty clones of willows and poplars［J］. Environmental Pollution, 2007, 148（1）: 155-165.

［340］ ROBINSON B, FERNANDEZ J E, MADEJON P, et al. Phytoextraction: An assessment of biogeochemical and economic viability［J］. Plant and Soil, 2003, 249（1）: 117-125.

［341］ CASTIGLIONE S, TODESCHINI V, FRANCHIN C, et al. Clonal differences in survival capacity, copper and zinc accumulation, and correlation with leaf polyamine levels in poplar: A large-scale field trial on heavily polluted soil［J］. Environmental Pollution, 2009, 157（7）: 2108-2117.

［342］ 李非里, 邵鲁泽, 吴兴飞, 等.植物修复重金属强化技术和间套种研究进展［J］.浙江工业大学学报, 2021, 49（3）: 345-354.

［343］ 林海, 江昕昳, 李冰, 等.有色金属尾矿植物修复强化技术研究进展［J］.有色金属工程, 2019, 9（11）: 122-132.

［344］ SANTIBANEZ C, FUENTE L M, BUSTAMANTE E, et al. Potential use of organic-and hard-rock mine wastes on aided phytostabilization of large-scale mine tailings under semiarid Mediterranean climatic conditions: Short-term field study［J］. Applied and Environmental Soil Science, 2012, 2012（15）: 204914.

［345］ WATERLOT C, PRUVOT C, MAROT F, et al. Impact of a phosphate amendment on the environmental availability and phytoavailability of Cd and Pb in moderately and highly carbonated kitchen garden soils［J］. Pedosphere, 2017, 27（3）: 588-605.

［346］ 李艳梅, 贺龙强, 胡鹏, 等.木质素磺酸盐基高吸水性树脂的制备及农用研究［J］.塑料科技, 2021, 49（9）: 39-42.

［347］ 吕春娟, 毕如田, 陈卫国, 等.土壤结构调理剂PAM对复垦铁尾矿砂物理性状的影响［J］.农业工程学报, 2017, 33（6）: 240-245.

［348］ 李勤奋, 黄棣, 王江, 等.可生物降解羧甲基纤维素/壳聚糖吸水保水材料的制备与表征［J］.高分子材料科学与工程, 2010, 26（12）: 118-121.

［349］ CHEN H M, ZHENG C R, TU C, et al. Chemical methods and phytoremediation of soil contaminated with heavy metals［J］. Chemosphere, 2000, 41（1/2）: 229-234.

[350] 董鹏，刘均洪，张广柱.尾矿污染区的植物修复研究进展 [J].矿产综合利用，2009，30（3）：43-46.

[351] 王红新，郭绍义，胡锋，等.螯合剂对铅锌尾矿改良基质上蓖麻幼苗生长和铅锌积累的影响 [J].土壤学报，2012，49（3）：491-498.

[352] HAN Y, ZHANG L, GU J, et al. Citric acid and EDTA on the growth, photosynthetic properties and heavy metal accumulation of *Iris halophila* Pall. cultivated in Pb mine tailings [J]. International Biodeterioration & Biodegradation, 2018, 128: 15-21.

[353] ZHOU J, YANG O, LAN C, et al. Heavy metal uptake and extraction potential of two *Bechmeria nivea*（L.）Gaud.（ramie）varieties associated with chemical reagents [J]. Water, Air, & Soil Pollution, 2010, 211（1）: 359-366.

[354] 张文兴，岳晓岚，邓强，等.抗性微生物强化重金属污染土壤植物修复的研究进展 [J].农学学报，2021，11（5）：46-50.

[355] 王连生.环境化学进展 [M].北京：化学工业出版社，1995.

[356] 邓平香，张馨，龙新宪.产酸内生菌荧光假单胞菌 R1 对东南景天生长和吸收，积累土壤中重金属锌镉的影响 [J].环境工程学报，2016，10（9）：5245-5254.

[357] COCKING E C. Endophytic colonization of plant roots by nitrogen-fixing bacteria [J]. Plant and Soil, 2003, 252（1）: 169-175.

[358] MONTAÑEZ A, BLANCO A R, BARLOCCO C, et al. Characterization of cultivable putative endophytic plant growth promoting bacteria associated with maize cultivars（*Zea mays* L.）and their inoculation effects *in vitro* [J]. Applied Soil Ecology, 2012, 58: 21-28.

[359] MA Y, PRASAD M N V, RAJKUMAR M, et al. Plant growth promoting rhizobacteria and endophytes accelerate phytoremediation of metalliferous soils [J]. Biotechnology Advances, 2011, 29（2）: 248-258.

[360] NAUTIYAL C S, BHADAURIA S, KUMAR P, et al. Stress induced phosphate solubilization in bacteria isolated from alkaline soils [J]. FEMS Microbiology Letters, 2000, 182（2）: 291-296.

[361] MA Y, RAJKUMAR M, LUO Y M, et al. Inoculation of endophytic bacteria on host and non-host plants—Effects on plant growth and Ni uptake [J]. Journal of Hazardous Materials, 2011, 195: 230-237.

[362] ZHANG Y, HE L, CHEN Z, et al. Characterization of lead-resistant and ACC deaminase-producing endophytic bacteria and their potential in promoting lead accumulation of rape [J]. Journal of Hazardous Materials, 2011, 186（2/3）: 1720-1725.

[363] SONG H W, LU S M. Study on repairing permanent transportation roadway in deep mining by bolt-shotcrete and mesh supporting [J]. Journal of China University of Mining & Technology, 1999（2）: 167-171.

[364] 汪阳洁.黄土丘陵区退耕还林对农地资源产业系统耦合的影响研究：农户决策的视角 [D].咸阳：西北农林科技大学，2010.

[365] 庞成庆，秦江涛，李辉信，等.秸秆还田和休耕对赣东北稻田土壤养分的影响 [J].土壤，2013，45（4）：604-609.

[366] JOHNSON D B, HALLBERG K B. Acid mine drainage remediation options: A review [J]. Science of the Total Environment, 2005, 338（1/2）: 3-14.

[367] 陈宏坪，韩占涛，沈仁芳，等.废弃矿山酸性矿井水产生过程与生态治理技术 [J].环境保护科学，2021，47（6）：73-80.

[368] ZIPPER C, SKOUSEN J. Passive treatment of acid mine drainage [M] //DOWNING B W. Acid Mine Drainage, Rock Drainage, and Acid Sulfate Soils: Causes, Assessment, Prediction, Pre-

vention, and Remediation. New York:John Wiley & Sons,Inc., 2014: 339-353.

[369] 罗琳，张嘉超，罗双，等.矿山酸性废水治理［M］.北京：龙门书局，2021.

[370] SKOUSEN J G, SEXSTONE A, ZIEMKIEWICZ P F. Acid mine drainage control and treatment ［J］. Reclamation of Drastically Disturbed Lands, 2000, 41: 131-168.

[371] NAIDU G, RYU S, THIRUVENKATACHARI R, et al. A critical review on remediation, reuse, and resource recovery from acid mine drainage ［J］. Environmental Pollution, 2019, 247: 1110-1124.

[372] COULTON R, BULLEN C, HALLETT C. The design and optimisation of active mine water treatment plants ［J］. Land Contamination Reclamation, 2003, 11（2）: 273-279.

[373] 秦树林，朱健卫，朱留生，等.含铁酸性矿井水治理及工程应用［J］.煤矿环境保护，2001（5）: 41-43.

[374] 胡文容.石灰石曝气流化床处理煤矿酸性矿井水的研究［J］.工业水处理，1996, 16（6）: 24-26,35.

[375] 杨晓松，刘峰彪，宋文涛，等.高密度泥浆法处理矿山酸性废水［J］.有色金属，2005, 57（4）: 97-100.

[376] 陈弹霓，倪鹏.硫铁矿酸性废水产生及治理浅析［J］.广东化工，2019, 46（7）: 183-184.

[377] BADULIS G C, TOKORO C, SASAKI H. Sludge generation in the treatment of acid mine drainage（AMD）by high-density sludge（HDS）recycling method optimum neutralization process of horobetsu AMD ［J］. Shigen-to-Sozai, 2006, 122（8）: 406-414.

[378] YAN B, MAI G, CHEN T, et al. Pilot test of pollution control and metal resource recovery for acid mine drainage ［J］. Water Science and Technology, 2015, 72（12）: 2308-2317.

[379] CHEN T, YAN B, LEI C, et al. Pollution control and metal resource recovery for acid mine drainage ［J］. Hydrometallurgy, 2014, 147/148（12）: 112-119.

[380] COULTON R, BULLEN C, DOLAN J, et al. Wheal Jane mine water active treatment plant-Design, construction and operation ［J］. Land Contamination Reclamation, 2003, 11（2）: 245-252.

[381] 杨鹏民.煤矿酸性矿井水处理利用研究的现状和进展［J］.科技创新导报，2009（1）: 125.

[382] 乔德广.一种新型 AMD 废水处理工艺特性研究［D］.西安：西安建筑科技大学，2014.

[383] 杨晓松，邵立南.有色金属矿山酸性废水处理技术发展趋势［J］.有色金属，2011, 63（1）: 114-117.

[384] 陈竹青.高浓度泥浆法（HDS）在硫铁矿采选酸性废水处理中的应用［J］.现代矿业，2020, 36（6）: 233-234.

[385] WANG L K. Physicochemical treatment processes ［M］. Totowa, NJ: Humana Press, 2005.

[386] 党志，郑刘春，卢桂宁，等.矿区污染源头控制：矿区废水中重金属的吸附去除［M］.北京：科学出版社，2015.

[387] POHL A. Removal of heavy metal ions from water and wastewaters by sulfur-containing precipitation agents ［J］. Water, Air, & Soil Pollution, 2020, 231（10）: 1-17.

[388] 苏春亚.水下油气泄漏源封堵隔离技术研究［D］.哈尔滨：哈尔滨工程大学，2012.

[389] 邱定蕃，柴立元.有色冶金与环境保护［M］.长沙：中南大学出版社，2015.

[390] 周碧莲，祝怡斌，邵立南.有色金属工业废物综合利用［M］.北京：化学工业出版社，2017.

[391] 王绍文，李惊涛，王海东.冶金废水处理回用新技术手册［M］.北京：化学工业出版社，2018.

[392] 方莉，卢军.废弃矿山场地调查与修复［M］.北京：中国环境出版集团，2018.

[393] 王芳，罗琳，易建龙，等.赤泥质陶粒吸附模拟酸性废水中铜离子的行为［J］.环境工程学报，2016, 10（5）: 2440-2446.

［394］ 肖利萍，耿莘惠，裴格，等.膨润土复合颗粒与SRB协同处理酸性矿山废水［J］.环境工程学报，2016, 10（11）: 6457-6463.

［395］ 万海洮，徐建平，王兆珺.利用粉煤灰及改性粉煤灰处理酸性矿井水研究［J］.水处理技术，2015, 41（5）: 70-72.

［396］ JEON C S, PARK S W, BAEK K, et al. Application of iron-coated zeolites（ICZ）for mine drainage treatment［J］. The Korean Journal of Chemical Engineering, 2012, 29（9）: 1171-1177.

［397］ 近藤精一，石川达雄，安部郁夫.吸附科学: 第2版［M］.李国希，译.北京: 化学工业出版社，2006.

［398］ WANG S, PENG Y. Natural zeolites as effective adsorbents in water and wastewater treatment ［J］. Chemical Engineering Journal, 2010, 156（1）: 11-24.

［399］ BOSCO S M D, JIMENEZ R S, CARVALHO W A. Removal of toxic metals from wastewater by Brazilian natural scolecite［J］. Journal of Colloid Interface Science, 2005, 281（2）: 424-431.

［400］ GUPTA S S, BHATTACHARYYA K G. Removal of Cd（II）from aqueous solution by kaolinite, montmorillonite and their poly（oxo zirconium）and tetrabutylammonium derivatives［J］. Journal of Hazardous Materials, 2006, 128（2/3）: 247-257.

［401］ IYER A, MODY K, JHA B. Biosorption of heavy metals by a marine bacterium［J］. Marine Pollution Bulletin, 2005, 50（3）: 340-343.

［402］ DAVIS T A, VOLESKY B, MUCCI A. A review of the biochemistry of heavy metal biosorption by brown algae［J］. Water Research, 2003, 37（18）: 4311-4330.

［403］ HASAN S, KRISHNAIAH A, GHOSH T K, et al. Adsorption of divalent cadmium（Cd（II））from aqueous solutions onto chitosan-coated perlite beads［J］. Industrial & Engineering Chemistry Research, 2006, 45（14）: 5066-5077.

［404］ 陈炳稔，汤又文，李国明，等.可再生甲壳素吸附铬（VI）的特性研究［J］.应用化学，1998, 15（3）: 113-115.

［405］ 李文清，邹萍.粉煤灰吸附废水中重金属的研究现状与进展［J］.工业水处理，2022, 42（9）: 46-55.

［406］ 张新.煤矸石吸附材料结构调控与吸附行为研究［D］.西安: 西安科技大学，2020.

［407］ 李国会，邢伟，王丽芸，等.水淬渣处理废水的研究进展［J］.中国环境管理干部学院学报，2011, 21（1）: 65-68.

［408］ 杨松青.金属矿山酸性废水处理技术［J］.中国资源综合利用，2017, 35（10）: 29-31.

［409］ 俞善信，易丽，王彩荣.聚苯乙烯三乙醇胺树脂对水中镉离子的吸附［J］.化工环保，2000（1）: 46-47.

［410］ 刘宁，朱沛沛，赵伟龙，等.不溶性淀粉黄原酸酯处理重金属废水的应用研究进展［J］.杭州化工，2013, 43（1）: 15-17, 20.

［411］ MISRA R K, JAIN S K, KHATRI P K. Iminodiacetic acid functionalized cation exchange resin for adsorptive removal of Cr（VI），Cd（II），Ni（II）and Pb（II）from their aqueous solutions［J］. Journal of Hazardous Materials, 2011, 185（2/3）: 1508-1512.

［412］ 王颖南，邓奇根，王浩，等.硫酸盐还原菌胞外聚合物处理酸性矿山废水的研究进展［J］.水处理技术，2020, 46（12）: 7-11.

［413］ 林海，李真，贺银海，等.硫酸盐还原菌治理酸性矿山废水研究进展［J］.环境保护科学，2019, 45（5）: 25-31.

［414］ SAHINKAYA E, DURSUN N, OZKAYA B, et al. Use of landfill leachate as a carbon source in a sulfidogenic fluidized-bed reactor for the treatment of synthetic acid mine drainage［J］. Minerals Engineering, 2013, 48: 56-60.

［415］CHENG S, JE-HUNANG, DEMPSEY B A, et al. Efficient recovery of nano-sized iron oxide particles from synthetic acid-mine drainage（AMD）water using fuel cell technologies［J］. Water Research, 2011, 45（1）: 303-307.

［416］贾威. 人工湿地处理酸性矿山排水的效能及其微生物群落特征研究［D］. 昆明：云南大学, 2020.

［417］JOHNSON B, SANTOS A L. Biological removal of sulfurous compounds and metals from inorganic wastewaters［M］. Environmental Technologies to Treat Sulfur Pollution: Principles and Engineering. London: IWA Publishing, 2020: 215-246.

［418］BOONSTRA J, LIER R V, JANSSEN G, et al. Biological treatment of acid mine drainage［J］. Process Metallurgy, 1999, 9（9）: 559-567.

［419］范艳利. 生物-化学两级循环反应器中难浸金矿的细菌氧化预处理研究［D］. 兰州：兰州大学, 2009.

［420］DEW D W, BUUREN C V, MCEWAN K, et al. Bioleaching of base metal sulphide concentrates: A comparison of mesophile and thermophile bacterial cultures［J］. Process Metallurgy, 1999, 9（99）: 229-238.

［421］刘鸿元. THIOPAQ 生物脱硫技术［J］. 中氮肥, 2002, 18（5）: 55-59.

［422］CHEN H, XIAO T, NING Z, et al. In-situ remediation of acid mine drainage from abandoned coal mine by filed pilot-scale passive treatment system: Performance and response of microbial communities to low pH and elevated Fe［J］. Bioresource Technology, 2020, 317: 123985.

［423］KEFENI K K, MSAGATI T A M, MAMBA B E B. Acid mine drainage: Prevention, treatment options, and resource recovery: A review［J］. Journal of Cleaner Production, 2017, 151（10）: 475-493.

［424］SKOUSEN J, ZIPPER C E, ROSE A, et al. Review of passive systems for acid mine drainage treatment［J］. Mine Water and the Environment, 2017, 36（1）: 133-153.

［425］KLEINMANN R L P, HEDIN R S, NAIRN R W. Treatment of mine drainage by anoxic limestone drains and constructed wetlands［M］//Acidic Mining Lakes. Berlin: Springer, 1998: 303-319.

［426］EVANGELOU V P. Pyrite chemistry: The key for abatement of acid mine drainage［M］//Acidic Mining Lakes. Berlin: Springer, 1998: 197-222.

［427］周立祥. 生物矿化：构建酸性矿山废水新型被动处理系统的新方法［J］. 化学学报, 2017, 75（6）: 552-559.

［428］GAGLIANO W B, BRILL M R, BIGHAM J M, et al. Chemistry and mineralogy of ochreous sediments in a constructed mine drainage wetland［J］. Geochimica et Cosmochimica Acta, 2004, 68（9）: 2119-2128.

［429］SUÁREZ J I, AYBAR M, NANCUCHEO I, et al. Influence of operating conditions on sulfate reduction from real mining process water by membrane biofilm reactors［J］. Chemosphere, 2020, 244: 125508.

［430］YAN S, CHENG K Y, MORRIS C, et al. Sequential hydrotalcite precipitation and biological sulfate reduction for acid mine drainage treatment［J］. Chemosphere, 2020, 252: 126570.

［431］FABIAN D, YOUNGER P L, APLIN A C. Constructed wetlands for the passive treatment of acid mine drainage allow a quantitative appraisal of the biogeochemical removal of iron, sulphur, and other pollutants［C］//230th National Meeting of the American Chemical Society. Newcastle: Newcastle University, 2005.

［432］JARVIS A P, YOUNGER P L. Design, construction and performance of a full-scale compost wetland for mine poil drainage treatment at quaking houses［J］. Water Environment Journal, 1999, 13（5）: 313-318.

[433] YOUNGER P L. Proceedings of CIWEM conference on minewater treatment using wetlands [J]. Water Environment Journal, 2010, 12（1）: 68-69.

[434] JOHNSON D B, HALLBERG K B. Pitfalls of passive mine water treatment [J]. Reviews in Environmental Science and Biotechnology, 2002, 1（4）: 335-343.

[435] 葛利云. 环境修复技术与应用 [M]. 上海: 上海交通大学出版社, 2020.

[436] 肖海文, 刘馨瞳, 翟俊, 等. 人工湿地类型的选择及案例分析 [J]. 中国给水排水, 2021, 37（22）: 11-17.

[437] NYQUIST J, GREGER M. A field study of constructed wetlands for preventing and treating acid mine drainage [J]. Ecological Engineering, 2009, 35（5）: 630-642.

[438] WOULDS C, NGWENYA B T. Geochemical processes governing the performance of a constructed wetland treating acid mine drainage, Central Scotland [J]. Applied Geochemistry, 2004, 19（11）: 1773-1783.

[439] YOUNGER P L, HENDERSON R. Synergistic wetland treatment of sewage and mine water: Pollutant removal performance of the first full-scale system [J]. Water Research, 2014, 55（15）: 74-82.

[440] KARATHANASIS A D, JOHNSON C M. Metal removal potential by three aquatic plants in an acid mine drainage wetland [J]. Mine Water the Environment, 2003, 22（1）: 22-30.

[441] GAO J, ZHANG J, MA N, et al. Cadmium removal capability and growth characteristics of Iris sibirica in subsurface vertical flow constructed wetlands [J]. Ecological Engineering, 2015, 84: 443-450.

[442] YOUNGER P L. The adoption and adaptation of passive treatment technologies for mine waters in the United Kingdom [J]. Mine Water the Environment, 2000, 19（2）: 84-97.

[443] BATTY L C, YOUNGER P L. Critical role of macrophytes in achieving low iron concentrations in mine water treatment wetlands [J]. Environmental Science Technology, 2002, 36（18）: 3997-4002.

[444] ROYCHOWDHURY A, SARKAR D, DATTA R. Remediation of acid mine drainage-impacted water [J]. Current Pollution Reports, 2015, 1（3）: 1-11.

[445] SINGH S, CHAKRABORTY S. Performance of organic substrate amended constructed wetland treating acid mine drainage（AMD）of North-Eastern India [J]. Journal of Hazardous Materials, 2020, 397: 122719.

[446] KALIN M, CAIRNS J, MCCREADY R. Ecological engineering methods for acid mine drainage treatment of coal wastes [J]. Resources Conservation Recycling, 1991, 5（2/3）: 265-275.

[447] KALIN M, CHAVES W. Acid reduction using microbiology: Treating AMD effluent emerging from an abandoned mine portal [J]. Hydrometallurgy, 2003, 71（1）: 217-225.

[448] KEPLER D A, MCCLEARY E D. Successive alkalinity-producing systems（SAPS）for the treatment of acidic mine drainage [M]. Washington D C: Bureau of Mines, 1994.

[449] 石太宏, 杨娣, 冯玉香, 等. SAPS 处理酸性矿山废水的模拟应用研究 [J]. 环境工程学报, 2015, 9（5）: 2277-2283.

[450] TRUMM D, WATTS M. Results of small-scale passive system trials to treat acid mine drainage, West Coast Region, South Island, New Zealand [J]. New Zealand Journal of Geology Geophysics, 2010, 53（2）: 227-237.

[451] LONG Z, HUANG Y, CAI Z, et al. Biooxidation of ferrous iron by immobilized Acidithiobacillus ferrooxidans in poly（vinyl alcohol）cryogel carriers [J]. Biotechnology Letters, 2003, 25（3）: 245-249.